宠物医师

毕聪明　王　珅　王春华　等主编

U0272161

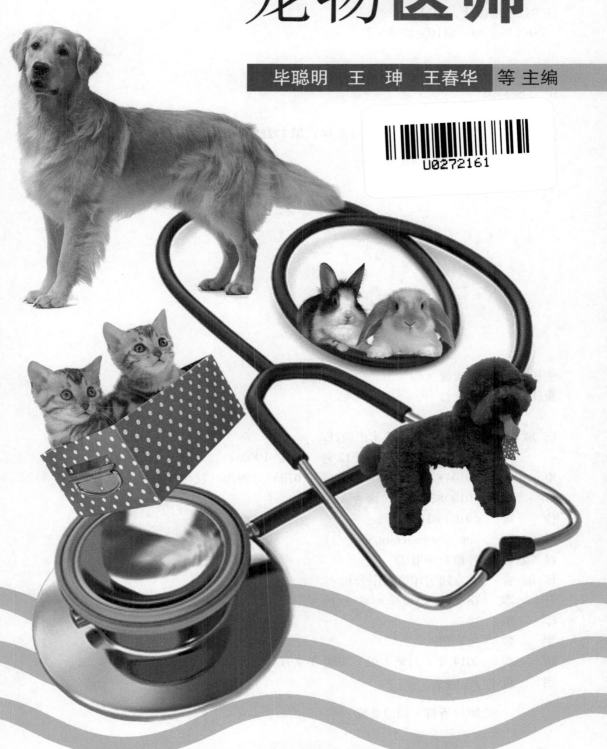

中国农业科学技术出版社

图书在版编目（CIP）数据

宠物医师／毕聪明等主编 . —北京：中国农业
科学技术出版社，2014.8
ISBN 978 - 7 - 5116 - 1768 - 2

Ⅰ. ①宠… Ⅱ. ①毕… Ⅲ. ①宠物 - 兽医学
Ⅳ. ①S854.4

中国版本图书馆 CIP 数据核字（2014）第 172557 号

| 责任编辑 | 闫庆健 |
| 责任校对 | 贾晓红 |

出 版 者	中国农业科学技术出版社
	北京市中关村南大街 12 号　邮编：100081
电　　话	（010）82106632（编辑室）　　（010）82109704（发行部）
	（010）82109703（读者服务部）
传　　真	（010）82106625
网　　址	http://www.castp.cn
经 销 者	各地新华书店
印 刷 者	北京建宏印刷有限公司
开　　本	787 mm×1 092 mm　1/16
印　　张	18
字　　数	463 千字
版　　次	2014 年 8 月第 1 版　2020 年 7 月第 2 次印刷
定　　价	30.00 元

《宠 物 医 师》
编 写 人 员

主　　编：毕聪明　王　坤　王春华　张玉科　王立辛　韩喜彬

副 主 编：张利勃　何宇喜　甄志刚

编　　者：毕聪明　王　坤　王春华　张玉科　王立辛　韩喜彬

　　　　　张利勃　何宇喜　甄志刚

审　　稿：周铁忠　苏禹刚

前　言

为全面贯彻落实《动物防疫法》《动物诊疗机构管理办法》《执业兽医管理办法》《兽用处方药和非处方药管理办法》和《农业部关于推进执业兽医制度建设工作的意见》（农医发〔2011〕15 号）等法律法规，进一步规范动物诊疗活动和执业兽医从业行为，提升动物诊疗机构和执业兽医从业服务水平，农业部定于 2014 年 6 月 1 日至 8 月 31 日在全国组织开展动物诊疗机构集中清理整顿活动。为提高我国宠物医师从业人员的医疗水平，造就大量高素质技术人才，根据宠物医师实际工作需要，特编写本书。

本书由辽宁医学院畜牧兽医学院临床兽医学教研室教师编写，在编写过程中，得到辽宁省及锦州市动物疫病预防控制中心的专家的大力支持，在此一并表示感谢。

本书在编写过程中，由于时间有限，内容覆盖面广，疏漏和错误在所难免，恳求广大读者给予批评指正。

编者

2014 年 6 月

目　　录

第一部分　专业基础知识

第二部分　宠物疾病临床诊断及用药

第一部分

专业基础知识

第一章 犬解剖与组织学知识

一、骨骼、关节与肌肉

犬的全身骨骼可分为躯干骨、头骨、前肢骨和后肢骨。另外公犬还有一块阴茎骨。

（一）骨骼

1. 躯干骨

犬躯干骨由脊柱、肋骨和胸骨组成。脊柱由一系列椎骨构成，即颈椎（C）、胸椎（T）、腰椎（L）、荐椎（S）和尾椎（Cy）。其脊柱式为 C7，T13，L7，S3，Cy20-23。脊柱全形平直。寰椎翼较宽，有横突孔，枢椎棘突发达，齿突呈长圆柱形，第 4 ~ 7 颈椎的棘突明显。寰椎棘突呈圆柱状，由前向后逐渐变短。腰椎横突第 1 ~ 6 逐渐增长，向前下方倾斜。成年时荐椎相互愈合成荐骨。尾椎短而小，前 6 个尾椎尚具有椎骨的一般构造。

肋骨呈弯曲的圆柱状，通常有 13 对，其中真肋 9 对，假肋 4 对，最后 1 对肋骨不与前肋相连，称浮肋。

胸骨由 8 枚骨片愈合而成，第 1 胸骨片最长，前端钝圆与第 1 对肋软骨相连，又称胸骨柄，最后胸骨片后端与剑状软骨相连。

2. 头骨

犬头骨的形状和大小因品种不同差异很大，一般近似长卵圆形，分为颅骨和面骨两部分。

颅骨由成对的额骨、顶骨、颞骨和不成对的枕骨、顶间骨、蝶骨和筛骨构成。

面骨由成对的鼻骨、上颌骨、切齿骨、泪骨、颧骨、腭骨、翼骨、上鼻甲骨、下鼻甲骨及不成对的下颌骨、犁骨和舌骨构成。

3. 前肢骨

（1）肩带 包括肩胛骨和锁骨。肩胛骨呈长椭圆形，肩胛冈发达，肩峰呈钩状。锁骨为不规则的三角形薄骨片或软骨板，埋藏于臂头肌内，不与其他骨连接。有些个体完全退化。

（2）肱骨 肱骨呈螺旋状扭转，大结节高于肱骨头，无三角肌粗隆，在鹰嘴窝底有滑车上孔。

（3）前臂骨 由桡骨和尺骨构成。桡骨弯曲前后压扁，尺骨较桡骨长，自上向下逐渐变细。鹰嘴呈 3 个结节状，肘突明显。

（4）前脚骨 腕骨共有 7 块组成。近列 3 块，即桡腕骨与中间腕骨、尺腕骨、副腕骨；远列 4 块，由内向外为第 1、第 2、第 3、第 4 腕骨。

掌骨共 5 块，即第 1、第 2、第 3、第 4、第 5 掌骨，其中第 1 掌骨最短，第 3、第 4 掌骨最长。

犬有 5 个指，第 1 指有 2 个指节骨，其余均为 3 个指节骨。第 1 指最短，行走时不着地。

籽骨分为掌侧籽骨和背侧籽骨，掌侧籽骨有 9 枚，位于掌指关节的掌侧，背侧籽骨 4～5 枚，位于掌指关节囊的背侧。

4. 后肢骨

（1）骨盆 骨盆由左右髋骨组成。髋骨、荐骨及前 4 个尾椎共同构成盆腔的骨架。犬的盆腔深凹，坐骨弓为宽而浅的弧形，坐骨结节为嵴状。

（2）股骨 股骨的骨体稍向前突隆，大转子略低于股骨头，内侧滑车状嵴高于外侧嵴。在股骨髁的跖侧面上有腓肠肌起始部内的豆状籽骨相连的关节面。

（3）髌骨 犬的髌骨狭而较长。

（4）小腿骨 胫骨粗大，略呈 S 状；腓骨细长，两端稍膨大。两骨之间有大的小腿骨间隙。

（5）后脚骨 跗骨 7 块，排成 3 列。近列有距骨和跟骨；中列为中央跗骨；远列由内向外为第 1、第 2、第 3、第 4 跗骨。

跖骨 5 枚，第 1 跖骨细小，其他 4 枚跖骨的形状大小与掌骨相似。

趾骨通常有 4 个趾，即第 2、第 3、第 4、第 5 趾。每趾骨的数目和形状同前者的指骨。

（二）关节

关节的基本结构由关节面、关节软骨、关节囊、关节腔及血管、神经和淋巴等构成。有的关节还有韧带、关节盘等辅助结构。

1. 关节面

是相关两骨的接触面，骨质致密，一般为一凹一凸，表面覆盖关节软骨。常见的关节面有球形、窝状、髁状和滑车状，运动范围较大；有的关节面呈平面，运动范围较小，主要起支持作用。

2. 关节囊

为结缔组织膜，附着于关节面周缘及其附近的骨面上，形成囊状并封闭关节腔。囊壁外层是纤维层，由致密结缔组织构成，富有血管和神经。内层是滑膜层，由疏松结缔组织构成，能分泌滑液。

3. 关节腔

由关节囊的滑膜层和关节软骨共同围成的密闭腔隙，腔内含有少量滑液。

4. 韧带

为关节的附属结构，见于多数关节，由致密结缔组织构成。多数韧带位于关节囊外，在关节的两侧，称内外侧副韧带；位于关节内的有髋关节的圆韧带；位于骨间的则称骨间韧带，如股胫关节十字韧带。韧带可增强关节的稳定性，并对关节的活动有限定作用。

5. 关节盘

是关节的附属结构，是位于两关节面之间的软骨板或致密纤维组织，其周缘附着在关节囊内面。关节盘可使两关节面更为适合，减少冲击和震荡，如椎间盘、半月板等。

6. 前肢关节

包括肩关节、肘关节、腕关节、掌指关节和指关节。

肩关节是球窝形关节，关节囊松弛，纤维层薄，无强大的侧韧带。

肘关节属于复关节，由肱骨远端、桡骨近端和尺骨的滑车切迹组成，此外还有桡尺近侧关节。关节腔内各部之间互相连通。

腕关节也是复关节，由前臂骨远端、两列腕骨和掌骨近端构成。有3列：桡腕关节是由桡骨尺骨与桡腕骨和尺腕骨构成的关节；腕间关节是近列和远列腕骨之间的关节；腕掌关节是远列腕骨和掌骨近端之间的关节。桡腕关节腔与腕间关节腔不相通，而腕间关节与腕掌关节在远列腕骨之间相通。

掌指关节、近指节骨间关节和远指节骨间关节，是每个主指上的3个关节，都有内、外侧韧带。

7. 后肢关节

包括髋关节、膝关节、跗关节等。

髋关节是球窝关节，关节囊起自股骨颈，止于髋臼唇周围的线股骨头圆韧带为一强大的胶原纤维束，从髋臼窝伸至股骨头圆韧带窝。此关节的固定主要由圆韧带和臀部肌肉完成。

膝关节包括股胫关节和股髌关节，由3个滑膜囊组成。其中两个位于股骨与胫骨的髁之间，另一个位于膝盖骨之下，彼此相通。在每个股骨髁与胫骨髁之间有一个半月板，半月板是C形软骨盘。连接股胫关节的韧带主要是十字韧带，前十字韧带自股骨外髁的后内侧部斜经髁间窝至胫骨的髁间前区。后十字韧带自股骨内髁的前外侧面至胫骨国肌切迹的内侧缘。

跗关节是由小腿骨远端、跗骨和距骨近端形成的单轴复关节。包括小腿跗关节、跗间近远关节和跗跖关节。

（三）肌肉

1. 胸壁肌

（1）背侧锯肌　前背侧锯肌发达，位于背阔肌深层；后背侧锯肌很薄，止于第11~13肋骨。

（2）肋间肌　分肋间内肌和肋间外肌，但在肋软骨间只有一层肌肉，称软骨间肌。

2. 腹壁肌

（1）腹外斜肌　肌质部较宽，起于后8~9个肋骨及背腰筋膜，肌纤维走向后下方，止于髂骨和腹白线。

（2）腹内斜肌　起于髋结节及背腰筋膜，肌纤维向前下方斜行，一部分止于最后肋骨，一部分向下形成腱膜，止于白线。

（3）腹直肌　起于前部肋软骨和剑状软骨，止于耻骨。肌纤维前后纵行，肌腹有5条腱划。

（4）腹横肌　起于腰椎横突、假肋下端及后3个肋软骨内面，止于剑状软骨和腹白线。为三角形薄肌，肌纤维横行，延伸至腹侧部形成腱膜包围腹直肌。

3. 前肢肌

（1）前肢与躯干连接的肌肉　这些肌肉包括斜方肌、肩胛横突肌、菱形肌、背阔肌、臂头肌、腹侧锯肌和胸肌。

（2）作用于肩肘关节的肌肉　包括冈上肌、冈下肌、三角肌、前臂筋膜张肌、臂二头肌和臂三头肌。臂二头肌起于盂上结节，止于桡骨和尺骨的近端，越过肱骨，屈肘关节伸肩关节。臂三头肌的长头起自肩胛骨后缘，止于鹰嘴，完全越过肱骨，伸肘关节屈肩关节；外侧头起于肱骨的三头肌线，止于鹰嘴，伸肘关节；内侧头起于大圆肌粗隆的小结节嵴，止于鹰嘴，伸肘关节。

（3）作用于腕指关节的肌肉

腕桡侧伸肌：起于肱骨外侧上髁，止于第2、第3掌骨，伸腕关节。

拇长外展肌：起于前臂骨外侧缘，止于第1掌骨，外展第1指。

指总伸肌：起于肱骨外侧上髁，分为4个肌腹，在前臂下1/3处变为腱，止于第2、第3、第4、第5指的远指节骨。伸展4个主指的各关节。

指外侧伸肌：由紧密连接的两个肌腹组成，起于肱骨的外上髁，止于第3、第4、第5指的所有指节骨的近端。伸展第3、第4、第5指的各指关节。

腕尺侧伸肌：肌腹扁而大，起于肱骨外侧上髁，其腱，止于第5掌骨和副腕骨。外展和屈曲腕关节。

腕桡侧屈肌：起于肱骨内侧上髁和桡骨的内侧缘，分为2个腱，止于第2、第3掌骨。

指浅屈肌：位于前臂部掌内侧浅层，起于肱骨内侧上髁，远端腱妥分为4支，止于第2、第3、第4、第5指的中指节骨。屈第2、第3、第4、第5指。

腕尺侧屈肌：起自鹰嘴的后缘和内侧面、肱骨的内上髁，止于副腕骨。屈腕关节。

指深屈肌：起始部为3个头，分别起自肱骨、桡骨和尺骨，肌腹位于桡骨和尺骨的后面，止于第2、第3、第4、第5指骨的远指节骨。屈曲各个指。

4. 后肢肌

（1）作用于髋、膝关节的肌肉

臀浅肌、臀中肌和臀深肌：分别起于髋结节、髂骨翼和坐骨嵴，止于大转子。它们的主要作用是伸和外展髋关节。

股二头肌：起始部的两个头分别起于荐结节阔韧带和坐骨结节，下端分3支止于髌骨、胫骨和跟骨。伸髋、膝和跗关节，后部的肌纤维屈膝关节。

半腱肌：起于坐骨结节，止于胫骨嵴的内侧面和跟结节。伸髋关节和跗关节，屈膝关节。

半膜肌：起于坐骨结节，分前后两部。前部止于耻骨肌腱和股骨内侧上髁，后部止于胫骨内侧髁。伸髋关节，屈膝关节。

股阔筋膜张肌：起于髂骨外侧缘，止于阔筋膜。屈髋关节，伸膝关节，紧张外侧筋膜。

股四头肌：四个肌腹结合为一，止于髌骨和胫骨粗隆。该肌是膝关节最强大的伸肌。

缝匠肌：由前后两部分组成，前部起于髋结节，止于髌骨内侧面；后部起于髂骨翼，止于胫骨的内侧面。前部伸膝关节，后部屈膝关节。

耻骨肌：窄而长，起于耻骨联合，止于股骨。内收后肢。

内收肌：分前后两部分，起于耻骨和坐骨腹侧面，止于股骨后内侧面。内收后肢，伸髋关节。

股薄肌：起于耻骨联合，以腱膜止于小腿筋膜和胫骨嵴。内收后肢，屈膝，伸髋和跗关节。

（2）作用于跗趾关节的肌肉

腓肠肌：有两个头，起始部有籽骨，起于股骨远端内外侧髁上粗隆，止于跟结节。伸跗关节，屈膝关节。

胫骨前肌：为小腿背侧浅在肌肉，起于胫骨外侧髁及胫骨嵴，止于第1、第2跖骨。屈跗关节。

趾长伸肌：呈纺锤形，起自股骨伸肌窝，在胫骨下端分为4个腱支，经跗部分别止于第2、第3、第4、第5趾的远趾节骨上。伸趾关节，屈跗关节。

趾外侧伸肌：位于深层，起自腓骨上部，其腱与趾长伸肌的第5趾腱合并，止于第5趾。伸趾关节。

腓骨长肌：位于趾长伸肌的后方，起自胫骨外侧髁及腓骨近端，其腱在跗部绕向内侧，止于第1趾。屈跗关节，内旋后爪。

趾浅屈肌：起自股骨远端后面，肌腹被腓肠肌覆盖，在小腿中部变为腱，经跟结节向下止于第2、第3、第4、第5趾的中趾节骨。屈趾关节、膝关节，伸跗关节。

趾深屈肌：有两个头，即拇长屈肌和趾长屈肌。起于胫骨外侧和腓骨后面，在跗部变成腱，然后分成4支止于第2、第3、第4、第5趾的远趾节骨。屈趾关节，伸跗关节。

二、各系统解剖

（一）消化系

1. 消化管

（1）胃　犬胃呈梨状囊，左端膨大，位于左季肋部，幽门部在右季肋部。胃可划分成几部分，但彼此没有明显界限。贲门部最小，接近食管；胃底位于贲门的左背侧，呈圆顶状；胃体位于中部，范围最大；幽门部位于右侧。胃大弯主要面朝左，小弯主要面朝右。胃在空虚时完全位于肋弓内，在充盈时与腹腔底壁相接触，突出于肋弓之后。

（2）小肠　十二指肠自幽门起始，沿右季肋部后行，经右髂部至盆腔前口转向左侧，上升至胃的后部移行空肠。空肠形成许多肠袢，以长的系膜固定于腰下，大部分位于腹腔底部。回肠由腹腔的左后部伸向前方，开口于盲肠与结肠的交界处。

（3）大肠　犬大肠无肠带和肌袋。盲肠小呈螺旋状，位于体中线与右髂部之间。结肠位于腰下部，起自盲肠口。分为升结肠、横结肠和降结肠，于盆腔前口移行为直肠。直肠有壶腹状宽大部，在直肠与肛门交界处有肛窦。

2. 消化腺

（1）唾液腺　唾液腺包括腮腺、下颌腺、舌下腺和颧腺。下颌腺呈圆形，淡黄色。位于下颌角后方，上颌静脉与舌面静脉之间。舌下腺位于下颌腺前下方，呈三角形。二腺共同开口于舌下阜。

（2）肝脏　犬的肝脏发达，分叶多而明显。可分为左外叶、左内叶、右外叶和右内叶。在肝门下方胆囊与圆韧带之间有方叶，在肝门上方有尾叶。肝位于季肋部，壁面平滑而隆突，与膈相贴；脏面有压迹，在尾叶有肾压迹。

（3）胰腺　胰腺呈窄而弯曲的带状，分左右两叶，粉红色。右叶沿十二指肠向后延伸至右肾后方，左叶经胃的脏面向后伸至左肾前端。胰体位于幽门附近。

（二）呼吸系

1. 气管和主支气管

气管由40~50个气管环连接而成，在胸腔内于第5肋骨中部相对处分成左、右主支气管。左主支气管分成两支进入前叶的前部和后部；右主支气管分四支分别进入前叶的前部、后部、中叶和副叶。气管支气管淋巴结位于气管的分叉处和支气管起始部附近。

2. 肺

犬右肺比左肺大，由深的切迹分成前叶、中叶、后叶和副叶。前叶前部位于心包前方，并越过腹中线到达左侧；副叶呈不正圆锥形，基底贴膈，尖端朝向肺根。心切迹呈三角形，与第 4～5 肋软骨间隙相对应，在该处心包直接接触胸壁。左肺分为前叶和后叶。心切迹较右肺的浅，在第 5～6 肋软骨间隙腹侧有一狭窄区，心包与胸侧壁接触。

（三）泌尿系

1. 肾

犬肾属于光滑单乳头肾，两肾呈蚕豆形。右肾位于第 1～3 腰椎横突的腹侧，前端在肝尾叶的肾压迹内；左肾位于第 2～4 腰椎横突的腹侧，当胃内食物充满时则位置向后移动一个腰椎的距离。肾的外缘隆突，内缘近乎平直，基中部的凹窝为肾门，是血管、神经和输尿管进出肾的通道。肾外包有膜和脂肪。肾实质由皮质和髓质构成；肾内膨大的部分是肾盂。

2. 输尿管

输尿管起自肾盂，向后行于腰下区的腹膜褶内，开口于膀胱颈的背侧。

3. 膀胱

犬的膀胱较大，充满尿液时移入腹腔，甚至顶端可达脐部，而膀胱颈则位于耻骨前缘。空虚状态膀胱则全部退入盆腔内。

（四）生殖系

1. 睾丸

睾丸较小，呈卵圆形；附睾较大，紧贴于睾丸的背外侧面，前下端为附睾头，后上端为附睾尾。精索较长，由输精管和血管构成。

2. 前列腺

犬的前列腺发达，组织坚实，呈淡黄色球形体，环绕在膀胱颈部和泌尿生殖道的起始部，以多条输出管开口于尿道骨盆部。

3. 阴茎

阴茎包括根、体和头 3 部分。阴茎根由两个阴茎脚构成，起自坐骨结节，由阴茎海绵体组成，在正中线互相融合。两侧阴茎脚逐渐向前合并成圆柱状的阴茎体。阴茎头可分为近侧的头球和远侧的头长部，阴茎骨为一块腹侧有沟的长形骨，几乎全部位于阴茎头内，后端呈截顶的圆锥状，为基部。骨基部和骨体的腹侧是尿道沟。

4. 卵巢

卵巢呈稍扁平的长椭圆形。左右卵巢分别位于同侧肾后 1～2 厘米的卵巢囊内，以卵巢悬韧带和最后肋骨的横筋膜相连，经卵巢固有韧带和子宫角相连。

5. 子宫

犬的子宫属双角子宫，子宫角细长，管径均匀无弯曲。两侧子宫角呈"V"字形，子宫体短而壁薄；子宫颈短而壁厚，后端呈柱状突入阴道。

（五）心血管系

1. 心脏

心脏呈卵圆形，长轴斜度很大，心基朝向前上方，与第 3 肋骨下部相对；心尖钝而向后，偏向左下方，与第 7 肋软骨相对。犬心脏的形态因品种不同差异较大，深胸犬的心脏较长而圆筒状胸犬心脏较圆。心脏的主要腔室有左心房、左心室、右心房、右心室。在右房室口上有 2 个大的瓣和 3~4 个小瓣；左房室口有 2 个大瓣和 4~5 个小瓣。左心室的心腔小、心壁厚；右心室心腔大、心壁薄。

与心脏相通的大血管有：左心室—主动脉弓、左心房—肺静脉；右心室—肺动脉干、右心房—前腔静脉和后腔静脉。在主动脉和肺动脉的起始处，分别有 3 个半月状瓣膜，称为肺动脉瓣和主动脉瓣。每个瓣膜均呈袋状，袋口向着动脉方向，防止血液回流。

2. 体循环动脉主干及分布

冠状动脉 ……………………………………………………… 心脏
左锁骨下动脉…左腋动脉…臂动脉…正中动脉 ……………… 左前肢
左颈总动脉：
颈内动脉 ………………………………………………… 脑及眼球
颈外动脉
舌动脉 ……………………………………………… 舌、咽及软腭
颌外动脉 ……………………………………… 下颌间隙及面部
颌内动脉 ………………………………… 齿、腭、鼻黏膜及咀嚼肌等
右颈总动脉 ……………………………………… 同左颈总动脉
右锁骨下动脉：
胸腔分支 ……………………………………… 右侧胸壁及颈部
右腋动脉…臂动脉…正中动脉 ……………………………… 右前肢
肋间动脉 ……………………………………………… 胸壁及脊髓
支气管动脉 …………………………………………… 肺内支气管
食管动脉 ……………………………………………… 胸段食管
腹腔动脉：
肝动脉 ……………………………………… 肝、胰、胃及十二指肠
胃左动脉 ……………………………………………… 胃及食管
脾动脉 …………………………………… 脾、胰、胃及十二指肠
肠系膜前动脉：
胰十二指肠动脉 ………………………………… 胰、十二指肠
结肠总动脉 ……………………………………………… 结肠及盲肠
空肠动脉 ……………………………………………………… 小肠
膈腹动脉 …………………………………………………… 膈及腹壁
肾动脉 ……………………………………………………… 肾脏
子宫卵巢动脉（精索内动脉）……………… 睾丸、附睾或卵巢及子宫
肠系膜后动脉
结肠左动脉 …………………………………………………… 结肠

直肠前动脉 ……………………………………………………… 直肠

旋髂深动脉 ……………………………………………………… 腹壁

髂外动脉…股动脉…（腘）动脉…胫前动脉 ………………… 后肢

髂内动脉 ……………………………………… 骨盆壁及盆腔器官等

荐中动脉 ……………………………………………………… 荐尾部

3. 体循环静脉

头部：

颌内静脉、颌外静脉…颈外静脉…臂头静脉…前腔静脉……… 右心房

前肢：

前臂头静脉…头静脉…臂头静脉…前腔静脉 …………………… 右心房

正中静脉…臂静脉…腋静脉…臂头静脉…前腔静脉 …………… 右心房

胸部：

肋间静脉 ………… 右奇静脉 ………… 前腔静脉 …………… 右心房

腹部：

膈静脉、腰静脉、肾静脉 ………… 后腔静脉 ………………… 右心房

胃十二指肠静脉、胃脾静脉肠系膜静脉…门静脉…肝静脉…后腔静脉

……………………………………………………………………… 右心房

骨盆部：

阴部内静脉、臀前静脉、臀后静脉…髂内静脉…髂总静脉…后腔静脉

……………………………………………………………………… 右心房

后肢：

皮下静脉（内侧和外侧隐静脉）…股静脉…髂总静脉……… 后腔静脉

……………………………………………………………………… 右心房

胫前静脉…腘静脉…股静脉…髂外静脉…髂总静脉……… 后腔静脉

……………………………………………………………………… 右心房

（六）淋巴系

1. 常见体表淋巴结

（1）下颌淋巴结　位于下颌角的后外侧皮下，每侧有 2～3 个。常被颌外静脉分成背腹两群。

（2）颈浅淋巴结　位于冈上肌前缘，在臂头肌和肩胛横突肌的深面。

（3）腘淋巴结　位于膝关节后方，在股二头肌与半腱肌之间，比较浅在，体表可触及。

（4）腹股沟浅淋巴结　公犬位于阴茎背外侧，精索的前方，一般至少有 1 个；母犬有 1～2 个，位于耻骨前缘乳房的背外侧。

2. 腹壁和骨盆壁的淋巴结

（1）髂内淋巴结　位于旋髂深动脉起始部的腹侧，后端可达颈总动脉。

（2）腹后淋巴结　位于左、右髂内动脉所形成的夹角内，一般常有 1～4 个。

（3）荐淋巴结　位于荐骨腹侧，在荐尾腹侧肌的前方，荐中动脉附近。

3. 腹腔淋巴结

（1）肝淋巴结　位于肝门附近，可分左、右两部分。

（2）脾淋巴结　沿脾动、静脉分布，数目不定，大小不等。

（3）胃淋巴结　位于胃的小弯附近。

（4）肠系膜淋巴结　位于肠系膜内，沿空肠动、静脉分布。

（5）结肠淋巴结　分散于结肠系膜内。

（6）肾淋巴结　位于肾动脉起始部。

4. 胸壁和胸腔器官淋巴结

（1）胸淋巴结　位于第 2 胸骨片相对处的胸横肌背侧。

（2）支气管淋巴结　位于气管分叉处和左、右支气管附近。

（3）纵隔前淋巴结　位于前纵隔内，在气管、食管和血管的腹侧。

5. 脾

犬的脾长而狭窄，上端窄而稍弯，下端则较宽。位于最后肋骨和第 1 腰椎横突的腹侧，在胃的左端和左肾之间。当胃内容物充满时，脾的长轴方向约与最后肋骨一致。

6. 胸腺

犬的胸腺较小，全部位于胸腔前纵隔内。犬在出生后 2 周胸腺逐渐增大，2~3 岁后胸腺萎缩退化。

（七）神经系

1. 中枢神经

（1）脊髓　脊髓为圆柱状，在颈部和腰部膨大并成明显的上下压扁。脊髓圆锥在第 6~7 腰椎处移行为细的终丝。在脊髓的外面包有 3 层膜：脊软膜，最薄紧贴在脊髓表面，富有神经和血管。蛛网膜也很薄，缺乏神经和血管，与脊软膜之间形成很大的腔隙，叫蛛网膜下腔，内有脑脊液。硬膜为白色致密的结缔组织膜。在硬膜与蛛网膜之间形成狭窄的硬膜下腔。在硬膜与椎管之间有一较宽的腔隙，称为硬膜外腔。

脊髓由灰质和白质构成脊髓实质。灰质主要成分是神经元和树突；白质主要成分是有髓神经纤维。

（2）脑　脑略呈前窄后宽的楔状，重量由于品种不同有较大差异，为体重的 1/30~1/40。脑的形态不规则，表现凹凸不平。根据外部形态和内部结构特征可分为延髓、脑桥、中脑、间脑、大脑和小脑。通常将延脑、脑桥和间脑合称为脑干。

延髓：是脑的最后部，前连脑桥，后连脊髓。背面大部分被小脑覆盖，延髓呈前宽后窄背腹压扁的柱状。

脑桥：位于小脑腹侧，前接中脑，后连延髓，在脑桥的两边有粗大的三叉神经根发出。

中脑：是脑最小的一部分。

小脑：略呈球形，位于延髓和脑桥的背侧，构成第四脑室顶壁。小脑两侧为小脑半球，正中为蚓部。小脑表面有许多平行的浅沟，两沟间是一个叶片。小脑表层为薄层灰质，成为小脑皮质；深层为白质，称为髓体。白质呈树枝状伸向小脑皮质，称为小脑树。白质深部藏有核团，称为小脑核。

间脑：位于中脑和大脑半球之间，被两侧的大脑半球所覆盖。间脑可分为丘脑、上丘脑、下丘脑和底丘脑。

大脑：后端以大脑横裂与小脑分开，背侧被大脑纵裂分为左、右两个大脑半球。大脑半球表层为灰质，称为大脑皮质，皮质的深部为白质，白质中包含一些核团，称为基底核。大脑深部的腔隙为侧脑室。每一大脑半球可分为五叶：前背侧面为额叶，主要为运动区；后背侧面为顶叶，主要为一般感觉区；外侧为颞叶，主要为听觉区；后面为枕叶，主要为视觉区；半球内侧面下半部为边缘叶，主要为调节内脏活动的高级中枢。

2. 周围神经

（1）前肢神经及其支配的肌群

肩胛上神经……………………肩胛外侧肌群（冈上肌、冈下肌）

腋神经……………………肩后肌群（三角肌、大圆肌、小圆肌）

肌皮神经……………………臂前肌群（臂二头肌、臂肌）

桡神经……………………臂后肌群（臂三头肌）

桡神经……………………前臂前肌群（腕伸肌、指伸肌）

正中神经、尺神经……………前臂后肌群（腕屈肌、指关节屈肌）

桡神经……………………指背侧面

正中神经、尺神经……………指掌侧面

（2）后肢神经及其支配的肌群

股神经……………………股前肌群（股四头肌）

闭孔神经……………………股内侧肌群（股薄肌、内收肌、耻骨肌）

坐骨神经……………………股后肌群（股二头肌、半腱肌、半膜肌）

腓神经……………………小腿前肌群（胫前肌、腓骨长肌、趾长肌）

胫神经……………………小腿后肌群（腘肌、趾浅屈肌、腓肠肌、趾深屈肌）

腓神经……………………趾背侧

胫神经……………………趾跖侧

（八）内分泌系

1. 甲状腺

犬的甲状腺位于气管前部的两侧，侧叶呈扁桃形，红褐色，腺峡不发达。

2. 甲状旁腺

仅有一对甲状旁腺，体积似粟粒，位于甲状腺前端或包于甲状腺内。

3. 肾上腺

犬两侧肾上腺的形态和位置有所不同，右肾上腺略呈菱形，位于右肾前内侧与后腔静脉之间；左肾上腺稍大，为不正的梯形，前宽后窄，背腹侧扁平，位于左肾前内侧与腹主动脉之间。肾上腺的皮质部呈黄褐色，髓质部呈深褐色。

（九）感觉器官

1. 眼

（1）眼球壁

纤维膜：为致密而坚韧的纤维结缔组织膜，形成眼球的外壳。可分为前部的角膜和后部的巩膜。角膜约占纤维膜的前1/5，无色透明，具有折光作用。角膜前面隆突后面凹陷，为眼前房的前壁。角膜内无血管和淋巴管，但有丰富的神经末梢，感觉灵敏。角膜上皮再生能力很强。巩膜约占纤维膜的4/5，不透明，呈乳白色，主要由互相交织的胶原纤维束构成。巩膜前接角膜，后下部有巩膜筛板，为视神经的通路。

血管膜：是眼球壁的中层，含有大量的血管和色素细胞，有营养眼内组织、调节进入眼球光亮和产生眼房水的作用。血管膜由后向前分为脉络膜、睫状体和虹膜3部分。脉络膜占血管膜后方大部，富有血管和色素细胞，后面有视神经穿过。睫状体位于巩膜与角膜移行部的内面，是血管膜呈环行的增厚部。其内前部有许多呈放射状排列的皱褶，称为睫状突。虹膜是血管膜前部的环行薄膜，在晶状体之前。虹膜的中央有一孔，称为瞳孔。虹膜内有两种不同方向排列的平滑肌，其中一种呈环行排列，叫瞳孔括约肌，受副交感神经支配；另一种呈放射状排列，称瞳孔开大肌，受交感神经支配，它们分别缩小或开大瞳孔。

视网膜是眼球壁的最内层，可分为视网膜盲部和视部。盲部贴附在虹膜睫状体的内面，无感光作用。视部贴附在脉络膜的内面，有感光作用。视网膜的神经细胞集结成束，并形成一个圆形或椭圆形白斑，成为视神经乳头。在视神经乳头处，视网膜中央动脉呈放射状分布于视网膜。

（2）眼球内容物

晶状体：晶状体为富有弹性的双凸透镜状透明体，后面的凸度比前面的大，位于虹膜与玻璃体之间，以晶状体悬韧带和睫状体相连。

玻璃体：是无色透明的胶状物质，充满于晶状体和视网膜之间，具有折光作用和支撑视网膜的作用。

眼房水：为充满眼房的无色透明液体。眼房位于晶状体与角膜之间，被虹膜分为前房和后房，经瞳孔相通。眼房水除具有折光作用外，还具有营养角膜和晶状体及维持眼内压的作用。

（3）眼球肌　眼球肌属于横纹肌，位于眶骨膜内，包括眼球退缩肌、眼球直肌和眼球斜肌。

眼球退缩肌：起于视神经孔周围，止于巩膜，收缩时可退缩眼球。

眼球直肌：共有4块，即上直肌、下直肌、内直肌和外直肌。均呈带状，分别位于眼球退缩肌的背侧、腹侧、内侧和外侧。起自视神经孔周围，止于巩膜。收缩时可使眼球做向上、向下、向内和向外的运动。

眼球斜肌：分上斜肌和下斜肌两块。起于筛孔附近，沿内直肌内侧向前，再向外折转，止于上直肌与外直肌之间的巩膜表面，收缩时可使眼球向外上方转动。下斜肌较宽而短，沿泪囊窝后方的眶内侧壁，绕过眼球腹侧向外延伸止于巩膜，收缩时可使眼球向外下方转动。

2. 耳

（1）外耳　外耳包括耳廓、外耳道和鼓膜。

耳廓：犬耳廓的形态和大小因品种不同差异很大，有的小而直立向上，有的大而下垂。耳廓以耳廓软骨为支架，内、外被覆皮肤。耳廓基部包有脂肪垫，并附有发达的肌肉。

外耳道：从耳廓基部到鼓膜的管道，由外部的软骨性外耳道与内部的骨性外耳道两部分组成。软骨性外耳的皮肤具有皮脂腺和耵聍腺。

鼓膜：鼓膜位于外耳道底部，在外耳道与中耳之间，为一椭圆形半透明的纤维膜，坚韧而富有弹性。鼓膜略向内凹陷，其内侧面附着于锤骨柄。

（2）中耳　中耳由鼓室、听小骨和咽鼓管组成

鼓室为岩颞骨内一个含气的小腔，内面被覆黏膜。其外侧壁为鼓膜，与外耳道隔开；内侧壁为骨质壁，与内耳为界。鼓室的前下方通咽鼓管。

听小骨：共有3块，由外向内为锤骨、砧骨和镫骨。它们借关节相连，一端以锤骨柄附

着于鼓膜，另一端以镫骨的环状韧带附着于前庭窗，使鼓膜和前庭窗连接起来。

咽鼓管：连接咽腔与鼓室，为一衬有黏膜的管道。咽鼓管一端开口于鼓室前下壁，另一端开口于咽侧壁。

（3）内耳　内耳位于岩颞骨的骨质内，在鼓室与内耳道底之间，由骨迷路和膜迷路两部分组成。骨迷路由致密骨质构成，膜迷路为膜性结构，小部分附着于骨迷路上，大部分与骨迷路之间形成腔隙。骨迷路包括前庭、骨半规管和耳蜗3部分；膜迷路由椭圆囊、球囊、膜半规管和耳蜗管组成。

三、基础组织学

（一）上皮组织

上皮组织由紧密排列的细胞和少量的细胞间质构成。上皮内无血管，但有丰富的神经末梢。根据上皮组织的分布和功能的不同，区分为被覆上皮、腺上皮和感觉上皮。

1. 被覆上皮

被覆上皮简称上皮，在体内分布很广，呈膜状覆盖于体表或衬在管、囊腔内表面，以及许多器官的外表面。被覆上皮具有保护、吸收、分泌和排泄等功能。

（1）单层扁平上皮　由一层扁平上皮构成。主要分布在肺泡壁、肾小囊壁层、心脏、血管和淋巴管腔面；还分布在胸膜、腹膜、心包膜、肠系膜等处。分布于囊腔内表面的称为内皮；分布在各种膜上的叫间皮。

（2）单层立方上皮　由一层高度与宽度大致相等的立方形细胞构成。主要分布于肾小管和甲状腺滤泡等处，具有吸收和分泌功能。

（3）单层柱状上皮　由一层高的棱柱形细胞构成。主要分布于胃、肠、胆囊、子宫和输卵管等处的腔面。具有分泌和吸收等功能。

（4）假复层柱状纤毛上皮　由柱状细胞、棱形细胞和锥状细胞构成，这些细胞高矮不等，棱形细胞和锥状细胞夹在柱状细胞之间。主要分布在气管、支气管内腔。

（5）复层扁平上皮　又称复层鳞状上皮，它由多层细胞组成。表面细胞呈扁平形，中间细胞呈多边形，深层细胞呈低柱状或立方体。这种上皮主要分布于皮肤的表皮、口腔、咽、食道、肛门、阴道。其上皮厚，表层细胞常角质化，故具有抗摩擦、防化学物质刺激的功能。

（6）变移上皮　可随器官的收缩与膨胀而改变其形状和层次。表层细胞较大呈立方形；中间层细胞呈棱形；深层细胞为立方形。这种上皮分布于肾盂、膀胱、输尿管等处。

2. 腺上皮

以分泌功能为主的上皮称为腺上皮，腺上皮构成腺体。外分泌腺有管状腺：肠腺、胃底腺和泪腺；泡状腺：小皮脂腺、大皮脂腺、腮腺；管泡状腺：嗅腺、胃幽门腺、唾液腺和乳腺。

3. 感觉上皮

具有特殊感觉功能的特化上皮为感觉上皮。上皮游离端往往有纤毛，另一端与感觉神经相连。它们分布在舌、鼻、眼、耳等感觉器官内，具有味觉、嗅觉、视觉和听觉等功能。

（二）结缔组织

1. 疏松结缔组织

疏松结缔组织富有弹性和韧性，广泛分布于皮下、组织之间和器官之间，常伴随血管和神经进入各器官内。对机体起支持、连接、营养、防卫、保护及创伤修复等功能。

疏松结缔组织由细胞、纤维和基质组成。细胞成分有：成纤维细胞、组织细胞、肥大细胞、浆细胞。纤维以胶原纤维和弹性纤维为主，网状纤维极少。基质是一种无定形的均质胶状物质，其主要化学成分为黏多糖和蛋白质。黏多糖中含有透明质酸和硫酸软骨素。

2. 致密结缔组织

致密结缔组织由大量的纤维和少量的细胞和基质构成，纤维粗大而且排列紧密。根据纤维排列方式不同，可分为规则致密结缔组织和不规则致密结缔组织。规则致密结缔组织主要分布于肌腱和韧带；不规则致密结缔组织主要分布在真皮、巩膜等处。腱由大量胶原纤维平行排列构成，成纤维细胞夹在纤维束之间；韧带主要由平行排列的胶原纤维构成；真皮由大量粗糙的胶原纤维束交织构成，纤维间有少量细胞和间质。

3. 网状组织

由网状细胞、网状纤维和基质构成。动物体内没有单独存在的网状组织，它是淋巴器官和造血器官的基本成分，分布于淋巴结和脾脏等。

4. 脂肪组织

脂肪组织由大量脂肪细胞聚集而成，疏松结缔组织将其分隔为许多小叶。脂肪组织主要分布在皮下、肠系膜、大网膜及一些器官的外周。

5. 软骨组织

软骨由软骨细胞和细胞间质构成，细胞间质包括纤维和凝胶状基质。软骨无血管、神经和淋巴。软骨有透明软骨、弹性软骨和纤维软骨之分。透明软骨分布于肋骨、喉、气管、支气管及关节面。弹性软骨内含有大量交织成网的弹性纤维，故具有较大弹性。弹性软骨分布在耳廓、会厌等处。纤维软骨的软骨基质中含大量成束平行排列的胶原纤维，软骨细胞呈单行排列在胶原纤维束之间。纤维软骨分布在椎间盘、耻骨联合、关节盘等处。

6. 骨组织

骨组织由骨细胞和细胞间质组成。细胞间质呈固体状，由有机和无机两种成分组成。有机成分包括胶原纤维和基质；无机成分为骨盐，其化学成分主要为羟基磷灰石。胶原纤维平行排列成束，借骨基质黏合在一起，并有骨盐沉积形成薄板状骨板。骨细胞为扁平多突起细胞，位于骨板之间或骨板内的扁而椭圆形的骨陷窝中。

密质骨由紧密排列的骨板和骨细胞组成。从横断面观察，外层有外环骨板，内层有内环骨板，内、外环骨板之间由许多呈同心圆排列的哈氏系统和不规则的骨间板组成。

哈氏系统的中央有哈氏管，管内有血管和神经通过。以哈氏管为中心，周围有呈同心圆排列的骨板环绕。密质骨分布于各种骨的表面及长骨骨干。

松质骨分布在长骨的骨骺、短骨、扁骨和不规则骨的内部。由疏松排列的骨小梁构成。骨小梁由不规则的骨板和骨细胞构成。

骨膜为致密结缔组织，被覆在骨的表面，衬在骨外表面的叫骨外膜；衬在骨髓腔面的叫骨内膜。骨膜可分为两层，外层由许多粗大的胶原纤维束和少量细胞组成；内层由胶原纤维束、弹性纤维和较多的细胞以及血管、神经等构成。具有产生骨细胞的潜能。骨内膜是一层很薄的疏松结缔组织膜，衬在骨髓腔的内面、骨小梁表面，也具有造骨功能。

（三）肌组织

肌组织由肌细胞和少量结缔组织构成。肌细胞形态细长，又称为肌纤维，肌细胞膜又称为肌纤维膜，肌细胞质又称为肌浆。

肌细胞的主要功能是收缩，机体的移位、心脏的跳动、肠道的蠕动都是由肌纤维的收缩来实现的。

根据肌纤维的结构及功能差别，将肌组织分为3种：骨骼肌、心肌和平滑肌。

1. 骨骼肌

每块骨骼肌均由许多骨骼肌纤维构成，外面由结缔组织构成肌外膜。肌外膜部分结缔组织伸入内部包围着每一个肌束，称肌束膜；肌束膜伸入肌束内包围每一条肌纤维，形成肌内膜。血管、神经随结缔组织分布。

骨骼肌纤维是长圆柱形的多核细胞，细胞核呈椭圆形，位于肌纤维膜下，胞质中含有丰富的肌原纤维。骨骼肌有明显的横纹。

2. 心肌

心肌呈分支的短柱状，相互连接成网，在连接处由细胞膜特殊分化形成闰盘。细胞核多为一个，位于肌细胞中央，肌原纤维多分布在肌纤维边缘。横纹不如骨骼肌明显。

3. 平滑肌

平滑肌纤维呈长梭形，细胞核呈长椭圆形，位于肌纤维中央，每个肌纤维只有一个核。多数平滑肌纤维成束或成层分布，彼此平行排列，一个肌纤维的中间部分与相邻肌纤维的端部结合。

（四）神经组织

神经组织主要由神经细胞（神经元）和神经胶质细胞组成。神经元是神经组织的结构和功能单位。神经胶质细胞具有支持、营养和保护功能。神经元的主要功能是感受刺激和传导冲动。神经元包括细胞体和突起两部分。

1. 细胞体

细胞体位于中枢神经系统的灰质和外周神经系统的神经节内，是神经元的代谢和营养中心。胞体的形态多样，有圆形、锥形、梭形和星形等。大小也有差异，但结构都是由细胞膜、细胞质和细胞核所构成。

2. 突起

突起又称胞突，是由神经元的胞体延伸而成。根据其形态结构及功能分为树突和轴突。每个神经元有多个树突，其形状很像树枝样分支，树突的功能是接受刺激，产生兴奋并传导兴奋至胞体。每个神经元只有一个轴突，轴突细而长，表面光滑，分支少。轴突的起始部称轴丘，轴突的作用是把胞体的冲动传递给另外的神经元或效应器。

3. 神经元的分类

（1）感觉神经元　又称传入神经元。它接受外周刺激并传入中枢，从形态上属假单极神经元。

（2）运动神经元　又称传出神经元。将中枢发出的冲动传至效应器，这种神经元在形态上属于多极神经元。

（3）中间神经元 又称联合神经元。位于以上两个神经元之间，起联络作用。

4. 神经纤维

神经纤维由神经元的轴突和包在其外面的髓鞘和雪旺氏细胞组成。

有髓神经纤维在轴索（轴突）外面包有髓鞘和雪旺氏细胞，动物体内绝大多数神经纤维均属有髓神经纤维；无髓神经纤维直径很细，轴索外没有髓鞘，仅被雪旺氏细胞包绕，无髓神经纤维主要形成植物神经纤维。

（五）胃、肠的组织结构

1. 消化管的一般组织结构

（1）黏膜 由黏膜上皮、固有层和黏膜肌层组成。

黏膜上皮：因部位不同而异。口腔、食管和肛门等以机械运输作用为主，内衬复层扁平上皮。胃肠以消化为主，其内为单层柱状上皮。

固有层：由结缔组织构成，内含血管、淋巴管、神经和腺体，有的部位还含有淋巴组织。

黏膜肌层：为一薄层平滑肌，此层收缩有利于食物的吸收、血液流动和腺体分泌。

（2）黏膜下层 由疏松结缔组织构成。此层含淋巴管、较大的血管以及黏膜下神经丛。

（3）肌层 除咽、食管和肛门含有横纹肌外，其余均为平滑肌。肌层一般分为内环外纵两层。两层之间含有少量结缔组织，并可见有肌间神经丛。

（4）外膜 可分为纤维膜和浆膜两种。前者仅由结缔组织构成，后者由间皮和疏松结缔组织构成。浆膜表面光滑，有利于器官的活动。

2. 胃的结构特征

（1）黏膜

黏膜上皮：在无腺部为复层扁平上皮，有腺部为单层柱状上皮。柱状细胞除分泌碱性液体外，还分泌特殊黏液样物质，主要是中性黏多糖。

固有层：由富含网状纤维的结缔组织构成。此层内含有大量胃腺，它们是胃底腺、贲门腺和幽门腺。胃底腺主要分布在胃底，有 4 种腺细胞。主细胞分泌胃蛋白酶原，壁细胞分泌盐酸，颈黏液细胞分泌黏液保护胃黏膜。银亲合细胞具有内分泌功能，可分泌胃泌素、胰泌素、升糖素等。贲门腺分布于贲门腺区，腺细胞呈柱状，分泌黏液。幽门腺分布于幽门腺区，腺细胞为典型的黏液性分泌细胞。

黏膜肌层：主要由内环外纵两层平滑肌组成，有的部位腱发达，层数增加。

（2）黏膜下层 由疏松结缔组织构成，内含较大的血管、淋巴管网及黏膜下神经。

（3）肌层 较厚，可分为内斜、中环和外纵 3 层平滑肌。环肌层在幽门部增厚形成幽门括约肌。

（4）浆膜 由疏松结缔组织构成，外被一层间皮，大弯、小弯与网膜附着处缺少浆膜。

3. 小肠的结构特征

小肠分为十二指肠、空肠和回肠 3 段。

（1）黏膜

黏膜上皮：为单层柱状上皮。组成细胞有：柱状细胞，具有吸收功能，数量最多；杯状细胞，能分泌黏液，润滑和保护上皮，小肠前段的杯状细胞较少，向后逐渐增多；内分泌细胞，分泌激素。

固有层：由疏松结缔组织构成。一般与上皮一起突出形成小肠绒毛。十二指肠和空肠的绒毛最密集，回肠稀疏。固有层内还含有大量的肠腺和淋巴组织，淋巴组织在空肠构成孤立淋巴小结，在回肠形成集合淋巴小结。肠腺为单管状腺，在犬由4种细胞构成：柱状细胞数量最多，能分泌消化酶；杯状细胞数量较少，散布于柱状细胞之间，分泌黏液；内分泌细胞；未分化细胞不断生长分化形成肠腺的各种其他细胞。

黏膜肌层：由内环外纵的两薄层平滑肌束构成，十二指肠中的平滑肌层常不完整。

（2）黏膜下层　由疏松结缔组织构成，含有较大的血管、淋巴管和黏膜下神经丛。在十二指肠还分布有十二指肠腺。

（3）肌层　由内环行、外纵行两层平滑肌组成。内环肌层较厚，两层之间有结缔组织、血管和肌间神经丛。

（4）浆膜

4. 大肠的结构特征

（1）黏膜不形成环形皱襞和绒毛。

（2）黏膜上皮杯状细胞较多。

（3）大肠腺比较发达，直而长，杯状细胞多，腺体分泌碱性黏液，不含消化酶。

（4）孤立淋巴小结较多，集合淋巴小结较少。

（5）肌层特别发达。

（六）肝的组织结构

1. 被膜和小叶间结缔组织

肝的表面被覆被膜，它由表面的浆膜和其深层的致密结缔组织膜共同构成。结缔组织进入肝实质内构成肝的支架，并将肝实质分成许多肝小叶。小叶间结缔组织内有伴行的血管、淋巴管、神经和胆管。

2. 肝小叶

是肝的基本结构和功能单位，由中央静脉、肝细胞板、窦状隙和胆小管组成。

中央静脉：是位于肝小叶中央，并沿其长轴行走的静脉。它汇集由窦状隙来的血液，离开肝小叶后汇合成小叶下静脉。

肝细胞板：是肝细胞连接成的板状结构，它们以中央静脉为中轴向周围作放射状排列。在肝的组织切片中，于肝小叶的横断面上，可见中央静脉周围肝细胞排列成放射状行走的条索状，故称为肝细胞索。

窦状隙：又称血窦，位于肝板之间，它们通过肝板上的小孔而互相沟通成网。血窦接小叶间动、静脉的血液，并将经物质交换后的血液汇入中央静脉。血窦中的枯否氏细胞具有活跃的吞噬能力，能清除血窦中的细菌和异物。

胆小管：是由相邻肝细胞局部细胞凹陷而成，在肝板内连接成网状，向小叶周围行走。

3. 门管区

在肝的组织切片上，几个小叶之间的结缔组织内，常见3种管的切面，它们分别是门静脉、肝动脉和肝管。

4. 肝的血管

进入肝的血管有两条：一条营养血管即肝动脉，分支形成小叶间动脉；另一条是功能血管即门静脉，入肝后分支形成小叶间静脉。它们的终末分支穿过肝小叶的界板共同将血液汇入窦状隙。

5. 肝的胆管系统

肝细胞分泌的胆汁进入胆小管，胆小管在肝小叶边缘与小叶内胆管相连接，穿过界板将胆汁注入小叶间胆管。小叶间胆管向肝门方向汇集，在肝门处汇合成肝管出肝，出肝后与胆囊管会合形成胆管开口于十二指肠。

（七）胰的组织结构

胰是动物体内较大的腺体，表面有薄层被膜，被膜的结缔组织伸入胰的实质内，形成小叶间结缔组织，将其分为许多小叶。血管、神经、淋巴管等随同结缔组织一起进入腺内。

胰腺实质分为外分泌部和内分泌部。外分泌部分泌消化液，内含多种消化酶，称为胰液；内分泌部分泌激素，进入血液循环参与糖代谢的调节。

1. 外分泌部

占腺体的大部分，为复管泡状腺，由腺泡和导管组成。

（1）腺泡 由浆液腺细胞围成，细胞呈锥形，顶部胞质内有许多嗜酸性染色的酶原颗粒，酶原颗粒以胞吐方式分泌入腺泡腔。其中含有胰蛋白酶、胰脂肪酶、胰淀粉酶及核糖核酸酶等。

（2）导管 分为闰管、小叶内导管、小叶间导管、叶间导管和总排泄管。各级导管的上皮由单层扁平上皮逐渐过渡为单层立方上皮和单层柱状上皮。

2. 内分泌部

内分泌部即胰岛，是位于外分泌部腺泡间大小不等的细胞群。在胰尾最多，胰体及胰头较少。胰岛周围由少量网状所形成的薄膜包裹。胰岛细胞有多种类型，它们排列成索状。

甲细胞（α细胞）：多分布于胰岛的周围部分，胞质中有很多粗大的颗粒，分泌胰高血糖素。

乙细胞（β细胞）：数量最多，分布于胰岛中心部分，细胞质中有许多细小的颗粒，分泌胰岛素。

丁细胞（δ细胞）：数量很少，散在于甲、乙细胞之间，分泌生长抑素，抑制甲、乙细胞的分泌。

（八）气管、支气管的组织结构

气管、支气管由黏膜、黏膜下层和外膜3层构成。

黏膜：由黏膜上皮和固有层构成。黏膜上皮为假复层柱状纤毛上皮，在上皮细胞间还夹有许多杯状细胞，纤毛可以做波浪式摆动。固有层由疏松结缔组织构成，内含许多纵行的弹性纤维、弥散的淋巴组织和浆细胞。

黏膜下层：由疏松结缔组织构成，内含气管腺。

外膜：又称软骨纤维膜，由软骨环和结缔组织构成。在软骨环缺口处由平滑肌和结缔组织相连，可使气管适度舒缩。相邻软骨环借环韧带相连，可使气管适度延长。

（九）肺的组织结构

1. 肺的一般结构

肺的表面被覆一层浆膜，称肺胸膜。肺实质是指肺内各级支气管和肺泡等结构；肺间质则是肺内结缔组织，是由肺胸膜结缔组织伸入肺实质形成，这些小叶间结缔组织将肺实质分成许多肺小叶。

支气管经肺门进入肺后反复分支形成支气管树。支气管的各级分支统称为小支气管，当管径小于1毫米时称细支气管。细支气管再反复分支，当管径至0.5毫米以下时为终末细支气管。终末细支气管再分支为呼吸性细支气管。呼吸性细支气管的分支称肺泡管，肺泡管管壁四周由许多肺泡囊和肺泡构成。每一个细支气管所属的肺组织组成一个肺小叶。

2. 肺的导管

包括各级小支气管、细支气管和终末细支气管。

小支气管的组织结构与支气管相似，也分黏膜、黏膜下层和外膜3层。

细支气管和终末细支气管的结构与小支气管相似，只是管径更细、管壁更薄、杯状细胞数量少、软骨片消失、平滑肌相对增多。终末细支气管的黏膜上皮为单层柱状纤毛上皮或单层柱状上皮，腺体与杯状细胞均消失。

3. 肺的呼吸部

肺泡是执行气体交换的地方，单个肺泡呈半球形，缺口的一面与肺泡囊、肺泡管或呼吸性细支气管相通。肺泡壁很薄，内表面衬覆上皮，肺泡隔内有丰富的毛细血管网和各种结缔组织纤维。在肺泡隔内还有尘细胞，具有吞噬作用。构成肺泡壁的上皮细胞有以下两种：扁平肺泡细胞，在肺泡表面形成一层连续性的上皮，构成血液—空气屏障；分泌细胞，与扁平细胞共同构成肺泡壁上皮，数量较少，具有分泌表面活性物质功能，能降低肺泡表面张力，维护肺泡形状。

（十）肾的组织结构

肾的实质主要由肾单位和集合管组成，肾间质有少量结缔组织填充。

1. 肾单位

肾单位是肾脏组织结构和生理功能的基本单位。每个肾单位由肾小体和肾小管两部分组成。

肾小体呈球形或椭圆形，由肾小球和肾小囊构成，肾小体分散于皮质迷路中。肾小体的一侧小动脉出入处，为血管极；另一侧是肾小管的起始部，称为尿极。肾小球是入球小动脉进入肾小囊后反复分支形成的毛细血管网，然后扭曲形成血管祥。肾小囊是肾小管起始部膨大并形成的双层囊，囊内容纳肾小球。肾小囊壁由内、外两层组成，外层称壁层，内层称脏层，两层之间的腔隙称肾小囊腔，其中含有肾小球滤出的原尿。

肾小管是细长而弯曲的上皮性管道，根据其结构和分布位置可区分为近端小管、细段和远端小管。近端小管多数盘绕在肾小体附近，管径较粗而不规则，管壁由锥形上皮细胞组成。近端小管的功能主要是重吸收水、糖、氨基酸及无机盐。细段管径小，由单层扁平上皮细胞组成，能重吸收水和钠。远端小管较短，管径细而管腔大，管壁细胞为单层立方上皮。远端小管迂曲分布于肾小体附近，能重吸收水分和钠。

2. 集合管

集合管由数条远曲小管汇合而成，自皮质沿髓放线直行入髓质。管壁上皮为单层立方上皮，集合管具有浓缩尿液的作用。

（十一）　卵巢的组织结构

1. 生殖上皮和白膜

卵巢的大部分都覆盖一层生殖上皮，生殖上皮幼年时呈立方或柱状，性成熟时逐渐变为扁平。

2. 实质

包括皮质和髓质两部分，皮质位于外周，髓质位于中央。

初级卵泡：中央为初级卵母细胞，外周包有一层扁平卵泡细胞，随卵泡发育在初级卵母细胞表面出现一层强折光性透明带。

次级卵泡：由初级卵泡生长发育而成，位于皮质深部。其主要特征是：卵母细胞体积增大，透明带增厚，出现卵泡腔和卵泡膜等结构。卵泡腔逐渐增大，卵母细胞及周围的一部分卵细胞位于卵泡一侧，形成一个凸入卵泡腔的隆起，称卵丘。同时卵泡周围的结缔组织也相应发生变化，形成卵泡膜围绕卵泡。

成熟卵泡：生长卵泡发育至最后阶段，体积很大，逐渐接近卵巢表面。

3. 黄体

成熟卵泡在排卵后卵泡壁塌陷，卵泡腔内充满血液，称红体。卵泡膜内膜的血管增生并伸入颗粒层，颗粒层的细胞增大变为多角形，细胞质内出现类脂颗粒，形成粒性黄体细胞。黄体形成之后发育极快，黄体是内分泌器官，可分泌黄体酮（孕酮）。

（十二）　睾丸的组织结构

1. 睾丸一般结构

睾丸大部分被覆鞘膜脏层，其下为一层厚而坚韧的致密结缔组织，称为白膜。在附睾与睾丸连接处，白膜的结缔组织伸入实质内形成睾丸纵隔。睾丸纵隔结缔组织呈辐射状伸入睾丸内，将睾丸分隔成许多锥形小叶。每个小叶内有一至四条弯曲而细长的曲细精管，在睾丸纵隔处变为短而直的管道，为直细精管。直细精管进入纵隔彼此吻合成网，形成睾丸网。

2. 曲细精管的组织结构

曲细精管为精子发生的场所，管壁由支持细胞和生精细胞组成。

生精细胞在形成精子的过程中，在促性腺激素作用下不断增殖、分化，最后形成精子。精原细胞是精子发生的干细胞，发育成为初级精母细胞；初级精母细胞经第一次成熟分裂而产生次级精母细胞；次级精母细胞做第二次成熟分裂而生成精子细胞；精子细胞经一系列复杂的变态过程，最后形成精子；精子为蝌蚪状，分头、颈和尾3部分。

支持细胞又称足细胞，为不规则的高柱状或锥形。相邻支持细胞的侧面突起在精原细胞的上方形成紧密连接，构成血—睾屏障的主要成分。

3. 睾丸间质

睾丸间质存在于曲细精管之间，它是富有血管、淋巴管和神经的疏松结缔组织。在间质内有一种具有内分泌功能的上皮样细胞，称间质细胞，可以合成并分泌雄激素。

（十三）　脾的组织结构

1. 被膜与小梁

脾脏的表面覆盖着浆膜，浆膜下面是一层致密结缔组织，它们共同形成较厚的被膜。被膜的结缔组织分出许多富有平滑肌的小梁，伸入脾脏内部，形成丝瓜络状支架。

2. 白髓

在新鲜脾的切面上白髓呈散在的白色小点，由淋巴组织环绕动脉而成，在局部的地方可膨大成为结节状，或构成典型的淋巴小结。动脉周围的淋巴组织主要分布着 T 淋巴细胞，淋巴小结中主要分布着 B 淋巴细胞。

3. 边缘区

位于白髓的外周，为白髓与红髓相移行的部分。此处毛细血管丰富，有 T 淋巴细胞、B 淋巴细胞和大量巨噬细胞，有很强的吞噬滤过作用。

4. 红髓

位于被膜下、小梁周围和白髓之间，含有大量的红细胞。红髓由脾索和脾窦组成。

脾索为彼此吻合成网的淋巴组织索，其中含有网状细胞、B 淋巴细胞、巨噬细胞、浆细胞和各种血细胞。

脾窦即血窦，分布于脾索之间，形状不规则，相互吻合成网状。

（十四）大脑的组织结构

1. 大脑皮质

大脑皮质一般有四层结构，由内向外分别是：

（1）分子层　位于皮质表面，主要由小星形细胞和水平细胞构成。

（2）小锥体细胞层　细胞体积小，呈锥体形。主树突进入分子层；轴突进入白质。

（3）大锥体细胞层　由大、中型锥体细胞组成。大锥体细胞的树突伸向分子层和小锥体细胞层，轴突形成传出纤维。

（4）多型细胞层　以梭形细胞为主，还有少量锥体细胞和星形细胞。树突伸出分子层，轴突较长，既形成传出纤维又形成联络纤维。

上述四层中均有神经胶质细胞存在，它们起支持、营养和保护作用。

2. 大脑皮质的纤维

大脑皮质的纤维包括存在于皮质各层中的切线纤维、柏氏外线和柏氏内线；将同侧半球各部连接起来的联络纤维；连接左、右大脑半球的联合纤维；连接大脑皮质和皮质下中枢的投射纤维。

（十五）小脑的组织结构

1. 小脑皮质

由外向内分为 3 层：分子层、蒲金野氏细胞层和颗粒层。

（1）分子层　较厚，含纤维多细胞少。神经细胞有星形细胞和蓝状细胞。

（2）蒲金野细胞层　此层中蒲金野细胞单层排列，树突伸向分子层，轴突形成小脑传出纤维。

（3）颗粒层　由颗粒细胞组成。

2. 小脑髓质

小脑髓质含有 3 种纤维，即蒲金野氏细胞的轴突、苔藓纤维和攀登纤维。

第二章 犬的生理生化基础知识

一、血液

血液是犬体血管中流动的一种液体，在心脏的推动下，不断循环流动。血液从呼吸和消化器官接受外界环境中的氧和消化吸收的营养成分，通过血液循环，由毛细血管扩散到组织间液，为组织细胞代谢活动提供氧和营养物质。组织细胞活动所产生的代谢产物，通过组织间液扩散到毛细血管内，经排泄器官和呼吸器官排出体外。组织液作为机体的内环境，是血液与组织细胞进行物质交换的中间媒介，血液又是犬体沟通内外环境与交换的枢纽，在全身血管系统内循环流动，维持内环境理化性质的相对恒定，对犬的生命活动起着重要作用。

（一）血液的主要作用

1. 运输机能

血液在组织液与各内脏器官之间运输各种物质，使机体新陈代谢得以顺利进行。运输激素参与机体的体液调节。

2. 维持内环境相对稳定

对内环境某些理化性质的变化，如组织细胞代谢过程产生的酸性代谢产物、热、水、CO_2 等，有一定的缓冲作用，使体液中的理化性质不致发生太大变化。

3. 防御性保护功能

血液中的白细胞对外来微生物和体内坏死组织具有吞噬分解作用。血浆中含有多种免疫球蛋白，可使机体增强对有害刺激的抵抗力。血浆中的凝血因子和血小板具有加速凝血和止血作用，防止血液流失。

（二）血液总量与组成

1. 血液总量

血液包含液体成分的血浆和悬浮在液体中的有形成分血细胞。其血液总量一般是相对恒定的，占犬体重的 5.6% ~ 8.3%，但常随犬的年龄、性别、体重、营养、妊娠、泌乳、健康状态以及环境因素等条件而有所变化。雄犬的血量比雌犬多，雌犬在妊娠期间血量增多。恒定的血量对维持正常血压和保证器官的血液供应极为重要。如果一次失血量不超过血液总量的10%，一般不会影响犬的健康。但如果一次失血量超过总血量的30%，就有可能危及生命。

2. 血液的组成

犬的血液由 3 种成分组成。其基本成分是晶体物质成分，如水、电解质、小分子有机化合物（激素、营养物质、代谢产物）及某些气体。另一组成分是血浆中的蛋白质，包括了很多分子大小与结构都不相同的蛋白质，如白蛋白、球蛋白和纤维蛋白3类，球蛋白用电泳法还可区分为 $\alpha1^-$、$\alpha2^-$、$\beta1^-$、$\beta2^-$、$\gamma1^-$ 和 $\gamma2^-$ 6部分。犬血浆蛋白总量为 6.0g/dl ~ 7.5g/dl，纤维蛋白原的含量一般不超过血浆蛋白含量的10%。各种血浆蛋白具有不同的生理功能。血液的组成成分是悬浮于血浆中的血细胞，包括红细胞、白细胞和血小板3类。红细胞是血液中数量占绝对优势的细胞，其主要作用是运输 O_2 和 CO_2，参与体内酸碱平衡的调节；白细胞的数量最少，分为颗粒细胞和无颗粒细胞两大类，参与机体的免疫活动；血小板是最小的血细胞，其主要功能是促进止血和加速血液凝固。

（三）血液的理化特性

1. 颜色与比重

血液的颜色决定于红细胞中血红蛋白的氧含量。动脉血中含氧量高，呈鲜红色；静脉血中含氧量低，呈暗红色。犬全血的比重一般为 1.0540 ~ 1.0620。比重大小主要决定于红细胞与血浆容积之比；红细胞的比重一般为 1.090，它的大小决定于红细胞中所含的血红蛋白浓度；血浆的比重为 1.0234 ~ 1.0276，它的大小主要决定于血浆蛋白浓度。

2. 黏滞性

一般为 3.8 ~ 5.5。其黏滞性大小主要决定于红细胞的数目，其次决定于血浆蛋白的浓度。

3. 血浆渗透压

由晶体物质和血浆蛋白质构成。犬的血浆渗透压大约等于 688.7 ~ 773.1kPa（303.0 ~ 340.2mOsm/kg）。血浆渗透压的意义在于调节组织液和血液间的水平衡，保持红细胞的正常形态。

4. 酸碱度

犬血液的酸碱度一般是 pH 值 7.35 ~ 7.45。血液 pH 值的恒定，主要决定于血液中所含的各种缓冲物质，其中最重要的、数量最多的是 $NaHCO_3/H_2CO_3$，通常比值为 20：1。

二、血液循环

血液循环是指血液在心血管系统内周而复始地循环流动，是犬体重要的生理机能之一。它的主要功能是运输各种代谢原料和代谢产物，保证机体新陈代谢的正常进行。如血液经过肺部吸收 O_2 和排出 CO_2，经过消化道时获得各种营养物质，流过肾脏时排出多余的水分和代谢终产物。体内各内分泌激素，或其他体液性因素，通过血液运输，作用相应的靶细胞，实现机体的体液调节。此外，机体内环境的相对稳定、血液防御机能的实现，也都有赖于循环系统的血液不断流动。犬体各器官和组织的活动情况不同，其代谢的水平也不同，因而所需要的血流量就有差异。当组织活动加强时需要的血流量增多，安静时则减少。循环系统在神经和体液因素调节下，经常适应各器官组织的需要调配血流量，特别是心、脑、肾等重要器官更必须维持必要的血液量。

心脏的机能　犬的心脏是血液循环的动力器官。心房和心室按一定顺序不断地进行收缩和舒张活动，推动血液环流不止。心脏这种有节律而不停的收缩活动，是由心肌细胞的结构和机能特性所决定的。心肌包括普通心肌细胞和由心肌细胞分化形成的特殊传导系统。

（1）心肌细胞的生物活动　心肌细胞在静息状态和活动过程中，所产生的电变化，包括静息电位和动作电位。

①静息电位：指心肌细胞处于安静状态时，膜内外之间的电位差。是由于 K^+ 向细胞膜外流动所产生的 K^+ 跨膜电位或平衡电位，约为 $-90mv$。

②动作电位：心肌细胞兴奋时，跨膜电位在静息电位的基础上产生的可传播性电位变化，包括除极和复极两个过程。

（2）心肌的生理特性　包括自律性、传导性、兴奋性和收缩性。

（3）心脏的射血功能　心脏不停地进行收缩和舒张活动。每次心脏的一缩一舒为一个心动周期。心脏每分钟发生的心动周期次数为心率。犬的心率为 68～120 次/min。

心脏的射血功能主要由心室完成。心室有节奏的舒缩活动，使心房和心室产生压力变化，成为血液的原动力，驱使血液流动，心血管各出入口的瓣膜作用，使血液按一定方向流动，完成血液循环功能。每次心动周期中，心脏经历以下一系列活动过程，心房收缩期→心室等容收缩期→心室射血期→心室等容舒张期→心室充盈期。

三、呼吸

犬在新陈代谢过程中，需要不断从外界摄取 O_2，并将产生的 CO_2 排出体外，机体这种与外界环境之间进行的气体交换过程叫呼吸。它是维持机体新陈代谢和功能活动所必需的基本生理过程之一。一旦呼吸停止，生命也将终止。犬的呼吸过程包括肺呼吸、气体运输和组织呼吸 3 部分。肺呼吸是机体与外界环境之间进行气体交换的过程，包括肺通气和肺换气两个过程。肺通气依靠呼吸运动中气体在呼吸道中流动完成，其肺通气量主要决定于犬的呼吸频率和强度，以及呼吸道对气体流动的阻力。肺换气依据气体扩散通过肺泡壁和毛细血管壁完成。肺换气量主要决定于肺泡和血液之间的 O_2 和 CO_2 浓度差，以及红细胞的数量、质量，还决定于肺循环的情况和肺泡壁与毛细血管的功能状态。

组织呼吸包括组织换气和生物氧化两个过程。组织换气，是指血液与组织液之间的气体交换；生物氧化，是指组织利用 O_2 和产生 CO_2 的一系列复杂生化过程。组织换气量主要取决于血液与组织液之间的 O_2 和 CO_2 浓度差，以及局部组织的微循环情况。安静状态下，呼吸运动平稳缓和，有规律地自动进行，正常犬平静呼吸频率 10～30 次/min。呼吸全过程示意图见下图。

四、消化和吸收

食物在消化道内分解的过程称为消化，食物经过消化后透过消化管壁进入血液循环的过程称为呼吸。

犬的消化器官，包括由口腔、食管、胃、小肠和大肠所组成的消化道，以及由唾液腺、胃腺、胰腺和肝脏所组成的消化腺。

（一）口腔内消化

口腔内消化包括采食和饮水、咀嚼、唾液分泌。

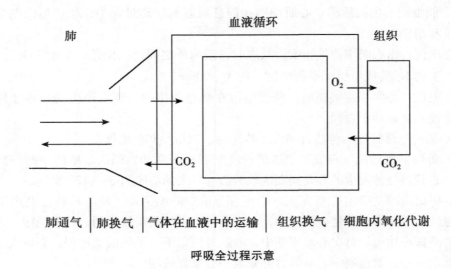

肺通气 | 肺换气 | 气体在血液中的运输 | 组织换气 | 细胞内氧化代谢

呼吸全过程示意

（二）吞咽

吞咽是由口腔、舌、咽和食管肌肉参与的复杂反射性协调活动。通过这种活动，食团从口腔经食管进入胃内。由于犬的食管全部由横纹肌构成，食团的蠕动速度也快，为5cm/s左右。犬吞咽食团所需时间为4~7s。

（三）胃内消化

胃有两个功能，即暂时贮存食物和消化食物。食物从食管进入胃内后，受到胃壁肌肉的机械消化和胃液的化学消化作用，食物中的蛋白质部分在胃内分解。继之，胃内容物以食糜状态，少量逐次地通过幽门进入十二指肠。

（四）肠道内消化与吸收

食物经胃消化后，变成酸性食糜进入小肠，开始小肠消化。在小肠内受到胰液、胆汁和肠液化学性消化作用和小肠运动的机械性消化。大部分营养成分被分解为可被吸收和利用的状态。

1. 胰液分泌

是胰腺外分泌部分分泌的碱性液体，pH值为7.8~8.4，一昼夜分泌量为200~300mL。主要成分为水（90%）、碳酸氢盐、消化酶。胰酶包括胰蛋白酶、胰脂肪酶和胰淀粉酶等，能分别水解蛋白质、脂类、核酸和淀粉。胆汁在肝内不断生成。主要成分为胆汁酸、胆盐、胆色素、胆固醇、脂肪酸和卵磷脂等。犬在进食后几分钟，胆汁就从胆囊中开始排出。胆汁的消化作用主要有以下几个方面：胆酸盐能减低脂肪表面张力，乳化脂肪，促进水解；增强脂肪酶活性；胆盐与脂肪酸结合，促进其吸收及脂溶性维生素的吸收；刺激小肠的运动。

2. 小肠液分泌

小肠液是小肠黏膜中各种腺体的混合分泌物。是一种弱碱性液体，内含黏蛋白、肠致活酶及其他消化酶，其作用是保护小肠黏膜，使各种营养成分进一步分解为最终可被吸收的产物。

3. 吸收功能

食物被消化后，其分解产物经消化道黏膜上皮细胞进入血液或淋巴的过程为吸收。胃内的食物吸收也很少，只吸收少量水分。大肠主要吸收水分和无机盐。小肠是犬吸收消化产物的主要部位，其吸收面积为 $0.52m^2$。它的黏膜具有环状皱褶，并拥有大量绒毛。每条绒毛的外面是一层柱状上皮细胞，在细胞顶部有无数微绒毛，使吸收面积大大增加，达实际面积的 600 倍。小肠绒毛内部有平滑肌、神经、毛细血管及毛细淋巴管。其中淋巴管和毛细血管都是营养物质被吸收后输入机体的路径。糖类、蛋白质和脂肪的消化产物大部分是在十二指肠和空肠吸收，胆盐和维生素 B_{12} 是在回肠吸收。

五、尿的生成与排放

（一）肾小球的滤过机能

当血液流过肾小球时，血浆中的水分子和小分子溶质透过滤过膜到肾囊腔形成尿液的第一个环节——原尿。肾小球滤液流经肾小管和集合管时，管壁上皮细胞一方面从滤液中重新吸收各种晶体物质和水分，另一方面向管腔分泌和排泄各种废物或多余物质，使滤液的量逐渐减少，其性质和成分逐步改变，最后浓缩形成尿液，即终尿。终尿中无葡萄糖。

（二）尿的排放

终尿在肾脏生成后，先经集合管进入肾盂，然后借输尿管蠕动，流入膀胱贮存。当膀胱中尿液贮存达一定量，就会反射性地引起排尿动作，使膀胱中的尿液经尿道排出体外。这一反射活动受高级中枢的控制。排尿时，由于犬的逼尿肌和后尿道进行间歇性收缩，使尿流呈现明显的脉冲式排尿。犬排尿反射接受大脑皮层的控制，容易形成各种排尿的条件反射。因此，在饲养管理中，可以训练犬在一定地点和一定时间排尿，以利卫生。

六、神经系统的功能

神经系统是犬体的主要调节系统，犬体各器官、系统的功能活动，直接或间接处于神经系统的调节控制下，使体内各器官的活动彼此协调一致，从而使犬体成为一个完整的统一体。犬生活在经常变化的环境中，环境的变化不断地影响着体内各功能，神经系统通过对各种生理的调节，使犬体的活动随时适应内外环境的变化，从而保证机体和外界环境的平衡。犬体的完整统一及与外界环境的平衡是维持犬体正常活动所必需的，一旦统一遭到破坏或平衡发生紊乱，犬体就会发生疾病。

犬的神经系统分中枢神经系统和外周神经系统两部分。中枢神经系统包括脑和脊髓；外周神经系统包括躯体神经系统和植物性神经系统。神经系统在调节和控制机体活动过程中有以下 3 种基本功能：①分析功能或感觉功能，即感受、分析和综合体内外的各种刺激，产生感觉；②躯体运动功能，即在产生感觉的基础上，使体内外的各种刺激与躯体运动联系起来，控制和协调全身骨骼肌的运动活动；③内脏植物性功能，即在产生感觉的基础上，使体内外各种刺激与全身内脏活动联系起来，控制和协调内脏平滑肌、心脏和腺体等的活动。犬的大脑皮层很发达，使整个中枢神经系统的机能都受大脑皮层的控制，脑的其他各部位以及脊髓，都是在大脑皮层的主导之下进行活动的。这种高级神经活动对保证犬适应内外环境的变化及机体的生存都很重要。按犬个体脑皮质的基本神经活动过程的特征，即神经活动过程的强度、均衡性和灵活性把犬的高级神经活动分为四种基本类型。

  Ⅰ型 强型，均衡的灵活型——活泼型。

  Ⅱ型 强型，均衡的迟钝型——安静型。

  Ⅲ型 强型，不均衡，兴奋占优势的兴奋型——兴奋型。

  Ⅳ型 弱型，兴奋和抑制不发达——沉郁型。

七、感觉器官

感觉器官是犬体感受外界和内部各种刺激的专门器官。它们在受到内外环境变化的刺激而发生兴奋后，可以发放神经冲动，通过传入神经传到神经中枢。一方面可以引起各种反射活动，使犬体能够和内外环境变化相适应；另一方面也可通过大脑皮质活动而产生主观感觉。

（一）视觉器官

眼是犬精细、灵敏的特殊感觉器官，也是参与采食活动的主要器官。正常状态下，犬从外界所接受的信息，绝大部分是通过视觉通道传入的。眼球主要包括屈光系统和感光系统两部分。物体通过眼球的屈光系统成像在视网膜上的感光系统，感受刺激而发生兴奋，并把复杂的物象信号以神经冲动的形式，经视神经传至皮层视区，以产生视觉。视觉的适宜波长为400～750nm电磁波。犬因品种不同其视觉也有差异。一般来说，犬的视力不很发达，只及人的1/5或1/3，主要原因是睫状体的调节力差。试验表明，中型犬在超过100m后就无法认出自己的主人。警犬对固定目标只能感受到50m的距离，但对于活动目标则可感受到825m的距离，这是与人不同之处。犬有较大的双眼视野，双眼视轴夹角为20°～50°，双眼视野为80°～110°，全景视野为250°～290°，这种较大的双眼视觉区，能够维持捕捉快速活动的猎物。犬的视觉的最大特征是色盲，主要是由于犬的视网膜上视杆细胞占绝大多数，视锥细胞数量极少，使之对色觉敏感度低，区别彩色颜色的能力很差。所以犬本身所具有的各种美丽的毛色，对它们的同伴而言，不具有任何意义。犬的另一个特征是暗视力十分发达，对光觉敏感度强，能正确地区别从白天到黑夜50个不同亮度，在微弱的光线下，就能看清物体。导盲犬之所以能分辨信号，也是根据明暗度来加以区别的。犬的远近感觉差，测距性差，视网膜上没有黄斑，视力仅为20～30m。

（二）听觉器官

犬的听觉极为灵敏，超过人的听力，并在一定程度上通过声音传递信息。听觉的适宜刺激是声波，声波经外耳、中耳的传音系统传至内耳的感音系统，使感音系统的听毛细胞受到刺激而兴奋，并把声波的机械振动转变为神经冲动，经耳蜗神经传到皮层听觉区，产生听觉，借以识别环境的变化，传送感情和欲望。犬不仅可辨别极为细小的声音（辨别800Hz/s和812Hz/s的声波）识别音符和音速，并能依靠两耳同时活动正确判断声音方向和音源空间位置。有人做过实验，人在6m远听不到的，犬在24m的距离能清晰听到。由于声音的大小是距离2倍的反比，所以犬的听觉是人的16倍。人的听力范围在16～20Hz/s，而犬的听力范围为 16～36 000Hz/s。犬可以识别 1/4、1/8 的音符，区别每分钟振动 96 次与 100 次、133 次与 144 次的节拍器的音速，这也是人类难以做到的。犬对音源的空间位置感，是借助声波到达双耳的微时差加以判断，甚至可以觉察到其中差别仅 1/30 000 秒的程度。有资料报道，有些犬在距离 5m 处，可辨别相差仅 12.5cm 的两个音源。犬在听到声音时，有注视音源的习惯。

（三）味觉器官

味觉是与摄食有关的化学感觉，是舌的功能之一。味觉感觉器是味蕾，主要集中分布在舌前部，犬的味蕾呈圆形，直径近 30μm。各种有味物质的水溶液都是味觉感受器的适宜刺激。当被溶解的有味物质通过味孔进入味蕾，作用于味细胞，则引起其兴奋，发放神经冲动传入中枢，最后产生味觉。犬对各种糖类有不同程度的喜爱反应，但厌恶糖精，对于低浓度的氯化钠溶液有一定的喜爱反应。犬的味觉特征是由味觉和嗅觉综合形成的。因此，味觉并不决定犬的嗜好。

（四）嗅觉器官

犬具有高度发达的嗅觉。嗅觉感受器位于上鼻道深部的嗅区内。嗅区是由嗅细胞、支持细胞和基底细胞构成的嗅上皮。其适宜刺激是挥发性的气体物质。有气味物质分子依靠扩散运动到达嗅区，刺激嗅细胞，使它兴奋并产生动作电位，通过嗅束到达大脑皮层前梨状区和杏仁核产生嗅觉，进而与下丘脑及脑干神经核等联系，产生与嗅觉有关的反应，包括寻食活动、情绪变化和植物性功能变化等。犬的嗅觉敏感度很高，嗅细胞的数目因犬种的不同而有差异，狼犬的嗅细胞为 20 000 万个，而人类为 500 万个。其嗅觉优于人类百倍。能嗅出 1L 空气中一个分子的芳香物质，区别 14～15 种气味物质混合中任何一种气味物质。嗅觉除了作为犬寻找和识别食物的重要感觉之一外，在识别物体和追踪方面也起着很重要的作用。经过充分训练的犬，能检出 6 周以前人在室内留下的痕迹，还能通过嗅觉识别自己的仔犬，凭味道分辨出久未见面的旧主人。但嗅敏度常随温度、湿度、大气压等外界因素及体内的多种变化而改变，例如，温度升高时嗅敏度提高；湿度加大时嗅敏度提高；感冒时，鼻黏膜肿胀，嗅敏度明显降低；气味和物质持久作用于嗅细胞时，嗅觉迅速发生适应现象，嗅敏度迅速降低。

八、内分泌系统的功能

内分泌系统与神经系统是调节机体各种生理功能，维持内环境相对稳定的两大信息系统。内分泌系统是由全身不同部位的多种内分泌腺以及其他一些散在的具有内分泌功能的细胞组成。犬体主要的内分泌腺有：脑垂体、甲状腺、甲状旁腺、肾上腺、胰岛和性腺等。内分泌系统的信息传递是通过内分泌细胞分泌的激素传递的，激素经血液和淋巴运输到远距离靶组织发挥作用。还有部分激素通过间隙弥散作用于邻近细胞，或沿轴浆流动送至所连接的组织。激素在犬的生长、分化、生殖、维持内环境和适应外环境变化等方面的调节上有很重要的作用。主要表现为：①调节物质代谢，维持代谢稳态；②调节细胞的分裂和分化，保证机体的正常生长、发育和成熟，并影响衰老过程；③促进中枢神经系统和植物神经系统的发育和功能；④调节生殖系统的发育和成熟，保证生殖过程正常进行；⑤使机体适应内外环境的变化。

（一）下丘脑与垂体

垂体在内分泌系统中占有重要位置，是犬的主要内分泌腺，它除有独立的作用外，还分泌几种激素支配性腺、肾上腺皮质和甲状腺的活动。垂体的活动又受下丘脑的调节，所以下丘脑通过对垂体活动的调节来影响其他内分泌腺的活动。垂体分为神经垂体和腺垂体两部分。神经垂体释放由视上核、室旁核分泌的加压素和催产素。加压素的主要作用是促进水在肾集合管的重吸收，有抗利尿作用。催产素有强烈的子宫收缩作用及排乳作用。腺垂体的作用比较广泛，至少产生以下 7 种激素：①生长激素；②促甲状腺素；③促肾上腺皮质激素；④催乳素；⑤卵泡刺激素；⑥黄体生成素；⑦黑素细胞刺激素。腺垂体激素的生理作用极为广泛而复杂，归纳起来有：促进生长，促进甲状腺、肾上腺皮质、性腺、乳腺等器官的发育和分泌，以及调节新陈代谢等作用。此外，下丘脑通过垂体门腺系统运送多种活性物质即下丘脑调节性多肽，刺激腺垂体促进分泌或抑制分泌有关激素，并受中枢神经系统高级部位的控制，又受靶腺激素的反馈调节。如下丘脑分泌的促肾上腺皮质激素释放激素刺激腺垂体促肾上腺皮质激素的分泌，后一种激素则刺激肾上腺皮质分泌皮质醇。当血中皮质醇浓度过高时，又反过来抑制下丘脑—垂体相应激素的分泌。由于在下丘脑、腺垂体与靶腺三者之间存在着相互作用，从而保持靶腺激素的浓度经常处于相对稳定状态。

（二）甲状腺与甲状旁腺

甲状腺分泌甲状腺激素，其作用是广泛的，没有特异的靶细胞，但能影响机体内的几乎每一个器官。其生理作用概括起来分为两大类：代谢性效应和生长发育性效应。代谢性效应包括：产热量增多，氧代谢率增加；促进水和离子转运；促进三大物质代谢活动及促进神经系统、心血管系统和消化系统的功能状态。生长发育效应包括：促进骨和脑的生长发育，加快组织器官的分化和生长发育的速度，维持正常的生殖功能。甲状腺的机能受下丘脑腺垂体分泌的促甲状腺激素的调节，构成下丘脑—垂体—甲状腺轴。通过此轴的调节作用，一方面使血液中甲状腺素的浓度在一定程度上维持相对稳定；另一方面又使血中甲状腺激素浓度适应环境变化和针对犬体不同状况而在一定范围内相应地变化。

甲状旁腺是犬体内最小腺体之一，分泌甲状旁腺素，血钙水平降低可刺激其分泌。其作用是促进骨钙溶解，促进小肠从食物中吸收钙及肾小管对 Ca^{2+} 的重吸收，使血钙水平上升。

（三）肾上腺

肾上腺分皮质和髓质两部分，其组织胚胎发育、形态和功能均不相同，属两个内分泌腺体。肾上腺髓质分泌肾上腺素和去甲肾上腺素两种儿茶酚胺类激素，其中成年犬髓质分泌的去甲肾上腺素占 27%，肾上腺素占 73%。其生理作用都有拟交感神经作用，增强心血管系统和呼吸系统的活动，促进糖和脂肪的分解代谢，提高骨骼肌血流量，紧急动员体内能量储备，加强肌肉活动。

肾上腺皮质主要分泌糖皮质激素、盐皮质激素。糖皮质激素的生理作用是，对物质代谢表现为促进糖异生，抑制糖分解，抑制蛋白质和脂肪合成；维持心血管系统的紧张性和反应性；增强机体对有害刺激的耐受力；促进红细胞和血小板增加；加强胃肠道的活动。盐皮质激素的主要作用是，作用于肾远曲小管，促进对钠、水的重吸收和排钾的作用。糖皮质激素的分泌是受垂体促肾上腺皮质激素和下丘脑促肾上腺皮质激素释放素的调节。而盐皮质激素的分泌主要受肾素—血管紧张素—醛固酮系统的调节。

（四）胰岛

胰岛细胞主要分泌胰岛素和胰高血糖素。胰岛素的主要作用是调节血糖水平，促进糖的利用，促进脂肪贮存及蛋白质和核酸的合成，对维持机体正常生长是不可缺少的。胰高血糖素最主要的作用是升高血糖。两种激素均受血糖浓度的影响。血糖升高时，胰岛素分泌增加，胰高血糖素分泌减少。两种激素共同作用使血糖维持在相对恒定的正常范围。

九、生殖

生殖是保持犬种族生存的最重要和最基本的生理活动。犬的生殖方式依赖于两性生殖器官的活动和交配。其生殖过程包括：受精、妊娠、分娩和哺乳等一系列过程。

（一）性成熟

犬生长发育到一定阶段，生殖器官和副性征的发育已基本完成，具备了生殖能力，标志着性成熟的开始。性成熟的雌、雄犬的性腺中开始形成成熟的两性配子（精子和卵子），表现出各种性反射，出现性的要求和交配欲望，并通过两性生殖器官的活动和交配，完成妊娠和胚胎发育过程。犬的性成熟期为 6～12 个月。在性成熟过程的初始阶段为初情期，一般为 6～10 月龄，其标志是雌犬首次发情，雄犬首次射精。初情期的犬一般不具备生育能力。从初情期到性的最后成熟需要经历几个月时间。性成熟过程主要受下丘脑—垂体—性腺轴系统的调节。此外，品种、性别、气候、营养状况和管理等，都能影响性成熟。

犬的适配年龄：雄犬为 1.5～2 岁，雌犬为 1～1.5 岁。

（二）雄犬生殖生理

主要包括精子发生、精子成熟、精子排放，以及精子进入雌犬生殖道，精子获能与受精。这一系列活动都是在神经内分泌系统的调节下进行的。

1. 睾丸的功能

睾丸的主要功能是产生精子和雄激素。睾丸的表面包着阴囊，具有保护睾丸和调节睾丸温度的作用。睾丸产生数量最多、活性最强的是睾酮。睾酮的主要作用是刺激雄犬性器官的发育与成熟；刺激雄性副性征的出现及雄犬的性欲、性行为和伴争行为；刺激机体组织蛋白合成和骨骼的生长发育；促进精子的生成与成熟。

2. 附睾的功能

附睾是贮存精子和排出精子的管道。未成熟的精子在通过附睾的过程中，通过附睾的吸收和分泌作用，使精子发生一系列形态、生理、生化方面的变化，逐渐达到生理上的成熟。其主要功能是精子的转运、浓缩、成熟和贮存。

3. 输精管和副性腺机能

输精管是输送精子的管道，在交配时可将精子排到尿道内。犬的副性腺很小，包括壶腹腺、前列腺和尿道小腺体等，但无精囊腺，是分泌精液的腺体。雄犬射精时副性腺的分泌有一定顺序，这对保证受精有着重要作用。首先分泌的是尿道小腺体，以冲洗、中和并润滑尿道；然后附睾排出精子，前列腺开始分泌，促进精子在雌犬生殖道内的活动能力；最后是壶腹腺分泌，可防止精液从阴道外流。

（三）雌犬生殖生理

雌犬生殖活动包括卵泡发育、卵子成熟、排卵、受精、妊娠、分娩和泌乳。

1. 卵巢的功能

卵巢的主要机能是产生卵子、雌激素和黄体酮。雌犬达到性成熟时期，由于腺垂体分泌的卵泡刺激素的作用，使卵巢的原始卵泡开始发育，经过初级卵泡、次级卵泡、生长卵泡和成熟卵泡的连续发育阶段达到成熟。卵泡成熟后，卵泡破裂，卵被排入腹腔，这个过程叫排卵。排卵后的卵泡形成黄体细胞。卵巢还能分泌雌激素、孕激素及少量雄激素。雌激素的主要作用是，促进雌性器官的发育与成熟；促进雌犬副性征的出现；增强输卵管和子宫平滑肌的收缩；促进阴道上皮增生、角化、增加上皮细胞的糖原含量；引起雌犬发情，调节生殖周期。孕激素主要由黄体细胞所分泌，颗粒细胞也分泌少量黄体酮，其主要作用是维持妊娠，保胎。

2. 发情周期

从一次发情开始到下次发情开始，或由这一次排卵至下一次排卵的间隔时间，叫发情周期。是一种正常的生理现象。犬属单发情动物，一般是在春、秋季发情。发情周期为13～19d，发情持续时间为7～9d，在发情开始后12～24h排卵并持续2～3d。

3. 受精

受精是指两性配子（精子和卵子）结合而形成一个新细胞的过程。受精的全过程需10～12h。雄犬的精液射进阴道后，绝大多数精子快速运行至储存库（子宫—输卵管交界处），并可保持受精能力约90h。

4. 妊娠

从受精开始，直到分娩结束。犬受精卵在输卵管即发生卵裂，并在交配后5～6d进入子宫，胚泡迅速增长，在交配后15d开始附植（胚泡的滋养层与子宫黏膜发生联系）。犬的妊娠期平均为62d（58～63d）。

5. 分娩

发育成熟的胎儿和胎衣通过雌犬生殖道产出的过程叫分娩。分娩过程一般分3个阶段：①开口期，子宫出现阵缩，宫口扩张，胎儿和胎水挤入子宫颈和阴道，胎水流出；②胎儿排出期，子宫强烈持久收缩，胎儿随羊膜破裂，羊水流出，通过子宫颈和阴道产出；③胎衣排出期，胎儿产出后，经过一定时间，子宫重新收缩，把胎衣从子宫内排出。

6. 泌乳

雌犬分娩后开始泌乳。乳腺的分泌细胞，从血液摄取营养物质生成乳后，分泌入腺泡腔内的生理过程叫泌乳。最初3～5d所产的乳为初乳。初乳内含有非常丰富的球蛋白和清蛋白，蛋白质含量很高，还含有大量免疫球蛋白和溶菌素，能增加幼犬的抗病能力。初乳中的维生素A和维生素C比普通乳高10倍，维生素D比普通乳高3倍。因此，喂给初生犬初乳有重要的生理意义。

第三章　动物病理学和病理剖检学知识

一、动物病理学知识

（一）动物病理学的定义、研究手段和研究方法

动物病理学是研究动物疾病的病因、发生、发展和转归规律及患病动物物质代谢、机能活动和形态结构变化的一门学科。以研究动物的血液循环障碍、水代谢及酸碱平衡紊乱、细胞和组织的损伤、适应与修复、炎症以及肿瘤为基础。研究手段包括：大体观察，组织学观察，细胞学观察，组织化学和细胞化学观察以及超微结构观察等。研究方法包括：尸体剖检，动物实验，临床病理学观察，活动组织检查以及组织培养和细胞培养。

（二）病理学基础知识

1. 血液循环障碍

根据发生的原因与波及的范围不同，血液循环障碍可分为全身性和局部性两类。

（1）全身性血液循环障碍　由于心血管系统的机能紊乱（如心机能不全，休克）或血液性状改变（如弥漫性血管内凝血）等引起的波及全身各器官、组织的血液循环障碍。

（2）局部血液循环障碍　通常由局部因素引起，表现为局部组织或个别器官的血液循环障碍。局部血量改变引起充血和缺血；血管壁通透性或完整性改变引起出血；血液性状和血管内容物改变引起血栓形成和栓塞；微循环灌流量不足引起休克。

2. 动脉性充血与静脉性充血

某器官或局部组织的血液含量增多称为充血，可分为动脉性充血和静脉性充血两种。

（1）动脉性充血　由于小动脉扩张而流入局部组织或器官中的血量增多的现象称为动脉性充血，又称主动性充血，简称充血。可见于生理情况下或器官组织的机能活动增强时，如采食后胃肠道运动，属于生理性充血。引起动脉性充血的原因包括机械、物理、化学生物性因素等，只要达到一定强度都可引起充血。其发生机理包括神经反射和体液因素两方面。动脉性充血的器官和组织体积可稍增大，呈鲜红色；若发生在体表则充血局部温度升高。镜检时，微动脉和毛细血管扩张，毛细血管数目增多，血管内充满血液。充血多见于急性炎症，充血组织中还可见渗出的中性粒细胞和浆液以及局部实质细胞的变性或坏死。

（2）静脉性充血　由于静脉血液回流受阻而引起局部组织或器官中的血量增多，称为静脉性充血，又称被动性充血，简称淤血。淤血分为局部性淤血和全身性淤血，前者是由于局部静脉受压或静脉管腔阻塞，后者则主要因为心力衰竭和胸内压升高。淤血的组织和器官体积增大，局部呈暗紫色，甚至蓝紫色。这种颜色的变化在可视黏膜和无毛皮肤上特别明

显，这种症状称为发绀。淤血局部温度降低，代谢机能减退。镜检，小静脉和毛细血管显著扩张，其中充满血液。

肝淤血多见于右心衰竭的病例，急性肝淤血时，肝脏体积增大，被膜紧张，边缘钝圆，表面呈暗紫色。淤血较久时，淤血的肝组织伴发脂肪变性，故可见到切面上有红黄相间的网格状花纹，状如槟榔切面的花纹，故有"槟榔肝"之称。

肺淤血主要是由于左心机能不全，肺静脉回流受阻所致。眼观，肺脏体积膨大，呈暗红色或蓝紫色，质地柔韧，重量增加。将淤血的肺组织放入水中，可见其呈半悬浮状态。切开肺脏，切面呈暗红色，从血管断端流出大量暗红色血液；淤血稍久，则支气管内有大量白色或淡红色泡沫样液体，肺间质增宽，呈灰白色半透明状。当慢性淤血时，常在肺泡腔中见到吞噬有含铁血红素的巨噬细胞，因为这种细胞多见于心力衰竭的病例，故又有"心力衰竭细胞"之称。肺长期淤血时可引起肺间质结缔组织增生，常伴有大量含铁血黄素在肺泡腔和肺间质内沉积，使肺发生褐色硬化。

肾淤血：多见于右心衰竭的情况下。眼观，肾脏体积稍肿大，表面呈暗红色，被膜上，小血管呈网状扩张。切开肾脏时，从切面流出大量暗红色血液。皮质因变性呈红黄色，皮质和髓质交界处呈暗紫色，故皮质和髓质的界限明显。淤血时间过久，会造成淤血性水肿；毛细血管损伤严重时引起淤血性出血；持续时间更长，则引起实质细胞的萎缩、变性甚至坏死，同时伴发结缔组织增生，使组织变硬，称为淤血性硬化。

3. 出血

血液流出心脏和血管之外的现象称之为出血。血液流至体外称为外出血，流入组织间隙或体腔内则称之为内出血。出血的直接原因是血管壁损伤。根据血管壁的损伤程度不同，将其分为破裂性出血和渗出性出血。

（1）破裂性出血　原因有3种：即机械性损伤（如刺伤、咬伤），侵蚀性损伤（如在炎症、肿瘤、溃疡过程中，血管壁受周围病变的侵蚀而破裂），血管壁发生病理变化（如在动脉瘤、动脉硬化、静脉曲张基础上，血压升高导致血管壁破裂）。

（2）渗出性出血　是由于小血管壁的通透性增高，血液通过扩大的内皮细胞间隙和损伤的血管基底膜而缓慢地渗出到血管外，常见于浆膜、黏膜和各实质脏器的被膜。常见的渗出性出血原因有五种，即淤血和缺氧、感染和中毒、过敏反应、维生素C缺乏和血液性质改变。

（3）内出血　包括血肿、淤血和淤斑、积血、溢血、出血性浸润、出血性素质等。出血对机体的影响因出血发生的原因不同和出血量、出血部位和出血速度的不同而异。皮肤、黏膜、浆膜及实质器官的点状或斑状出血表明有败血症或毒血症的可能性，提示疾病的严重性。长期持续少量出血可导致机体贫血。

4. 血栓形成和栓塞

（1）血栓形成　指活体心脏或血管内血液凝固或血液中某些成分析出并凝集形成团块的过程。在这个过程中形成的固体团块称为血栓。血栓的形成是凝血过程被激活的结果，必须具备3方面条件，即心血管内膜损伤，血液状态改变和血液凝固性增高。三者往往同时存在并相互作用。

（2）血栓的构成　血小板血栓是血栓形成的起始点，又称为血栓的头部（血栓头）。血小板血栓眼观呈灰白色、质地较坚实、小丘状，与心瓣膜和血管壁紧密相连，故又称为白色血栓。白色血栓形成后，血栓形成过程进一步进行，血小板不断地析出、凝集，形成了许多珊瑚状血小板梁，血液中可溶性纤维蛋白原变为不溶性纤维蛋白，后者呈细网状横挂于血小板梁之间，其中网罗有白细胞和大量红细胞，形成红白相间的层状结构，因此称为混合血栓。混合血栓是血栓头的延续，构成静脉血栓的主体，故又称血栓体。眼观，混合血栓红白相间，无光泽，干燥，质地较坚实。随着血管内混合血栓的形成并逐渐增大，血流更为缓慢，当管腔被完全阻塞后，局部血液停止，血液发生凝固，形成条索状血凝块，称为红色血栓，构成静脉血栓的尾部。红色的血栓易脱落而随血流转移至其他血管而引起栓塞。此外，还有一种透明血栓，它是在微循环血管内形成的一种均质无结构并有玻璃样光泽的微型血栓，只有在显微镜下才能看到，又称微血栓。

（3）血栓形成后的结局　有以下几种：血栓的软化、溶解和吸收；血栓的钙化与再通和血栓钙化。血栓形成后的常见危害有：阻塞血管腔，影响血流；引起栓塞；形成心瓣膜病。

（4）栓塞　指循环血液中不溶于血液的物质随血液运行引起血管阻塞的过程。引起栓塞的异常物质，称为栓子。最常见的栓子是脱落的血栓，此外，还有空气、脂肪、细菌团块、寄生虫和肿瘤细胞等。栓塞对机体的影响取决于栓子的类型、大小，栓塞的部位、时间长短以及能否建立侧支循环。

5. 局部贫血和梗死

（1）局部贫血　指局部组织或器官血液供应不足。如果血液供应完全断绝，称为局部缺血。引起局部贫血的原因包括：①动脉管狭窄和阻塞；②动脉痉挛；③动脉受压。局部缺血的组织或器官因失去血液而多呈现该组织原有的色彩，如肺和肾呈灰白色，肝呈褐色，皮肤与黏膜呈苍白色。缺血组织体积缩小，被膜皱缩，机能减退，局部温度降低，切面少血或无血。局部贫血对机体的影响取决于缺血的程度、持续时间、受累组织对缺氧的耐受性和侧支循环状况。

（2）梗死　指局部组织和器官因动脉血流断绝而引起的坏死。这种坏死的发生过程称为梗死形成。任何引起血管闭塞并导致局部缺血的原因都可引起梗死。包括：①动脉血栓形成；②动脉栓塞；③血管受压；④动脉持续痉挛。基本病理变化是局部组织坏死。梗死灶的颜色与局部含血量的多少有关，根据颜色和含血量，将梗死分为白色梗死（贫血性梗死）和红色梗死（出血性梗死）。白色梗死常发生于肾和心，有时发生于脑，如肾白色梗死分布于肾皮质部，呈灰白色和黄白色。红色梗死眼观呈暗红色，常发生于肺脏和肠管等部位。

6. 弥散性血管内凝血（DIC）

DIC 是指在某些致病因子作用下引起的以血液凝固性高，微循环内有广泛微血栓形成为特征的病理过程。凡能使凝血作用增强和抑制纤溶系统活性的各种因素均可引起 DIC 发生。DIC 发病的起始环节是凝血系统被激活，其中以血管内皮细胞的损伤与组织损伤所引起的内外凝血系统被激活最重要。病理变化包括：①微血栓形成；②出血；③休克；④器官功能障碍；⑤贫血。

7. 休克

（1）定义　由于微循环有效灌流量不足而引起的各组织器官缺血、缺氧、代谢紊乱，细胞损伤，以至严重危及生命活动的病理过程。

（2）临床表现　体温突然降低，血压下降，心跳加快，脉搏细弱，皮肤湿冷，可视黏膜苍白和发绀，耳、鼻及四肢末端发凉，静脉萎陷，尿量减少和无尿，反应迟钝，精神高度沉郁甚至昏迷。

（3）原因　①失血性休克；②创伤性休克；③烧伤性休克；④感染性休克；⑤过敏性休克；⑥神经源性休克。

（4）休克的发病机理　机理不尽相同，但微循环灌流不足是各型休克发生发展的共同环节。导致微循环灌流不足的原因有微循环灌流压降低、微循环血流阻力增加和微循环血液流变学改变。在休克发生、发展过程中，微循环障碍大致分为3个阶段：①微循环缺血期；②微循环淤血期；③微循环衰竭期。休克也相应地分为3期：①休克早期；②休克中期；③休克晚期。

8. 水代谢紊乱

在神经和内分泌系统的调节下，动物机体水、电解质的摄入与排出保持着动态平衡，细胞间液的产生与回流也保持着动态平衡，这种平衡的任何环节发生障碍都可能引起水代谢紊乱，并伴有电解质浓度及体液渗透压的改变。常见的水代谢紊乱类型有水肿、水中毒和脱水。

（1）水肿　等渗性体液在细胞间隙积聚过多称为水肿。正常时浆膜腔内也有少量液体，当浆膜腔内液体积聚过多时称为积水，如胸腔积水、心包积水、腹腔积水。水肿发生的主要原因是血管内外液体交换失去平衡引起细胞间液生成过多及球—管失平衡导致钠、水在体内潴留。皮肤水肿时外观皮肤肿胀，色彩变浅，失去弹性，触之如面团。肺水肿时，眼观体积增大，重量增加，质度变实，肺胸膜紧张而有光泽，肺表面高度淤血而呈暗红色，肺切面呈暗紫色，从支气管和细支气管流出大量白色泡沫状液体。脑水肿时，软脑膜充血，脑回变宽而扁平，脑沟变浅，脉络丛血管常淤血，脑室扩张，脑脊液增多。水肿对机体的影响主要表现在：①器官功能障碍；②组织营养障碍；③再生能力减弱。

（2）水中毒　低渗性体液在细胞间隙积聚过多，导致低钠血症，出现脑水肿，并由此产生一系列症状，这个过程称为水中毒。引起水中毒的主要原因是机体水排出障碍、水重吸收过多以及不适当地补水过多。

（3）脱水　各种原因引起的体液容量明显减少称为脱水，可分为高渗性脱水、低渗性脱水和等渗性脱水。高渗性脱水是失水大于失钠的脱水，原因主要是饮水不足和低渗性体液丢失过多所致。低渗性脱水是失钠大于失水的脱水，原因是体液丧失之后补液不合理和大量钠离子随尿丢失。等渗性脱水时，失钠与失水的比例大体相等，血浆渗透压基本未变，原因是大量等渗体液丧失。

9. 萎缩、变性和坏死

（1）萎缩　指发育成熟的器官、组织和细胞发生体积缩小的过程。萎缩的原因是组成该器官、组织的实质细胞的体积缩小或数量减少，可分为生理性萎缩和病理性萎缩。病理性萎缩分为全身性萎缩和局部性萎缩。长期饲料不足、慢性消化道疾病和严重消耗性疾病均可引起营养物质的供应和吸收不足或体内营养物质过度消耗而导致全身性萎缩。局部性萎缩按其发病原因可分为：①废用性萎缩；②压迫性萎缩；③缺血性萎缩；④神经性萎缩。

（2）变性　指细胞或组织损伤所引起的一类形态学变化，其表现为细胞或间质内出现异常物质或正常物质数量过多。变性一般是可复性过程，严重的变性可发展为坏死。变性的类型包括：①细胞肿胀；②脂肪变性；③透明变性；④黏液样变性；⑤淀粉样变性；⑥纤维素样变性。

（3）坏死　指活体内局部组织或细胞的死亡。坏死组织、细胞的物质代谢停止，功能完全丧失，并出现一系列形态学变化。坏死是不可复性的过程。引起坏死的病因有：缺氧，生物性因素，化学性因素，物理性因素，一些抗原物质。引起的病理变化包括：①细胞核的变化，可见核浓缩、核碎裂、核溶解；②细胞浆呈颗粒状，红染，溶解液化，形成嗜酸性小体；③间质的结缔组织的基质解聚，胶原纤维肿胀、崩解断裂。坏死的类型包括：凝固性坏死（贫血性梗死、蜡样坏死、干酪样坏死、核脂肪坏死）；液化坏死；坏疽（干性坏疽、湿性坏疽、气性坏疽）；凋亡。坏死的结局有：①溶解吸收；②腐离脱落；③机化、包囊形成和钙化。

10. 组织修复、代偿与适应

动物组织修复、代偿与适应是一种积极能动的活动过程，是机体在进化过程中获得的能动性反应。

（1）修复　是缺损组织由周围健康组织再生来修补恢复的过程，主要包括再生、肉芽组织形成、创伤愈合、骨折愈合和机化。

①再生　机体内死亡的细胞和组织可由邻近健康细胞的分裂新生而修复，这种细胞的分裂称为再生。再生组织的结构和功能与原来组织完全相同，称为完全再生。缺损的组织不能完全由结构和功能相同的组织来修补，而是由肉芽组织来代替，最后形成瘢痕，称为不完全再生，也叫瘢痕修复或纤维性修复。影响再生的因素有全身因素和局部因素。全身因素包括年龄、营养、激素和神经系统的状态。局部因素包括伤口感染、局部血液循环、神经支配和电离辐射。体内各种细胞按照再生能力的强弱分为 3 类：不稳定细胞、稳定细胞和永久性细胞。

②肉芽组织形成　肉芽组织是由毛细血管内皮细胞和成纤维细胞分裂增殖所形成的富有毛细血管的幼稚的结缔组织。眼观，肉芽组织表面湿润，呈鲜红色、颗粒状，形似肉芽。肉芽组织主要包括四种成分：新生的丰富的毛细血管、幼稚的成纤维细胞、少量的胶原纤维和数量不等的炎性细胞。肉芽组织在损伤的修复中具有重要作用，其功能是抵抗感染，消除、取代坏死组织、血凝块等病理产物和填补组织缺损。

③创伤愈合　指创伤造成的组织缺损的修复过程。传统理论上将组织损伤后的愈合过程分为炎症与渗出、肉芽组织的增生及瘢痕形成与重塑 3 个阶段。愈合的类型包括一期愈合、二期愈合和痂下愈合。一期愈合又称直接愈合，病理特点为伤口有少量血凝块，炎症反应较轻微，表皮再生在 24～48h 内便可将伤口覆盖，肉芽组织在第 3d 就可从伤口边缘长出并很快将创口填满，第 5～6d 胶原纤维形成，经 2～3 周完全愈合，因增生的肉芽组织少，创口表面覆盖又较完整，故仅留下线状瘢痕。二期愈合又称间接愈合，病例特点为创口坏死组织多或由于感染继续引起局部组织变性、坏死，从而引起明显的炎症反应。只有等到感染被控制，坏死组织被清除后，再生才能开始。表皮再生一般在肉芽组织将伤口填平之后才开始。愈合的时间较长，形成的瘢痕较大。伤口表面的血液、渗出液及坏死物质干燥后形成黑色硬痂，在痂下进行的上述愈合过程，称为痂下愈合。痂下愈合所需时间通常较无痂者长，因此时的表皮再生必须首先将痂皮溶解，然后才能向前生长。痂皮对伤口有一定的保护作用，但如果痂下渗出物较多，尤其是已经有细菌感染时，可使感染加重，不利于愈合。

④骨折愈合　指骨折后局部所发生的一系列修复过程。骨折愈合包括 4 个连续阶段：血肿形成，坏死吸收，骨痂形成和骨的改建。

⑤机化　坏死组织、炎性渗出物、血凝块和血栓等病理性产物被肉芽组织取代的过程。在纤维素性肺炎时，肺泡内的纤维素被机化，使结缔组织充塞于肺泡，肺组织实质，质度如肉，称为肉变。

（2）适应　在致病因素作用、环境改变或功能变化时，体内相应的组织或器官通过改变自身的代谢、功能和结构来协调的过程称为组织器官的适应。这是机体的局部性适应，主要表现为化生和肥大。①已分化成熟的组织在环境条件改变的情况下，在形态上和功能上转变为另一种组织的过程称为化生，多发生于结缔组织和上皮组织，分为直接化生和间接化生两种。②细胞、组织或器官的体积增大并伴有功能增强，称为肥大，主要由于组成该组织或器官的实质细胞体积增大或数量增多，或二者同时发生而形成。

（3）代偿　在致病因素作用下，体内出现代谢、功能障碍或组织结构破坏时，机体通过相应器官的代谢改变，机能加强或形态结构变化来补偿的过程叫代偿。通常有 3 种形式：代谢性代偿、结构性代偿和功能性代偿。

11. 炎症

（1）定义　炎症是机体对各种致炎因素及其引起的损伤所产生的防御反应。

（2）基本病理过程　包括局部组织损伤、血管反应和细胞增生 3 方面的变化，其中，血管反应（血液动力学改变、血管通透性升高、白细胞渗出、吞噬作用加强等）是炎症过程的中心环节。通常将炎症概括为局部组织的变质、渗出和增生。一般早期以变质和渗出为主，后期则以增生为主。炎症发生的原因有：生物性因素、物理性因素、化学性因素、某些抗原因素。

（3）炎症的全身反应　炎症是一种全身性病理过程的局部表现。除了表现为红、肿、热、痛和机能障碍的局部表现外，往往呈现不同程度的全身性反应，表现为：发热、白细胞增多、单核—巨噬细胞系统机能增强和形成血清急性期反应物。

（4）炎症的结局　分痊愈、延期不愈和蔓延扩散。由病原微生物引起的炎症，当机体抵抗力下降或病原微生物数量增多、毒力增强时常发生蔓延扩散。蔓延扩散的主要方式有：局部蔓延、淋巴道蔓延、血道蔓延。炎区的病原微生物或毒性物质突破局部屏障侵入血流，引起菌血症、毒血症、败血症和脓毒败血症。

（5）炎症分类　按发生速度和临床经过可分为急性、亚急性和慢性 3 种类型，而根据主要病变特点可分为变质性炎、渗出性炎和增生性炎。

①变质性炎的特征　炎灶内组织和细胞变性、坏死的变质性变化明显，而渗出和增生现象轻微的一类炎症。多发于肝脏和心脏等实质器官。肝脏的变质性炎外观肝脏肿大，呈土黄色或黄褐色，质脆易碎。心肌的变质性炎眼观心肌质稍软，外观色彩不均匀，室中隔、心房、心室面散在灰黄色的条纹与斑点。

②渗出性炎的特征　以渗出性变化为主，同时伴有不同程度的变质和轻微增生。根据生成物的成分不同，分为浆液性炎、纤维素性炎、化脓性炎、出血性炎。

各种理化因素和生物性因素都可引起浆液性炎，它是渗出性炎的早期表现，常发生于疏松结缔组织、黏膜、浆膜和肺脏等处。

纤维素性炎以渗出液中含有大量纤维素为特征，常见于生物感染，根据发炎组织受损伤的程度又分为浮膜性炎和固膜性炎，浮膜性炎多发于浆膜、黏膜和肺脏，而固膜性炎仅发生于黏膜。

化脓性炎是以大量中性粒细胞渗出并伴有不同程度的组织坏死和脓液形成为特征的炎症。脓液由细胞成分、细菌和液化成分组成。化脓性炎常由化脓菌引起，也可由某些化学物质如松节油、巴豆等或机体自身的坏死组织如骨片等引起。化脓性炎的表现形式有：脓性卡他、积脓、脓肿和蜂窝质炎。

出血性炎是指渗出液中含有大量红细胞的一类炎症，主要是一些能严重损伤血管壁的病原生物引起。多与其他类型的炎症合并发生，如化脓性出血性炎。

③增生性炎的特征　以细胞增生过程占优势，而变质和渗出性变化较轻微的一类炎症，分为普通增生性炎（慢性间质性炎）和特异性增生性炎，前者多见于肾脏和心脏，后者由某些特定的病原微生物（如布氏杆菌，结核杆菌）引起。增生性炎多为慢性过程，伴有明显的结缔组织增生，病变器官往往发生不同程度的纤维化而变硬，器官机能出现障碍。

12. 肿瘤

肿瘤是机体在各种致瘤因素作用下，局部易感细胞发生异常的反应性增生所形成的新生物。

（1）肿瘤的外观　肿瘤的外形多种多样，一般有结节状、花椰菜状、分叶状、息肉状、乳头状、溃疡状、弥漫状和其他形状。

（2）良性肿瘤　发生在体表或器官表面的良性肿瘤往往呈乳头状、息肉状或结节状；起源于深层组织的良性肿瘤多呈结节状，类圆形，可呈实体性也可以是囊性的，即肿瘤内有囊腔，中含液体内容物。

（3）恶性肿瘤　它能向周围组织浸润，其边界不清楚，形状变化不定，表面一般不光滑或有裂隙、出血、坏死和溃疡。有些肿瘤并不形成肿块仅在某些器官内浸润生长，使组织的体积增大，硬度增加，此称弥漫性肿瘤。

（4）肿瘤的一般结构　无论是良性肿瘤还是恶性肿瘤，都可概括地区分为肿瘤的实质和肿瘤的间质。多数情况下，构成肿瘤实质的瘤细胞只有一种，但有时也可见到一些肿瘤的实质是由两种或两种以上的不同瘤细胞组成。良性肿瘤的瘤细胞与原来发生的组织在形态上十分相似，而恶性肿瘤的瘤细胞与原来发生的组织的细胞很少相似，或者完全不同。肿瘤的间质一般由结缔组织与血管组成，它对肿瘤实质起着支架和提供营养物质的作用。

（5）良性肿瘤与恶性肿瘤的区别　主要依据组织分化程度、生长方式、生长速度、有无转移和复发以及对机体的影响等方面综合判断。区别要点如下：

区别要点	良性肿瘤	恶性肿瘤
组织分化程度	分化好，异型性小，与原组织形态相似	分化不好，异型性大，与原组织形态差异大
核分裂相	较少或无病理核分裂相	多见病理核分裂相
生长方式	膨胀性或外生性生长，常由包膜形成	浸润性或外生性生长，无包膜，与周围组织界限不清
生长速度	缓慢，很少坏死和出血	较快，常伴有坏死和出血
转移与复发	不转移，手术摘除后不易复发	常有转移，手术后可复发
对机体影响	小，对机体起局部压迫或阻塞作用	大，对组织破坏严重并形成转移瘤，甚至造成恶病质引起死亡

二、病理剖检学知识

1. 病理剖检的意义

病理剖检是运用兽医病理学知识通过检查动物尸体的病理变化，来诊断和研究疾病的一种方法。在临床上经常应用这种方法对病畜进行死后诊断，是最为客观、快速的动物疾病诊断方法之一，它能够提高临床诊断和治疗质量，促进病理学教学和病理学研究。

2. 常见的动物死后变化

因体内存在着的酶和细菌的作用以及外界环境的影响，动物死亡后逐渐发生一系列的死后变化。动物尸体的变化有多种，包括尸冷、尸僵、尸斑、尸体自溶、尸体腐败和血液凝固等。

（1）尸冷　指动物死亡后，尸体温度逐渐降至外界环境温度水平的现象。在死后的最初几小时，尸体温度下降较快，以后逐渐变慢。在室温条件下，一般以 1℃/h 的速度下降，因此动物死亡的时间大体等于动物的体温与尸体温度之差。尸体温度下降的速度受外界环境温度的影响，如天气寒冷将加速尸冷的过程，炎热将缓解尸冷的过程。

（2）尸僵　动物死亡后，肢体由于肌肉收缩变硬，四肢各关节不能伸屈，使尸体固定于一定形状的现象称为尸僵。尸僵一般在动物死后 1.5～6h 开始发生，10～24h 最明显，24～48h 开始缓解。死于败血症的动物尸僵不完全或不发生尸僵，而动物急性死亡并有剧烈运动或高热疾病，如破伤风，则尸僵提前。

（3）尸斑　动物死亡后，由于心脏和大动脉的临终收缩和尸僵的发生，血液被排挤到静脉系统内，并由于重力作用，血液流向尸体的低下部位，使该部血管充盈血液，呈青紫色，这种现象称为坠积性淤血。尸体倒卧侧组织器官的坠积性淤血现象称为尸斑。一般在死后 1～1.5h 即可出现。尸斑在临床上应与淤血和炎性充血加以区别。淤血发生的部位和范围不受重力的影响，如肺淤血或肾淤血时，两侧的表现一致，肺淤血时还伴有水肿和气肿。炎性充血可出现在身体的任何部位，局部还伴有肿胀和其他损伤。而尸斑仅出现在尸体的低下部，只受重力影响，不发生其他变化。

（4）尸体自溶和尸体腐败　尸体自溶是指动物死后，其体内组织受到酶（如溶酶体酶、胃液和胰液中的蛋白分解酶）的作用而引起自体消化的过程。自溶过程中细胞组织发生溶解，表现最明显的是胃和胰腺。胃黏膜自溶时表现为黏膜肿胀、变软、透明，极易剥离或自行脱落和露出黏膜下层，严重时自溶可波及肌层和浆膜层，甚至可出现死后穿孔。尸体腐败是指尸体组织蛋白由于细菌的作用而发生腐败分解的现象，主要是由于肠道内的厌氧菌的分解、消化作用，或血液内、肺脏内的细菌的作用，也有从外界进入体内的细菌的作用。尸体腐败过程中产生大量气体，如氨、二氧化碳、甲烷和硫化氢等。因此，腐败的尸体内含有多量的气体，并产生恶臭。尸体腐败的变化表现在以下几个方面：死后臌气，肝、肾、脾等内脏器官的腐败，尸绿和尸臭。适当的温度、湿度或死于败血症和有大面积化脓性炎症的动物，尸体腐败较快且明显；寒冷、干燥的环境或死于非传染性疾病的动物，尸体腐败缓慢且微弱。尸体腐败可使生前的病理变化遭到破坏，因此，病畜死后应尽早进行尸体剖检，以便死后变化与生前的病变发生混淆。

（5）血液凝固　动物死后，血液停止流动而发生凝固，形成的血凝块呈一致的暗红色。在血液凝固较慢时，血凝块分成明显两层，上层主要为血浆成分，呈淡黄色鸡脂样；下层主要含红细胞，呈暗红色团块，如在心脏大血管内发现此现象，提示有可能生前心力衰竭。死后血液凝固形成的血凝块表面光滑而有光泽，质度柔软并富有弹性，游离在血管内，而生前血管内形成的血凝块常见表面粗糙，质脆无弹性并与血管壁粘连。血液凝固的快慢与死亡原因有关，由败血症、窒息及一氧化碳中毒等死亡的动物，往往血液凝固不良。

3. 犬猫尸体剖检的方法

（1）尸体剖检前的准备和剖检人员的自我防护

①剖检场地的选择　尸体剖检，特别是剖检传染病尸体，应在有一定设备条件的病理剖检室进行，以便消毒和防止病原扩散。如果条件不允许，在野外剖检时，应选择地势较高、环境干燥、远离居民区、畜舍、水源和交通要道的地方进行。剖检前挖一个 2m 深坑，剖检后将内脏、尸体连同被污染的土层投入坑内，再撒上石灰或喷洒 10% 的石灰水、3%～5% 的来苏尔或臭药水，然后用土掩埋。

②尸体剖检常用器械和药品　尸体剖检最常用的器械有解剖刀、外科刀、镊子、剪刀、骨剪、骨锯、骨凿、斧头等。应准备装检验用品的灭菌平皿、棉拭子和固定组织用的内盛 10% 甲醛或 95% 酒精的广口瓶。常用消毒液包括 3%～5% 的来苏尔、石炭酸、臭药水、0.2% 高锰酸钾、70% 酒精、3%～5% 的碘酒等。

③剖检人员的防护　剖检人员，特别在剖检传染病尸体时，应穿工作服，外罩胶皮或塑料围裙，戴胶手套、工作帽，穿胶鞋，必要时戴上口罩和眼镜。若不慎造成外伤，应立即消毒包扎；如有血液或渗出物溅入眼内，应立即用硼酸水冲洗。剖检过程中，应保持清洁，注意消毒。常用清水或消毒液洗去剖检人员手上和刀剪等器械上的血液、脓液和各种排出物。

剖检后，双手先用肥皂洗涤，再用消毒液浸泡，最后用清水冲洗。剖检器械和衣物都要消毒和洗净。

（2）宠物尸体剖检步骤

①尸体剖检前应先询问病畜生前病史，包括临床化验、检查、诊断和治疗情况，检查体表特征。如果怀疑为烈性传染病时，应禁止剖检，并进行有关检查，若确诊，则及时上报上级政府有关部门。除此之外，应有序地进行剖检并应注意做好以下工作；尸体剖检时间应在动物死后越早越好，一般不超过 24h。要先灭菌采集细菌和病毒分离培养的病科，再取病料做病理组织学检查。未经检查的脏器不宜用水冲洗，以免改变原有的色彩；切脏器的刀剪要锋利，要由前向后一刀切开，不要向上向下积压，更不要拉据式切开，切未经固定的脑和脊髓时，应先使刀口浸湿，然后下刀，否则切面粗糙不平。为了全面系统地检查尸体内所呈现的病理变化，尸体剖检应按照一定的方法和顺序进行。常规的剖检顺序是由体表开始次及于体内，通常由腹腔开始、然后胸腔、再及其他。

②剖检一般程序　常取仰卧位，切断肩胛骨内侧和髋关节周围肌肉，使四肢摊开，然后沿腹壁正中线切开剑状软骨至肛门之间的腹壁，再沿左右最后肋骨纵切腹壁至脊柱部，这样，腹腔脏器全部暴露。此时应检查腹腔脏器的位置和有无异物。然后，由膈处切断食管，由骨盆腔切断直肠，将胃、肠、肝脏、胰脏和脾脏一起采出，分别检查。也可按脾、胃肠、肝、肾的次序分别采出。母畜还要切断子宫和卵巢，再由骨盆腔下壁切开膀胱颈。

胸腔器官的采出方法：用刀或骨剪切断肋软骨和胸骨连接部，将刀伸入胸腔，划断脊柱左右两侧的肋骨与胸椎连接部的胸膜和肌肉，然后将双手伸入胸腔，往外侧掰压左右侧胸壁肋骨，则肋骨与胸椎的关节自行折裂而暴露胸腔。可将心、肺和气管一起采出。

口腔和颈部器官的采出方法：剥去下颌部和颈部皮肤后，用刀切断两下颌支内侧颌舌连接的肌肉，左手伸入下颌间隙，将舌牵出，剪断舌骨，将舌与咽喉和气管，一并采出。

颅腔的剖开与脑的采出：沿枕寰关节横断颈部，取下头颅，然后分离颅顶和枕骨髁部附着的肌肉，将头放平，沿颞骨窝缘横锯额骨，距前锯线往后 2～3cm 处，再锯一平行线，从颞骨窝前缘联系的中点至两颞骨上缘各锯一线，然后由颧骨弓至枕骨大孔左右各锯一线，锯完后，再用骨凿撬去额窦部两条锯线间的骨片，将凿子伸入锯口内，用力揭开颅顶，露出脑，然后用手术刀切离硬脑膜，切断脑底部的神经，细心取出大脑、小脑、延髓和垂体。

脊椎管的剖开和脊髓的检查：先切除脊柱背侧棘突与椎弓上的软组织，然后用锯在棘突两侧将椎弓锯开，用凿子掀起可分离的椎弓部，即露出脊髓硬膜，再切断与脊髓相连的神经，切断脊髓的上下两端，即可将分离的那段脊髓取出。检查脊髓的外形、色泽、质度，并将脊髓横切，观察切面上的灰质、白质和中央管有无病变。

鼻腔的剖开和检查：将头骨距正中线 0.5cm 处纵行锯开，把头骨分成两半，其中一半带有鼻中隔，用刀将鼻中隔沿其附着部切断取下。检查鼻中隔、鼻道黏膜的色泽、外形、有无出血、结节、糜烂、溃疡、穿孔、炎性渗出物等，必要时可在额骨部做横行锯线，检查额窦和鼻甲窦。

（3）检查内容和方法

①外部检查　检查动物的品种、性别、年龄、毛色、体态等。检查天然孔（眼、鼻、口、肛门和外生殖器等）有无分泌物或排泄物及其性状、量、颜色、气味和浓度等，注意可视黏膜的色泽变化。观察动物的营养状况；注意被毛的光泽度，皮肤的厚度、弹性和硬度，有无脱毛、肿胀、外伤、肿瘤、外寄生虫以及皮下有无水肿或气肿等；检查鼻端是否变粗糙、角化；足底有无角化变硬。口腔检查：检查口腔黏膜的色泽及有无外伤、溃疡；齿龈有无出血点；有无舌苔；舌黏膜有无溃疡；舌质地有无改变。

②皮下和体表淋巴结的检查　检查皮下有无出血、水肿、炎症和脓肿等病变，下颌淋巴结、颈淋巴结、腹股沟淋巴结等体表淋巴结的大小和硬度。

③咽喉检查　检查黏膜的颜色，扁桃体有无肿大、坏死，咽及咽与食管交界处有无异物。

④食管检查　剪开食管，检查食管有无病理性扩张或狭窄等。

⑤胸腔脏器检查　首先检查胸腔有无积液或渗出物；心包膜内有无炎性渗出物；心脏纵沟、冠状沟的脂肪量和性状；心脏大小、色泽有无改变，心外膜有无出血。打开心腔，检查心内膜色泽，有无出血，瓣膜是否肥厚；心室有无血凝块；心肌的色泽、硬度等。检查肺的大小、肺胸膜的色泽，有无出血和炎性渗出物；肺叶有无硬块、结节和气肿；剪开气管和支气管，检查其黏膜的性状，有无出血和渗出物；横切左右肺叶，检查切面的色泽和血液量的多少，有无炎性病变、寄生虫结节等；检查肺门淋巴结的性状及其剖面的色泽；胸腔大动脉的硬度、弹性，观察其内膜有无白色的小线条或斑点，是否粗糙、肥厚，有无钙化灶及其他变化。胸腔食管有无异物。

⑥腹腔检查　检查腹腔有无积液

检查脾脏的大小、硬度、边缘的厚薄及脾淋巴结的性状，被膜的性状和色泽；脾髓的色泽，脾小体、脾小梁的性状。

检查肝脏的大小，被膜的性状，边缘的厚薄，实质的硬度和色泽以及肝淋巴结、血管和肝管的性状；肝切面的血量、色泽，切面是否隆起，肝小叶的结构是否清晰，有无脓肿、结节及坏死灶等。

检查胆囊壁是否水肿、增厚。注意肾脏的大小、硬度，肾表面的色泽、平滑度，有无疤痕、出血等变化，被膜是否容易剥离，切面皮质和髓质的色泽，有无淤血、出血、化脓和坏死，切面是否隆突，以及肾盂、输尿管、肾淋巴结的性状有无改变。

检查胰脏的色泽、硬度及有无出血。

注意检查肾上腺外形、大小、色泽和硬度有无改变，皮质、髓质的色泽及有无出血变化。

检查胃的大小，有无扭转；胃浆膜面的色泽，有无粘连，胃壁有无破裂及穿孔；胃内容物的量、性状、气味等，有无异物；胃黏膜的色泽是否改变，有无水肿、出血、溃疡等。

大肠和小肠的检查：注意肠管有无扭转、套叠、嵌闭、绞窄和肠闭结；肠管浆膜的色泽，有无粘连、肿瘤、寄生虫结节；肠系膜淋巴结的性状；检查肠内容物的量、性状、气味，有无异物、寄生虫等；肠黏膜厚度，有无出血、坏死或增厚，淋巴小结的性状。

检查膀胱的大小、色泽、是否充盈，膀胱内有无结石，黏膜有无出血；检查卵巢、子宫的大小，子宫内有无脓性物质，子宫内膜有无出血、坏死等。

脑和脊髓检查：打开颅腔，检查硬脑膜和软脑膜有无充血、淤血和出血；切开大脑，查看脉络丛的性状和脑室有无积水；横切脑组织，查看切面有无出血或坏死；打开各段椎管，检查脊髓硬膜有无充血、出血、胶样浸润；剪开硬膜，查看硬膜下腔有无出血及纤维素性渗出物；颈、胸、腰段椎间盘是否向椎管内突出。

肌肉、关节和骨骼检查：检查骨骼肌的色泽、硬度，有无变性、结节脓肿及萎缩。切开关节，检查关节液的量和性质，观察骨端和骨干状态以及红骨髓与黄骨髓的分布，同时注意骨密质与骨疏质的状态。

以上各内脏器官、组织在做大体检查的同时，应分别切取存有病变的组织块，放入10%甲醛溶液或其他固定液中，以备做组织学检查之用。

（4）尸体剖检记录 尸体剖检记录应在实施剖检手术的同时进行，由剖检者口述，另有专人记录。记录要力求完整、详细、重点突出，如实反映尸体的各种变化。完整的剖检记录，应包括各系统器官的变化，要客观地用通俗易懂的语言来描述病变，不可用病理学术语言代替病变的描述，用词要明确，不可用含混不清的语言，现就描述的范围加以简述：

①位置 指各脏器位置异常表现，脏器彼此间、脏器与体壁间是否有粘连等，如扭转可用顺时针、逆时针扭转120°、180°来描述。

②大小、重量和容积 力求用数字来表示，一般用厘米、克、毫升单位，也可用实物比喻，如针尖大小、米粒大小、黄豆大、蚕豆大、鸡蛋大等，不可用肿大、缩小、增多、减少等主观判断术语。

③性状 一般用实物比拟，如圆形、椭圆形、菜花样、葡萄样、结节状等。

④表面 指脏器表面及浆膜面的异常表现，可用绒毛样、絮状、虎斑状、大理石样、粗糙和光滑等描述。

⑤颜色 可用鲜红、淡红、苍白、紫红、灰白、黄绿等来形容，器官的色泽可用发光或灰暗来描述，病变或颜色的分布情况，常用散在、弥漫性、块状、点状分布等。

⑥湿度 一般用湿润、干燥。

⑦透明度 一般用清亮、浑浊、透明、半透明等。

⑧切面 常用切面外翻、平滑、微突、结构不清、血样物或泡沫状物渗出等。

⑨质度和结构 常用坚硬、柔软、脆弱、胶样、水样、干酪样、肉样、颗粒样、沙粒样等描述。

⑩气味 用腥臭、恶臭、腐败味。

⑪管状结构 常用扩张、狭窄、闭塞、弯曲等。

⑫正常与否 对于眼观正常的器官，通常用无肉眼可见的病变来概况。

（5）尸体剖检报告　尸体剖检报告主要内容包括6部分，即概括登记、临床摘要、剖检所见、病理学诊断结果、实验室检验结果和结论。

①概括登记　记载畜主，送检病料及种类，剖检动物品种、性别、年龄、特征、死亡时间，送检目的，送检日期，送检人等。

②临床摘要　包括发病经过、主要症状、治疗经过以及有关的流行病学资料和实验室各项检查结果。

③剖检所见　以尸检记录为依据，按照尸体所呈现的病理变化的主次顺序进行详细客观的记录，即使无眼观病理变化，也应记录清楚。

④病理学诊断结果　根据所见病理变化，进行综合分析判断病理变化的主次，用病理学术语对病变作出诊断。该部分相当于临床疾病诊断过程中的初步诊断，也称推断性诊断。要想确诊，还必须做进一步的实验室检验加以验证或排除。

⑤实验室检验结果　在剖检过程中，根据需要采集不同的病料进行相应的实验室检验，如病理组织学、血清学、细菌学、病毒学、毒理学等。最后将化验结果返回到剖检者。

⑥结论　检验者根据病理解剖学诊断，结合临床症状及其他有关资料，找出各病变之间的内在联系，病变与临床症状之间的关系，再汇总实验室检验结果，综合分析，得出结论，阐明动物发病和致死的原因。

第四章　动物药理学和毒理学基础知识

一、动物药理学知识

（一）药物、兽药的定义和范围

1. 药物和兽药的定义

药物是指用于治疗、预防或诊断疾病的物质，从理论上说，凡能影响机体器官生理功能或细胞代谢活动的化学物质都属于药物范畴。兽药是指用于动物的药物，还包括能促进动物生长繁殖和提高生产性能的物质；蜂药、蚕药也列入兽药管理。

2. 毒物定义

毒物是指对动物机体能产生损害作用的物质；药物超过一定的剂量或长期作用也可成为毒物。某些小剂量毒物在特定条件下使用也起防治疾病的作用。用药的目的，是要发挥药物对机体的有益作用，而避免其不良反应。

3. 药物的来源

药物多种多样，按其来源可分为天然药物、合成药物及生物技术药物。

（1）天然药物　是指那些未经加工或仅经过简单加工的物质，如植物药、动物药、矿物药和微生物发酵产生的抗生素等。植物药又称中草药，中草药的成分复杂，除含有水、无机盐、糖类、脂类、蛋白质和维生素等成分外，还含有生物碱、苷（配糖体）、黄酮、挥发油等。中草药中的有效成分通常以中草药为原料，经过提取、分离和纯化制得，有极少数现在已可人工合成。兽用中草药的使用方式有煎服、混饲等。动物药是指来源于动物的药用物质，如鸡内金、蜈蚣等。矿物药通常包括天然的矿物质和经加工精制而成的物质，前者如芒硝、石膏、硫黄等，后者有氯化钠、硫酸钠、硫酸镁等。

（2）合成药物　是指采用化学合成方法制得的药品，这类药物品种很多，化学结构比较复杂，除少数品种如乙醇、乙醛等可采用化学名称作为药名外，多数不能从药名上知其化学组成，如普鲁卡因、新斯的明等。

（3）生物技术药物　是指通过细胞工程、基因工程、酶工程和发酵工程等新技术生产的药物，如酶制剂、生长激素和疫苗等。

（二）药物的制剂与剂型

1. 剂型与制剂

大多数药物的原料一般不宜直接用于动物疾病的治疗或预防，必须进行加工，制成安全、稳定和便于应用的形式，称为药物剂型，简称剂型，例如粉剂、片剂、注射剂等。剂型是集体名词，其中任何一个具体品种，例如片剂中的土霉素片，注射剂中的葡萄糖注射液等则称为制剂。药物的有效性首先是本身固有的药理作用，但仅有药理作用而无合理的剂型，必然影响药物疗效的发挥，甚至出现意外。先进合理的剂型有利于药物的贮存、运输和使用，能够提高药物的生物利用度，降低不良反应，发挥最大的疗效。

2. 剂型的分类

（1）液体剂型

①注射剂　又称针剂，是指灌封于特别容器中的灭菌水溶液、混悬液、乳浊液或粉末（粉针剂），必须用注射法给药的一种剂型，如洛美沙星注射液、油制普鲁卡因青霉素注射液、注射用青霉素钠等。粉针剂一般应在临用时加适当的注射用水，制成液体剂型后应用。

②溶液剂　指非挥发性药物的澄清溶液，其溶媒多为水，亦有醇和油。可内服或外用，如恩诺沙星溶液、维生素 A 油溶液等。

③酊剂及醑剂　将生物用不同浓度的乙醇浸出的溶液称为酊剂，如橙皮酊、龙胆酊等。碘溶解于乙醇制成的溶液，习惯也称为碘酊。以挥发性药物为原料制成的乙醇溶液称为醑剂，如樟脑醑。

④合剂　一般指两种或两种以上可溶或不溶性药物制成的水溶液或混悬液，如复方甘草合剂、复方龙胆合剂等。

⑤乳剂及搽剂　将油脂或其他不溶性物质与药物，加乳化剂，与水混合后制成的乳状混悬液。供内服的称为乳剂，如鱼肝油乳。刺激性药物的油性或乙醇溶液称为搽剂，有溶液型、混悬型、乳化型等，如松节油搽剂，专门用于未破损皮肤。

⑥煎剂及浸剂　为生药（中草药）的水浸出剂。煎剂是加水煎煮，浸剂则加水浸泡。煎煮及浸泡的时间有一定规定。中药汤剂属煎剂。

⑦流浸膏及浸膏　将生物的乙醇或水浸出的液体用一定方法浓缩而成的称为流浸膏。通常每 1mL 流浸膏相当于原生药 1g，如甘草流浸膏等。

（2）气体剂型

气雾剂：日常常用的气雾剂是将药物与抛射剂（液化气或压缩气）共同装封于具有阀门系统的耐压容器中，应用时揿按阀门系统，借助抛射剂的压力将药物喷出的一种制剂。供呼吸道吸入给药、皮肤黏膜给药或空间消毒。

（3）半固体剂型

①软膏剂　将药物与适当的赋形剂（如凡士林、油脂等基质）均匀混合制成具有适当稠度的膏状外用剂型。在皮肤、黏膜或创面上容易涂布，如鱼石脂软膏等。供眼科用的灭菌软膏称为眼膏。

②糊剂　为一种含粉末成分超过 25% 的软膏剂。分为油脂性糊剂和水溶性凝胶糊剂，前者多用凡士林、羊毛脂、植物油等为基质，与大量水性固体粉末混合制成，如氧化锌糊剂；后者用明胶、淀粉、甘油、羧甲基纤维素等为基质，加一定量固体粉末制成，常用作防护剂。

③舐剂　将药物与适宜的辅料混合，制成的粥状或糊状的内服剂型。常用的辅料有淀粉、米粥、甘草粉、糖浆、蜂蜜等。

④浸膏剂　将生物的浸出液经浓缩成半固体或固体状后，再加入适量固体稀释剂使每 1g 浸膏相当于原生物 2～5g。主要用于调配其他制剂，如散剂、片剂、胶囊剂等。

（4）固体剂型

①预混剂　一种或几种药物与适宜的基质（如碳酸钙、麸皮、玉米粉等）均匀混合制

成供添加于饲料的药物添加剂。将其掺入饲料中充分混合，可达到使微量药物成分均匀分散的目的。如马杜霉素预混剂、杆菌肽锌预混剂。

②可溶性粉　由一种或几种药与助溶剂、助悬剂等辅料组成的可溶性粉末。投入饮水中使药物溶解，均匀分散，供动物饮用。如硫氰酸红霉素可溶性粉、磺胺喹沙啉钠可溶性粉。

③片剂　一种或多种药物与适量的赋形剂混合后，用压片机压制成扁平或两面稍凸起的小圆形片状制剂，主要供内服，如磺胺二甲嘧啶片、阿苯达唑片。此外，还有糖衣片、肠溶片和植入片等，但在动物中少用。

④胶囊剂　一种将固体、半固体或液体药物装在以明胶为主要原料制成的圆形、椭圆形或圆筒状胶壳中的内服制剂，如氯霉素胶囊、鱼肝油胶丸等。

（5）兽用新剂型

①浇泼剂（pour-on）和喷滴剂（spot-on）　系一种透皮吸收药液。可用专门器械按规定剂量，沿动物背部浇泼或体表喷滴。已有左旋咪唑浇泼剂、阿维菌素浇泼剂、恩诺沙星浇泼剂及左旋咪唑喷滴剂。

②大丸剂（bolus）　一种类似球形、椭圆形或圆柱状的丸剂，由主药、赋形剂、黏合剂等组成，硬度较一般丸剂稍软。国外已有抗寄生虫药的大丸剂及微量元素大丸剂，供内服用。

③颈圈（collar）　一种将杀虫药与增塑的固体热塑性树脂通过一定工艺制成的缓释制剂。主要用于犬、猫。

④微型胶囊（microcapsule）　简称微囊，系利用天然的或合成的高分子材料（囊材）。药物微囊可根据需要制成散剂、片剂、注射剂及软膏剂等，如维生素 A、维生素 D、维生素 E 微囊，恩诺沙星微囊。微囊可延长药效，提高药物的稳定性或掩盖药物的不良气味。

此外，在兽药领域研究较多的剂型还有缓释制剂、控释制剂（阿苯达唑瘤胃控释剂）、脂质体制剂（阿苯达唑、吡喹酮等）和微球制剂（伊维菌素等）。

（三）影响药品质量的因素

引起药品变质的主要因素包括空气、温度、湿度、光照、霉菌、贮藏时间等。

1. 空气

空气中的氧易使药物氧化，引起药物变质。例如麻醉乙醚氧化生成有毒的过氧化物和乙醛；硫酸亚铁氧化变成硫酸铁；酚类及含酚羟基的药物（如苯酚、水杨酸钠、对氨基水杨酸钠）氧化后生成淡红色的醌类化合物；维生素 C 氧化后变成深黄色。某些碱性药物吸收空气中的二氧化碳而变质，这种现象叫做碳酸化。例如，氨茶碱碳酸化后析出茶碱后分解变色；磺胺类和苯巴比妥类药物的钠盐碳酸化后，难溶于水。粉剂药品能吸收水分、灰尘及空气中有害气体而影响本身质量，如药用炭、白陶土等吸收水分后吸附作用降低。

2. 温度

温度过高或过低，均会使药物的质量发生变化。温度过高，会使药物失效、变形、体积减小、爆炸等。例如，抗生素、维生素 D、促皮质素、氯化琥珀胆碱、肾上腺素、催产素、麦角新碱、生物制品等加速变质；栓剂、软膏变形；薄荷油、碘酊等加速挥发使体积减小；胶囊等熔化粘连。温度过低也会使某些药物冻结、分层、析出结晶，甚至变质失效。

3. 湿度

有些药物湿度过大容易发生水解、液化或霉变等。例如，阿司匹林、青霉素等因吸潮而分解；水合氯醛、溴化钠可逐渐液化；胶囊剂发生软化粘连等。凡含结晶水的药物，在干燥空气中失去结晶水的现象称为风化。药品经风化后在使用中较难掌握正确的剂量，对剧毒药品易超量而引起中毒。

4. 光照

日光中的紫外线常使许多药物发生变色、氧化、还原和分解等化学反应，称光化反应。例如，双氧水遇光分解生成氧和水；麻醉乙醚见光后，加速氧化，产生有毒的过氧化物。

5. 霉菌

空气中存在霉菌孢子，在药品生产和贮存过程中，这些孢子若散落在药物的表面，在适宜的条件下，就能长成菌丝，即常见的霉斑。例如，中草药制剂、浸膏、糖浆剂、脏器制剂等在 20～30℃，相对湿度 70% 以上的梅雨季节，在包装封口不严密时，易发生霉变。

6. 贮藏

药品不宜贮藏太长时间。有些药品因理化性质不太稳定，易受外界因素的影响，贮存一定时间后，会使含量（效价）下降或毒性增加。为了保证用药安全有效，对这些药品规定了有效或失效的期限。即使没有定有效期的药物，贮存过久，也会使质量发生变化。有效期系指药品在规定的贮藏条件下能保证其质量的期限。过了有效期，药品必须按规定加以处理，不得使用。失效期系指药品超过安全有效范围的日期。药品超过此日期，必须废弃。如需再用，需经药检部门检验合格，才能按规定延期使用。为了避免药物贮存过久，对一般药物必须掌握先进先出、易坏先出、包装不好先出的原则，而对具有有效期的药品应特别注意掌握近期先出的原则。

此外，药品的生产工艺、包装所使用的容器和包装方法等，也对药品的质量有很大的影响，应予以重视。

（四）各类药品的贮存与保管

药品的贮存保管要做到安全、合理和有效。首先应将外用药与内服药分开贮存；对化学性质相反的如酸类与碱类、氧化剂与还原剂等药品也要分开贮存。其次，要了解药品本身理化性质和外来因素对药品质量的影响，针对不同类别的药品采取有效的措施和方法进行贮藏保管。

1. 麻醉药、毒药和剧药的保管

麻醉药系指连续使用以后有成瘾性的药品，如吗啡、杜冷丁等，不包括外科用的乙醚、普鲁卡因等。毒药系指药理作用剧烈、安全范围小，极量与致死量非常接近，容易引起中毒或死亡的药品，如洋地黄毒苷、硫酸阿托品等。剧药系指药理作用剧烈，极量与致死量比较接近，对机体容易引起严重危害的药品，如溴化新斯的明、盐酸普鲁卡因等。由于兽药典收载的剧药很多，为便于管理，从中选出一部分作用强烈的常用品种纳入管理范围，称为限制性剧药（限剧药），如苯巴比妥、异戊巴比妥等。对麻醉药、毒药和剧药，必须用专库、专柜、专人加锁保管，并有明显标记。每个品种单独存放，各品种间留有适当距离。

2. 危险药品的保管

危险药品系指遇光、热、空气等易爆炸、自燃、助燃或有强腐蚀性、刺激性的药品，包括爆炸品（如苦味酸）、易燃液体（如乙醚、乙醇、松节油等）、易燃固体（如硫黄、樟脑等）、腐蚀药品（如盐酸、浓氨水溶液、苯酚等）。危险药品应贮存在危险品仓库内，按危险品的特性分类存放。要间隔一定距离，禁止与其他药品混放。而且要远离火源，并备消防设备。

3. 易受温度影响的药品保管

受热易变质、变形、易燃、易爆、易挥发的药品应在适宜的温度下保存。如抗生素类药品一般贮存在干燥阴凉处，不超过20℃；酊剂、软膏和易燃、易爆、易挥发的药品，不超过30℃；血清等生物制品应在2~10℃的冷处保藏。对易燃易爆的药品还须注意容器密闭。当库内温度太高时，就采取自然通风或机械通风，以降低库温，或者利用地下室、夹墙仓库等作为贮藏场所。夏季可以在仓库向阳面或屋顶面搭盖席棚，并在门窗上安装门帘，以降低温度。有些药品当库内温度过低时，会使容器冻裂或药品受冻变质，必须采取增温措施。暖气设备是提高库房温度的理想方法，效果好，安全可靠。

4. 易受湿度影响的药品保管

易受湿度影响的药品应密封于容器内，置于干燥处，注意通风防潮，并定期检查。在梅雨季节，还应采取防霉措施。兽药典中所指的干燥处系指相对湿度在40%~70%的空气流通环境。当库内湿度过大时应采用通风降湿或用吸湿剂吸潮。通风降湿又分为自然通风或装置排风扇通风两种。常用的吸潮剂有生石灰、无水氯化钙、硅胶、炉灰、木炭等。为防止某些药品风化，应把药品密闭在玻璃瓶或铁筒中，使药品与外界空气隔绝，并注意避热保存。

5. 易受光线影响的药品保管

遇光易变质的药品应装在棕色瓶内，或在普通容器外面包上不透明的黑纸。

6. 易过期失效药品的保管

有失效期的药品应定期检查，以防止过期失效，药品卡片和标签上均应有特殊标记，注明有效日期，或专柜保存，以便查找。

（五）处方、质量标准与兽药典

1. 处方

广义地讲，凡是制备任何药剂的书面文件均可称为处方。处方有法定处方、验方、生产处方和兽医师处方等几种。

（1）法定处方　兽药典、兽药规范收载的处方，具有法律约束力。兽药厂在制造法定制剂和药品时，均须按照法定处方所规定的一切项目进行配制、生产和检验。

（2）验方　民间积累的简单有效的经验处方称为验方。

（3）生产处方　大量生产制剂时所列各种成分、规格、数量及制备与控制质量方法等的规程性文件，称为生产处方。

（4）兽医师处方　兽医师对患病动物诊断后给调剂员开写药名、用量、配法及用法的书面文件，称兽医师处方。它是检定药效和毒性的依据，一般应保存一定时间以备查考。兽医师处方包括以下内容：

①前记　包括日期、编号、畜主、地址、动物的种属、性别、年龄、特征等。

②处方头　均以Rp起头，有"取下列药品"之意。

③正文　包括药名、规格、数量。药名用中文或英文书写。每药一行，逐行书写。同一处方各药物成分，一般按主药、佐药、矫味药、赋形药或稀释剂依序书写。数量一律用阿拉伯数字。小数点应对齐。单位依国家标准用国际单位制，固体通常用克（g）或毫克（mg）、液体用毫升（mL）表示。

④配制法　是兽医师对药剂人员指出的药物调配方法。

⑤服用法 指出给药方法、次数及各次剂量。

⑥兽医师签名。

2. 兽药的质量标准

是国家为了使用兽药安全有效而制订的控制兽药质量规格和检验方法的规定；是兽药生产、经营、销售和使用的质量依据；亦是检验和监督管理部门共同遵循的法定技术依据。一般应包括以下内容：兽药名称、结构式及分子式、含量限度、处方、理化性状、鉴别项目及方法、含量（效价）测定的方法、检查项目及方法、作用与用途、用法与用量、注意事项、制剂规格、贮藏、有效期等。其中性状记载药品的外观色泽、溶解度、晶型、熔点、相对密度；折射率、紫外吸收系数等，可帮助初步判断是否为结晶；鉴别主要从化学反应考虑帮助鉴别检品是否与品名相符；检查指杂质检查，规定一定限量，超过者即不合格；含量测定主要确定药品中有效成分的含量范围，测定方法要力求简便快速。

3. 兽药典

为国家法定记载的兽药质量标准（包括药物名称、性质、性状、成分、用量及配制、贮藏方法等）的书籍，即《中华人民共和国兽药典》和《中华人民共和国兽药规范》（分别简称《中国兽药典》及《中国兽药规范》）。

（六）药效学概念

研究药物对机体的作用规律，阐明药物防治疾病的原理，称为药物效应动力学，简称药效学。

1. 药物的基本作用

药物作用是指药物小分子与机体细胞大分子之间的初始反应，药理效应是药物作用的结果，表现为机体生理、生化功能的改变。但在一般情况下不把两者截然分开，互相通用。例如去甲肾上腺素对血管的作用，首先是与血管平滑肌的受体结合，激活腺苷酸环化酶，使 cAMP 生成明显增加，这就是药物的作用；继而产生血管收缩、血压升高等药理效应。机体在药物作用下，使机体器官、组织的生理、生化功能增强称为兴奋，引起兴奋的药物称为兴奋药，例如咖啡因能使大脑皮层兴奋，使心脏活动加强，属兴奋药；相反，使生理、生化功能减弱的则称为抑制，引起抑制的药物称抑制药，如氯丙嗪可使中枢神经抑制、体温下降，属抑制药。有些药物对不同器官的作用可能引起性质相反的效应，如阿托品能抑制胃肠平滑肌和腺体活动，但对中枢神经却有兴奋作用。因此，药物能治疗疾病，是通过其兴奋或抑制作用调节和恢复机体被病理因素破坏的平衡。

除了功能性药物表现为兴奋和抑制作用外，有些药物如化疗药物则主要作用于病原体，可以杀灭或驱除入侵的微生物或寄生虫，使机体的生理、生化功能免受损害或恢复平衡而呈现其药理作用。

药物可通过不同的方式对机体产生作用，药物在吸收入血液以前在用药局部产生的作用称为局部作用，如普鲁卡因在其浸润的局部使神经末梢失去感觉功能。药物经吸收进入全身循环后分布到作用部位产生的作用，称吸收作用，又称全身作用，如吸入麻醉药产生的全身麻醉作用。

药物作用有直接作用和间接作用。如洋地黄毒苷被机体吸收后，直接作用于心脏，加强心肌收缩力，改善全身血液循环，这是洋地黄的直接作用，又称原发作用。由于全身循环改善，肾血流量增加，尿量增多使心衰性水肿减轻或消除，这是洋地黄的间接作用，又称继发作用。

2. 药物作用的选择性

药物对机体不同器官、组织的敏感性表现明显的差别，对某一器官、组织作用特别强，对其他组织的作用很弱，甚至对相邻的细胞也不产生影响，这种现象，称为药物作用的选择性。选择性的产生可能有几方面的原因，首先是药物对不同组织亲和力不同，能选择性地分布于靶组织，如碘分布于甲状腺的量比其他组织高1万倍；其次是在不同组织的代谢速率不同，因为不同组织酶的分布和活性有很大差别；再就是受体分布的不均一性，不同组织受体分布的多少和类型存在差异。药物作用的选择性是治疗作用的基础，选择性高，针对性强，其治疗效果好，很少或无副作用；反之，选择性低，针对性不强，副作用也较多。当然，有的药物选择性较低，应用范围较广，应用时也有其方便之处。

（七）药物的治疗作用与不良反应

临床使用药物防治疾病时，可能产生多种药理效应，能对防治疾病产生有利的作用，称为治疗作用；其他与用药目的无关或对动物产生损害的作用，称为不良反应。大多数药物在发挥治疗作用的同时，都存在程度不同的不良反应，这就是药物作用的两重性。

1. 治疗作用

对因治疗药物的作用在于消除疾病的原发致病因素，称对因治疗，中医称治本。如应用化学药物杀灭病原微生物以控制感染性疾病；用洋地黄治疗慢性充血性心力衰竭引起的水肿。

对症治疗药物的作用在于改善疾病症状，称为对症治疗，亦称治标。如用解热镇痛药可使病畜发热体温降至正常，但如病因未除，则药物作用过后体温又会升高。一般情况下首先要考虑对因治疗，但对一些严重的症状，甚至可能危及病畜生命，如急性心力衰竭、呼吸困难、惊厥等，则必须先用药解除症状，待症状缓解后再考虑对因治疗。有些情况下，则要对因治疗和对症治疗同时进行，即所谓标本兼治才能取得最佳的疗效。

2. 不良反应

副作用是在常用治疗剂量时产生的与治疗无关的作用或危害不大的不适反应。有些药物选择性低、药理效应广泛，利用其中某一作用为治疗目的时，其他作用便成了副作用。如用阿托品作麻醉前给药，主要目的是抑制腺体分泌和减轻对心脏的抑制，其抑制胃肠平滑肌的作用便成了副作用。由于治疗目的不同，副作用又可成为治疗作用，如痉挛疝可用阿托品缓解或消除疼痛，这时抑制腺体分泌便成了副作用。副作用一般是可预见的，往往很难避免，临床用药时应设法纠正。下面几种也属不良反应：

（1）毒性反应　用药剂量过大或用药时间过长而引起的不良反应，称毒性反应。大多数药物都有一定的毒性，仅毒性反应的性质和程度不同而已。用药后立即发生的毒性称急性毒性，多由用药剂量过大所引起，常表现为心血管、呼吸功能的损害。有些在长期用药蓄积后逐渐产生的，称为慢性毒性，慢性毒性多数表现为对肝、肾、骨髓的损害。少数药物还能产生特殊毒性，即致癌、致畸、致突变反应（简称"三致"作用）。此外，某些药物在常用剂量时也能产生毒性，如氯霉素可抑制骨髓造血机能，氨基糖苷类有较强的肾毒性等。药物的毒性反应一般是可以预知的，应该设法减轻或防止。

（2）变态反应　又称过敏反应，是指机体受药物刺激发生异常的免疫反应，引起生理功能的障碍或组织损伤。药物多为外来异物，虽不是全抗原，但有些可作为半抗原，如抗生素、磺胺药等与血浆蛋白或组织蛋白结合后形成全抗原，便可引起机体体液性或细胞性免疫反应。这种反应与剂量无关，反应性质各不相同，很难预知。致敏原可能是药物本身，或其在体内的代谢产物，也可能是药物制剂中的杂质。药物过敏反应在动物时有发生，可能由于缺乏细致的观察和记录，似乎没有人类那样普遍。

（3）继发性反应　是药物治疗作用引起的不良后果。如成年草食动物胃肠道有许多微生物寄生，正常情况下菌群之间维持平衡的共生状态，如果长期应用四环素类广谱抗生素，对药物敏感的菌株受到抑制，菌群间相对平衡受到破坏，以致一些不敏感的细菌或耐药的细菌如真菌、葡萄球菌、大肠杆菌等大量繁殖，可引起中毒性肠炎或全身感染。这种继发性感染称为二重感染。

（4）后遗效应　指停药后血药浓度已降至最低有效浓度以下时的残存药理效应。可能由于药物与受体的牢固结合，靶器官药物尚未消除，或者由于药物造成不可逆的组织损害所致，如长期应用皮质激素，由于负反馈作用，垂体前叶和/或下丘脑受到抑制，即使肾上腺皮质功能恢复至正常水平，但对应激反应在停药半年以上时间内可能尚未恢复，这也称药源性疾病。后遗效应不仅能产生不良反应，有些药物也能产生对机体有利的后遗效应，如抗生素后促白细胞效应，可提高吞噬细胞的吞噬能力。

（八）药物作用的基本原理

1. 药物的特异性作用

（1）药物作用的构效关系　药物的化学结构与药理效应或活性有着密切的关系，因为药理作用的特异性取决于药物特定的化学结构，这就是构效关系。化学结构类似的化合物一般能与同一受体或酶结合，产生相似（拟似药）或相反的作用（颉颃药）。如去甲肾上腺素、肾上腺素、异丙肾上腺素为拟肾上腺素药，普萘洛尔为抗肾上腺素药，它们具有相似的化学结构。许多化学结构完全相同的药物还存在光学异构体，具有不同的药理作用，多数左旋体药物有药理活性，而右旋体无作用，如左旋的氯霉素具抗菌活性、左旋咪唑有抗线虫活性，但它们的右旋体没有作用。

（2）药物作用的量效关系　在一定的范围内，药物的效应与靶部位的浓度成正相关，而后者决定于用药剂量或血中药物浓度，定量地分析与阐明两者间的变化规律称为量效关系。它有助于了解药物作用的性质，也可为临床用药提供参考资料。

药物剂量从小到大的增加引起机体药物效应强度或性质的变化，药物剂量过小，不产生任何效应，称无效量，能引起药物效应的最小剂量，称最小有效量或阈剂量。随着剂量增加，效应也逐渐增强，其中对50%个体有效的剂量称半数有效量，用ED_{50}表示。直至达到最大效应；出现最大效应的剂量，称为极量。此时若再增加剂量，效应不再加强，反而出现毒性反应，药物效应产生了质变。出现中毒的最低剂量称为最小中毒量，引起死亡的量称致死量，引起半数动物死亡的量称半数致死量（LD_{50}）。药物在临床的常用量或治疗量应比最小有效量大，比极量小。兽药典对治疗量、剧毒药的极量都有所规定。在急性毒性试验时，以（LD_{50}）衡量药物毒性大小；同理，在进行治疗试验时，对50%动物有效的剂量称半数有效量（ED_{50}）。在药效试验中如致死量越大，有效量越小，则药物的安全性和药效越高。药物的LD_{50}和ED_{50}的比值称为治疗指数，此数值越大越安全。

（3）药物作用的受体机制　药物的作用机制是药效学的重要内容，它是研究药物为什么产生作用，如何产生作用和在哪个部位产生作用等问题。阐明这些问题有助于理解药物的治疗作用和不良反应，并为深入了解药物对机体的生理、生化功能的调节提供理论基础。

受体的基本概念　对特定的生物活性物质具有识别能力并可选择性结合的生物大分子，称作受体。对受体具有选择性结合能力的生物活性物质叫做配体，生物活性物质包括机体内固有的内源性活性物质与来自体外的外源性活性物质，前者包括神经递质、激素、活性肽、抗原、抗体等，后者则指药物及毒物等。受体大分子大多存在于膜结构上，并镶嵌在双脂质膜结构中，大都具有蛋白质的特性。现已确定受体有两种功能，即与配体结合和传递信息的功能，经推测受体内存在配体结合部位和效应部位，前者又称为受点。20 世纪 70 年代后，由于创建了放射性配体结合法，应用分子克隆技术，使大量受体分子的结构与功能被阐明，N-胆碱受体就是一个成功的例子。"受体"一词现在已不再是空洞的概念，而是一个真正存在于细胞膜或胞内的生物大分子（糖蛋白或脂蛋白），有的受体已被高度纯化，有的已被克隆或在人工双层脂质上重组，显现出天然受体的特有效应和理化性质。一种特异的受体一般具有 3 个特性：

①饱和性　每个细胞（或单位重量的组织）的受体数量是一定的，因此只能与一定数量的配体结合。

②特异性　指特定的配体与特定受体的结合是特异性的结合，配体在结构上与受体应是互补的，一般来说有效的药物对受体应具有高亲和力，化学结构的微小改变便可影响亲和力。

③可逆性　药物与受体结合后，应以非代谢的方式解离，而且解离得到的配体不是其代谢产物，而应是配体原形本身，这与酶—底物的相互作用的方式有本质的差别。

受体在介导药物效应中主要起传递信息的作用。药物（配体）首先与相应的受体结合，结合的方式一般通过氢键、疏水键、静电键和范德华键，还有少数可形成共价键。受体在与配体结合后，使受体激活，诱导受体蛋白的构型改变并引发有关蛋白的功能变化。受体激活后，使腺苷酸环化酶（AC）、鸟苷酸环化酶（GC）和磷脂酶 C（PLC）等被激活，相继生成各种第二信使物质。第二信使能使受体接收的生物信号通过一系列转导机构，产生连锁反应，将信号逐级传导，并将信号逐步放大，使微弱的信号激活相应的细胞效应系统，这一过程称为级联反应。最后，将配体携带的信息传递给效应器，将细胞外信号通过级联放大、分析和整合产生宏观的生理效应。机体各种组织的受体的数量和活性不是固定不变的，而是经常代谢更新并处于动态平衡状态，同时又会因各种生理、药物、病理因素的变化而受到调节。

受体学说　对于药物与受体结合产生药理效应的定量分析方法，在过去 60 多年一直在进行研究，提出了某些假说和数学模型，例如占领学说、速率学说、诱导契合学说等，在当时推动了受体的研究。但是，在今天对受体分子结构及其介导信号转导功能的了解越来越多之后，这些学说和动力学模型显然已无法说明许多受体与配体结合效应的过程和特征。因此，许多学者正在研究建立新的模型，并已取得一定进展，如二态模型、三态模型学说，然而离最后建立完全合理的模型尚有很大差距。随着科学的发展，受体学说将会得到不断的完善。

2. 药物的非特异性作用

药物的化学结构多种多样，机体的功能千变万化，也决定了药物对机体作用的机制是十分复杂的生理、生化过程。上述药物的特异性作用机制仅是药物作用机制之一。很多药物并不直接作用于受体也能引起器官、组织功能发生变化。因此，应在更广泛的基础上研究和了解药物作用的机制，只有这样才能认识药物作用的多样性和复杂性，才能更好地掌握各类药物的特征，更多地寻找和发现新药。

（九）药动学的基本概念

药动学是研究药物在体内的浓度随时间发生变化规律的一门学科。它是药理学与数学相结合的边缘学科，用数学模型描述或预测药物在体内的数量（浓度）、部位和时间三者之间的关系。阐明这些变化规律的目的是为临床合理用药提供定量的依据，为研究、寻找新药、评价临床已经使用的药物提供客观的标准。此外，本学科也是研究临床药理学、药剂学和毒理学等的重要工具。

1. 药物在体内的转运

药物从给药部位进入全身血液循环，分布到各种器官、组织，经过生物转化最后由体内排出要经过一系列的细胞膜或生物膜，这一过程称为跨膜转运。药物转运主要有如下方式。

（1）被动转运　是指药物通过生物膜由高浓度向低浓度转运的过程。一般包括简单扩散和滤过。

（2）主动转运　这是一种载体介导的逆浓度或逆电化学梯度的转运过程。

（3）易化扩散　又称促进扩散，也是载体介导的转运，也具有饱和性和竞争性的特征。

（4）胞饮/吞噬作用　由于生物膜具有一定的流动性和可塑性，因此细胞膜可以主动变形而将某些物质摄入细胞内或从细胞内释放到细胞外，这种过程称胞饮或胞吐作用，摄取固体颗粒时称为吞噬作用。

2. 药物的体内过程

药物进入动物机体后，在对机体产生效应的同时，本身也受机体的作用而发生变化，其变化过程分为吸收、分布、生物转化和排泄。事实上这个过程在药物进入机体后是相继发生、同时进行的。

（1）吸收　是指药物从用药部位进入血液循环的过程。除静脉注射药物直接进入血液循环外，其他给药方法均有吸收过程。

①内服给药吸收：多数药可经内服给药吸收，主要吸收部位是小肠，因为小肠绒毛有非常大的表面积和丰富的血液供应，不管是弱酸、弱碱或中性化合物均可在小肠吸收。酸性药物在犬、猫胃中呈非解离状态，也能通过胃黏膜吸收。

许多内服的药物是固体剂型（如片剂、丸剂等），吸收前药物首先要从剂型中释放出来，常常控制着吸收速率，一般溶解的药物或液体剂型较易吸收。

内服药物的吸收还受其他因素的影响：

排空率：排空速率影响药物进入小肠的快慢，不同动物有不同的排空率。

pH 值：不同动物胃液的 pH 值有较大差别，是影响吸收的重要因素。一般酸性药物在胃液中多不解离容易吸收，碱性药物在胃液中解离不易吸收，要在进入小肠后才能吸收。

胃肠内容物的充盈度。

药物的相互作用：有些金属或矿物质元素如钙、镁、铁、锌等离子可与四环素类、氟喹诺酮类等在胃肠道发生螯合作用，从而阻碍药物吸收或使药物失活。

首关效应：内服药物从胃肠道吸收经门静脉系统进入肝脏，在肝药酶和胃肠道上皮酶的联合作用下进行首次代谢，使进入全身循环的药量减少的现象称首关效应，又称首过消除。不同药物的首关效应强度不同，强首关效应的药物可使生物利用度明显降低，若治疗全身性疾病，则不宜内服给药。

②注射给药吸收 常用的注射给药有静脉、肌内和皮下注射。其他还包括关节内、结膜下腔和硬膜外注射等。快速静注可立即产生药效，并且可以控制用药剂量；静脉滴注是达到和维持稳态浓度的最佳技术，达到稳太浓度的时间还取决于药物的消除速率。药物从肌内、皮下注射部位吸收一般 30min 内达峰值，吸收速率取决于注射部位的血管分布状态。其他影响因素包括：给药浓度、药物的脂溶性和吸收表面积。机体不同部位的吸收也有差异，同时使用能影响局部血管通透性的药物也可影响吸收（如肾上腺素）。缓释剂型能减缓吸收速率，延长药效。

③呼吸道给药吸收 气体或挥发性液体麻醉药和其他气雾剂型药物可通过呼吸道吸收。肺有很大表面积，血流量大，经肺的血流量约为全身 10% ~ 12%，肺泡细胞结构较薄，故药物极易吸收。

④皮肤给药吸收 浇泼剂（pour-on）是经皮肤吸收的一种剂型，它必须具备两个条件：一是药物必须从制剂基质中溶解出来，然后穿过角质层和上皮细胞；二是由于通过被动扩散吸收，故药物必须是脂溶性。在此基础上，药物浓度是影响吸收的主要因素，其次是基质，如二甲基亚砜、氮酮等可促进药物吸收。但由于角质层是穿透皮肤的屏障，一般完整的皮肤药物均很难吸收，目前的浇泼剂其最好的生物利用度为 10% ~ 20%。所以，用抗菌药或抗真菌药治疗皮肤较深层的感染，全身治疗常比局部用药效果更好。

（2）分布 是指药物从全身循环转运到各器官、组织的过程。药物在动物体内的分布多呈不均匀性，而且经常处于动态平衡，各器官、组织的浓度与血浆浓度一般均呈平行关系。药物分布到外周组织部位主要取决于 4 个因素：

①药物的理化性质 如脂溶性、pKa 和相对分子质量。

②血液和组织间的浓度梯度 因为药物分布主要以被动扩散方式。

③组织的血流量 单位时间、重量的器官血液流量较大，一般药物在该器官的浓度也较大，如肝、肾、肺等。

④药物对组织的亲和力 药物对组织的选择性分布往往是药物对某些细胞成分具有特殊亲和力并发生结合的结果。这种结合常使药物在组织的浓度高于血浆游离药物的浓度，例如碘在甲状腺的浓度比在血浆和其他组织约高 1 万倍，硫喷妥钠在给药 3h 后约有 70% 分布于脂肪组织，四环素可与 Ca^{2+} 络合贮存于骨组织中。

药物的分布与血浆蛋白结合率有密切的关系，药物在血浆中主要与血浆清蛋白结合。与血浆蛋白结合的药物不易穿透血管壁，限制了它的分布，也影响从体内消除。药物与血浆蛋白结合是可逆性的，也是一种非特异性结合，但有一定的限量，药物剂量过大超过饱和时，会使游离型药物大量增加，有时可引起中毒。与血浆蛋白结合的药物，在游离药物由于分布或消除使浓度下降时，便可从结合状态下分离出来，延缓了药物从血浆中消失的速度，使半衰期延长。因此，与血浆蛋白结合实际上是一种贮存功能。

药物的分布也与组织屏障有关，其中最重要的就是血脑屏障。幼龄动物的血脑屏障发育不全或患脑膜炎，其血脑屏障的通透性增加，药物进入脑脊液增多。大多数母体所用药物均可进入胎儿，故胎盘屏障的提法对药物来说是不准确的。但因胎盘和母体交换的血液量少，故进入胎儿的药物需要较长时间才能和母体达到平衡，即使脂溶性很大的硫喷妥钠也需要 15min，这样便限制了进入胎儿的药物浓度。

（3）生物转化 药物在体内经化学变化生成有利于排泄的代谢产物的过程称为生物转

化，过去常称为代谢。生物转化通常分两步（相）进行，第一步包括氧化、还原和水解反应，第二步为结合反应。药物生物转化的主要器官是肝脏，此外，血浆、肾、肺、脑、皮肤、胃肠黏膜和胃肠道微生物也能进行部分药物的生物转化。

（4）排泄　是指药物的代谢产物或原形通过各种途径从体内排出的过程。大多数药物都通过生物转化和排泄两个过程从体内消除，但极性药物和低脂溶性的化合物主要是由排泄消除。有少数药物则主要以原形排泄，如青霉素、氧氟沙星等。最重要的排泄器官是肾脏，也有一些药物主要是由胆汁排出，此外，还可通过乳腺、肺、唾液、汗腺排泄少部分药物。

3. 血药浓度与药动学

血药浓度一般指血浆中的药物浓度，是体内药物浓度的重要指标，虽然它不等于作用部位（靶组织或靶受体）的浓度，但作用部位的浓度与血药浓度以及药理效应一般呈正相关。

一种药物要产生特征性的效应，必须在它的作用部位达到有效的浓度。由于不同种属动物对药物在体内的处置过程存在差异，所以当一种药物以相同的剂量（如 mg/kg）给予不同的动物常可观察到药效的强度和维持时间有很大的差别。

药物在体内的吸收、分布、生物转化和排泄是一种连续变化的动态过程，在药动学研究中，给药后不同时间采集血样，测定其药物浓度，常以时间作横坐标，以血药浓度作纵坐标，绘出曲线称为血浆药物浓度—时间曲线，简称药时曲线。从曲线可定量地分析药物在体内的动态变化与药物效应的关系。

一般将非静注给药分为 3 个期：潜伏期、持续期和残留期。药时曲线的最高点叫峰浓度，达到峰浓度的时间叫峰时。曲线升段反映药物吸收和分布过程，曲线的峰值反映给药后达到的最高血药浓度；曲线的降段反映药物的消除。

（十）临床合理用药

1. 药物的相互作用

配伍禁忌：两种以上药物混合使用或药物制成制剂时，可能发生体外的相互作用，出现使药物中和、水解、破坏失效等理化反应，这时可能发生混浊、沉淀、产生气体及变色等外观异常的现象，称为配伍禁忌。例如，在静滴的葡萄糖注射液中加入磺胺嘧啶（SD）钠注射液，最初并没有肉眼可见的变化，但几分钟后即可见液体中有微细的 SD 结晶析出，这是SD 钠在 pH 降低时必然出现的结果；又如外科手术时，将肌松药琥珀胆碱与麻醉药硫喷妥钠混合，虽然看不到外观变化，但琥珀胆碱在碱性溶液中可水解失效。所以临床在混合使用两种以上药物时必须十分慎重，避免配伍禁忌。

此外，药物制成剂型或复方制剂时也可发生配伍禁忌，如将氨苄西林制成水溶性粉剂时，加入含水葡萄糖作赋形剂可使氨苄西林氧化失效；又如曾在临床发现某些四环素片剂无效，原因是改变了赋形剂而引起的，原先用乳糖，后改用碳酸钙，这样就使四环素片的实际有效含量减少而失效。

2. 药动学的相互作用

临床上同时使用两种以上的药物治疗疾病，称为联合用药，其目的是提高疗效，消除或减轻某些毒副作用。适当联合应用抗菌药也可减少耐药性的产生。但是，同时使用两种以上药物，在体内的器官、组织中（如胃肠道、肝）或作用部位（如细胞膜、受体部位）药物均可发生相互作用，使药效或不良反应增强或减弱。药物在体内的吸收、分布、生物转化和排泄过程中发生的相互作用，称为药动学的相互作用。

（1）吸收　主要发生在内服药物时在胃肠道的相互作用，具体表现为：

①物理化学的相互作用　如 pH 值的改变，影响药物的解离和吸收。

②螯合作用　如四环素类、恩诺沙星等可与钙、铁、镁等金属离子发生螯合，影响吸收或使药物失活。

③胃肠道运动功能的改变　如拟胆碱药可加快排空和肠蠕动，使药物迅速排出，吸收不完全；抗胆碱药如阿托品等则减少排空率和减慢肠蠕动，可使吸收速率减慢，峰浓度较低，但亦使药物在胃肠道停留时间延长，而增加吸收量。

④菌丛改变　胃肠道菌丛参与药物的代谢，广谱抗菌药能改变或杀灭胃肠内菌丛，影响代谢和吸收，如抗生素治疗可使洋地黄在胃肠道的生物转化减少，吸收增加。

⑤改变黏膜功能　有些药物可能损害胃肠道黏膜，影响吸收或阻断主动转运过程。

（2）分布　首先药物的器官摄取率与清除率最终取决于血流量，所以，影响血流量的药物均可影响药物分布。如心得安可使心输出量明显减少，从而减少肝的血流量，使高首关效应药物（如利多卡因）的肝清除率减少。其次，许多药物有很高的血浆蛋白结合率，由于亲和力不同可以相互取代，如抗凝血药华法林可被三氯醛酸（水合氯醛代谢物）取代，使游离华法林大大增加，从而增强抗凝血作用，甚至引起出血。

（3）生物转化　药物在生物转化过程中的相互作用主要表现为酶的诱导和抑制。许多中枢抑制药包括镇静药、安定药、抗惊厥药等均有此作用，如苯巴比妥能通过诱导肝微粒体酶的合成，提高其活性，从而加速药物本身或其他药物的生物转化，降低药效。相反，另外一些药物如氯霉素、糖皮质激素等则能使药酶抑制，使药物的代谢减慢，提高血中药物浓度，增强药效。

（4）排泄　任何排泄途径均可发生药物的相互作用，但目前对肾排泄研究较多。如血浆蛋白结合的药物被置换成为游离药物可增加肾小球的滤过率；影响尿液 pH 值的药物使药物的解离度发生改变，从而影响药物的重吸收，如碱化尿液可加速水杨酸盐的排泄；近曲小管的主动排泄可因相互作用而出现竞争性抑制，如同时使用丙磺舒与青霉素，可使青霉素的排泄减慢，提高血浆浓度，延长半衰期。

3. 药效学的相互作用

同时使用两种以上药物，由于药物效应或作用机制的不同，可使总效应发生改变，称为药效学的相互作用。可能出现下面几种情况：

（1）协同作用　两药合用的效应大于单药效应的代数和，称协同作用；

（2）相加作用　两药合用的效应等于它们分别作用的代数和，称相加作用；

（3）颉颃作用　两药合用的效应小于它们分别作用的总和，称颉颃作用。

在同时使用多种药物时，治疗作用可出现上述 3 种情况，不良反应也可能出现这些情况，例如头孢菌素的肾毒性可因并用庆大霉素而增强。一般来说，用药种类越多，不良反应发生率也越高。

4. 影响药物作用的主要因素

药物的作用是药物与机体相互作用过程的综合表现，许多因素都可能干扰或影响这个过程，使药物的效应发生变化。这些因素包括药物方面、动物方面、饲养管理和环境因素。

（1）药物方面的因素

①剂量　药物的作用或效应在一定剂量范围内随着剂量的增加而增强，例如巴比妥类小剂量催眠，随着剂量增加可表现出镇静、抗惊厥和麻醉作用，这些都是对中枢的抑制作用，

可以看做是量的差异。但是也有少数药物，随着剂量或浓度的不同，作用的性质会发生变化，如人工盐小剂量是健胃作用，大剂量则表现为下泻作用；碘酊在低浓度（2%）时表现杀菌作用（作消毒药），但在高浓度时（10%）则表现为刺激作用（作刺激药）。所以，药物的剂量是决定药效的重要因素。临床用药时，除根据兽药典、兽药规范等决定用药剂量外，还要根据药物的理化性质、毒副作用和病情发展的需要适当调整剂量，才能更好地发挥药物的治疗作用。

②剂型　在传统的剂型如水溶液、散剂、片剂、注射剂等，主要表现为吸收快慢、多少的不同，从而影响药物的生物利用度。例如内服溶液剂比片剂吸收的速率要快得多，是因片剂在胃肠液中有一崩解过程，药物的有效成分要从赋形剂中溶解释放常受许多因素的影响，有报道不同药厂生产的地高辛片在血液中的浓度可相差 4～7 倍。

随着新剂型研究不断取得进展，缓释、控释和靶向制剂先后逐步用于临床，剂型对药物作用的影响越来越明显并具重要意义。通过新剂型去改进或提高药物的疗效，减少毒副作用和方便临床给药将会很快成为现实，也是兽医药学工作者的努力方向。

③给药方案　给药方案包括给药剂量、途径、时间间隔和疗程。给药途径不同主要影响生物利用度和药效出现的快慢，静注几乎可立即出现药物作用，依次为肌注、皮下注射和内服。除根据疾病治疗需要选择给药途径外，还应根据药物的性质，如肾上腺素内服无效，必须注射给药；氨基糖苷类抗生素内服很难吸收，作全身治疗时必须注射给药。有些药物内服时有很强的首关效应，生物利用度很低，全身用药时也应选择肠外给药途径。家禽由于集约化饲养，数量巨大，注射给药要消耗大量人力、物力，也容易引起应激反应，所以，药物宜用混饲或混饮的群体给药方法。但此时必须保证每个个体都能获得足够的剂量，又要防止有些个体摄入量过多而产生中毒，此外还要根据不同气候、疾病发生过程中动物摄入饲料或饮水量的不同，而适当调整药物的浓度。

大多数药物治疗疾病时必须重复给药，确定给药的时间间隔主要根据药物的半衰期和消除速率。一般情况下在下次给药前要维持血中的最低有效浓度，尤其抗菌药物要求血中浓度高于 MIC。但近年来对抗菌药后效应的研究结果，认为不一定要维持 MIC 以上的浓度，当使用大剂量后，除峰浓度比 MIC 高外，还可产生较长时间的抗菌后效应，使给药间隔大大延长。

有些药物给药一次即可奏效，如解热镇痛药、抗寄生虫药等，但大多数药物必须按规定的剂量和时间间隔连续给予一定的时间，才能达到治疗效果，称为疗程。抗菌药物更要求有充足的疗程才能保证稳定的疗效，并避免产生耐药性，绝不可给药 1～2 次出现药效就立即停药。例如，抗生素一般要求 2～3d 为一疗程，磺胺药则要求 3～5d 为一疗程。

（2）动物方面的因素

①种属差异　动物品种繁多，解剖、生理特点各异，不同种属动物对同一药物的药动学和药效学往往有很大的差异。大多数情况下表现为量的差异，即作用的强弱和维持时间的长短不同；有少数动物因缺乏某种药物代谢酶，因而对某些药物特别敏感，如猫缺乏葡萄糖醛酸酶活性，故对水杨酸盐特别敏感，作用时间很长，猫内服阿司匹林（10mg/kg）应间隔 38h 给药 1 次。

药物对不同种属动物的作用除表现量的差异外，少数药物还可表现质的差异，如吗啡对犬表现为抑制，但对猫则表现兴奋。

②生理因素　不同年龄、性别、怀孕或哺乳期动物对同一药物的反应往往有一定差异，

这与机体器官组织的功能状态，尤其与肝药物代谢酶系统有密切的关系。如初生动物，生物转化途径和有关的微粒体酶系统功能不足，大多数动物幼畜功能也较弱（牛例外）。因此，在幼畜由微粒体酶代谢和由肾排泄消除的药物半衰期将被延长。老龄动物亦有上述现象，一般对药物的反应较成年动物敏感，所以临床用药剂量应适当减少。

除了作用于生殖系统的某些药物外，一般药物对不同性别动物的作用并无差异，只是怀孕动物对拟胆碱药、泻药或能引起子宫收缩加强的药物比较敏感，可能引起流产，临床用药必须慎重。哺乳动物则因大多数药物可从乳汁排泄，造成乳中的药物残留，故要按奶废弃期规定，不得供人食用。

③病理状态　药物的药理效应一般都是在健康动物试验中观察得到的，动物在病理状态下对药物的反应性存在一定程度的差异。不少药物对疾病动物的作用较显著，甚至要在病理状态下才呈现药物的作用，例如解热镇痛药能使发热动物降温，对正常体温没有影响；洋地黄对慢性充血性心力衰竭有很好的强心作用，对正常功能的心脏则无明显作用。

严重的肝、肾功能障碍，可影响药物的生物转化和排泄，对药物动力学产生显著的影响，引起药物蓄积，延长半衰期，从而增强药物的作用，严重者可能引发毒性反应。但也有少数药物在肝生物转化后才有作用，如可的松、泼尼松，对肝功能不全的动物作用减弱。

炎症过程使动物的生物膜通透性增加，影响药物的转运。据报道，头孢西丁在实验性脑膜炎犬脑内药物浓度比健康犬增加5倍。

严重的寄生虫病、失血性疾病或营养不良患病动物，由于血浆蛋白质大大减少，可使高血浆蛋白结合率药物的血中游离药物浓度增加，一方面使药物作用增强，同时也使药物的生物转化和排泄增加，半衰期缩短。

④个体差异　同种动物在基本条件相同的情况下，有少数个体对药物特别敏感，称高敏性；另有少数个体则特别不敏感，称耐受性。这种个体之间的差异，在最敏感和最不敏感之间约差10倍。

动物对药物作用的个体差异还表现为生物转化过程的差异，已发现某些药物如磺胺、异烟肼等的乙酰化存在多态性，分为快乙酰化型和慢乙酰化型，不同型个体之间存在非常显著的差异。

产生个体差异的主要原因是动物对药物的吸收、分布、生物转化和排泄的差异，其中生物转化是最重要的因素。研究表明，药物代谢酶类（尤其细胞色素P-450）的多态性是影响药物作用个体差异的最重要的因素之一，不同个体之间的酶活性可能存在很大的差异，从而造成药物代谢速率上的差异。因此，相同剂量的药物在不同个体中，有效血药浓度、作用强度和作用维持时间便产生很大差异。

个体差异除表现药物作用量的差异外，有的还出现质的差异，这就是个别动物应用某些药物后产生变态反应，有时也称为过敏反应。例如犬应用青霉素后，个别可能出现变态反应。这种反应在大多数动物都不发生，只在极少数具有特殊体质的个体才发生的现象，称为特异质。

（3）饲养管理和环境因素　药物的作用是通过动物机体来表现的，因此机体的功能状态与药物的作用有密切的关系，例如药物的作用与机体的免疫力、网状内皮系统的吞噬能力有密切的关系，有些病原体的最后消除还要依靠机体的防御机制。所以，机体的健康状态对药物的效应可以产生直接或间接的影响。

动物的健康主要取决于饲养和管理水平。饲养方面要注意饲料营养全面，根据动物不同生长时期的需要合理调配日粮的成分，以免出现营养不良或营养过剩。管理方面应考虑动物群体的大小，防止密度过大，房舍的建设要注意通风、采光和动物活动的空间，要为动物的健康生长创造较好的条件。上述要求对疾病动物更有必要，动物疾病的恢复，不能单纯依靠药物，一定要配合良好的饲养管理，加强病畜的护理，提高机体的抵抗力，使药物的作用得到更好的发挥。例如，用镇静药治疗破伤风时，要注意环境的安静，应将患病动物放置在黑暗的房舍；在动物麻醉后，要注意保温，复苏后给予易消化的饲料，使患病动物尽快康复。

环境生态的条件对药物的作用也能产生直接或间接的影响，例如，不同季节、温度和湿度均可影响消毒药、抗寄生虫药的疗效。环境若存在大量的有机物可大大减弱消毒药的作用；通风不良、空气污染（如高浓度的氨气）可增加动物的应激反应，加剧疾病过程，影响药效。

5. 合理用药原则

编写本书的目的是为临床合理用药提供理论基础，但要做到合理用药并非易事，必须理论联系实际，不断总结临床用药的实践经验，在充分考虑上述各种影响药物作用因素的基础上，正确选择药物，制定对动物和病情都合适的给药方案，这里仅讨论几个应该考虑的原则。

（1）正确诊断　任何药物合理应用的先决条件是正确的诊断，对动物发病过程无足够的认识，药物治疗便是无的放矢，非但无益，反而可能延误诊断，耽误疾病的治疗。

（2）用药要有明确的指征　要针对患病动物的具体病情，选用药效可靠、安全、方便、价廉易得的药物制剂。反对滥用药物，尤其不能滥用抗菌药物。

（3）了解药物对靶动物的药动学知识　根据药物的作用和对动物的药动学特点，制定科学的给药方案。药物治疗的错误包括用药错误，但更多的是剂量的错误。

（4）预期药物的疗效和不良反应　根据疾病的病理生理学过程和药物的药理作用特点以及它们之间的相互关系，药物的效应是可以预期的。几乎所有的药物不仅有治疗作用，也存在不良反应，临床用药必须牢记疾病的复杂性和治疗的复杂性，对治疗过程作好详细的用药计划，认真观察将出现的药效和毒副作用，以便随时调整用药方案。

（5）避免使用多种药物或固定剂量的联合用药　在确定诊断以后，兽医师的任务就是选择最有效、安全的药物进行治疗，一般情况下不应同时使用多种药物（尤其抗菌药物），因为多种药物治疗极大地增加了药物相互作用的概率，也给患病动物增加了危险。除了具有确实的协同作用的联合用药外，要慎重使用固定剂量的联合用药（如某些复方制剂），因为它使兽医师失去了根据动物病情需要去调整药物剂量的机会。

（6）正确处理对因治疗与对症治疗的关系　对因治疗与对症治疗的关系前已述及，两者巧妙的结合将能取得更好的疗效。我国传统中医理论对此有精辟的论述："治病必求其本，急则治其标，缓则治其本"。

二、动物毒理学知识

（一）动物毒理学的任务

20 世纪 60 年代以来，毒理学的理论与实践有了很大的发展，其研究的范围日趋广泛，主要包括以下几个方面：

1. 化学结构与毒性作用关系

毒物的种类和数量很多，研究毒物的毒性首先要弄清毒物的来源、化学结构及理化性质。就毒物本身而言，各种毒物之间毒性的差异主要是由毒物分子的化学结构所决定的。由于不同化学结构影响毒物分子的理化特性，因而对机体产生不同的毒性作用。利用化学结构与各种毒性作用关系的规律，可研究和预测化学致癌性，也可在合成新的化合物时寻找低毒安全的化学结构。另外，除毒物本身因素外，研究机体、环境等因素如何影响毒物的毒性作用，也是毒理学研究的任务之一。

2. 毒物动力学

自然界存在的所有毒物的毒性作用均与其到达机体靶组织靶器官的量有密切关系。毒物与其他生物活性物质一样，进入机体后要经过吸收、分布、生物转化与排泄等一系列体内过程。因此，研究某种毒物作用时，不单要注意机体在体外接触毒物的量，同时也要注意毒物的体内过程。生物转化是影响毒性作用大小的关键因素。机体内的许多酶系统（如肝脏混合功能氧化酶）参与毒物的生物转化，深入研究代谢酶及酶诱导与抑制，有助于解释毒物作用的某些本质现象。

3. 中毒机理与中毒诊治

对毒物中毒机理的深入研究，将有助于寻找早期中毒的诊断指标和有效解毒方法，开发特效解毒药物。随着现代生物学的发展，对毒物作用机理的研究已从器官、细胞水平进入了亚细胞、分子及基因水平。要深入认识化学物所引起的危害，必须在分子水平上深入研究毒物分子与生物体之间的相互作用，如研究化学物与酶、受体等的结合可能导致生命细胞信息传递的改变，这也许可用来解释化学物中毒机理以及化学物危害的最终后果。有关毒物的早期诊断技术和特效解毒药发展目前仍未能满足需要，对许多毒物至今没有有效的特异性解毒药，某些解毒药的副作用较大等，所有这些问题均需要逐步加以解决。

4. 化学物的安全性毒理学评价及卫生标准制定

现在几乎每天都有外源化学物进入人们的生活和生产过程中，对这些化学物进行毒理学的研究，评价其安全性十分重要。随着相关学科的发展，毒理学的研究方法向两极发展，一是微观方法，即运用生物化学、分子生物学等方法技术，观察化学物各方面毒性作用现象，其中包括一些极微小的毒性作用，如化学物"三致"（致畸、致癌、致突变）作用仍是毒理学研究的重点；二是宏观方法，即研究机体整体以至于机体群体与毒物相互作用的关系。制定卫生标准，即人体安全接触剂量是毒理学实际应用的一个重要方面。研究毒物的剂量—反应关系，结合现场调查，可为制定合理的卫生标准提供充分依据。同时，某些毒物对遗传、胚胎发育、行为产生的影响如何体现在制定卫生标准上应给予重视，需加强这方面的研究。动物毒理学还有一个重要的任务，就是制定化学物在动物性食品中的最高残留限量和休药期标准，同时要建立动物性食品中药物残留检测方法标准。

5. 生态毒性的研究和评估

每天有成千上万种化学物通过人类生活和生产活动直接或间接进入环境中，这些化学物进入环境后，在环境中如何转移与降解，对非哺乳类动物、陆生植物和土壤微生物，对水体中的水生动、植物会产生什么样的影响，如何防止和消除化学物对环境的影响等，这些都是生态毒理学研究的中心内容。动物毒理学应重点研究用药动物排泄物中的药物原形及其代谢产物在进入环境后对生态的影响。

（二）毒理学与其他学科的关系

毒理学和药理学关系密切，都是研究化学物与生物体相互作用的科学。毒理学最先是从药理学发展和分化而来的，两者既有共性，又各有其特性。药物和毒物这两个概念是相对的，同样一种化学物，在应用适量时，可以预防和治疗疾病，就是药物；如果应用剂量过大，引起人和动物中毒，甚至死亡，就成了毒物。除与药理学关系紧密外，现代毒理学是诸多学科的交叉，其研究内容涉及广泛的学科领域，并与之相互渗透。所以，当今毒理学的发展已与化学，生命科学（如生物化学、生物物理学、生理学、遗传学和分子生物学），医学（如病理学、免疫学、临床医学、公共卫生学）及环境科学的发展紧密相连。

生命科学领域中新的理论和研究手段日益渗透到毒理学科中，使毒理学成为一门名副其实的交叉、边缘学科。

（三）毒理学的分支学科

随着生物学、化学、物理学、医学的发展，毒理学按研究的领域、机体受损的部位或系统，以及外源化学物中毒机理研究的角度和深度等的不同，毒理学形成了众多交叉的分支学科。按研究学科的领域不同，形成了工业毒理学、动物毒理学、植物毒理学、环境毒理学、生态毒理学、地理毒理学、昆虫毒理学、食品毒理学、药物毒理学、军事毒理学、临床毒理学、人群毒理学、分析毒理学、比较毒理学、法医毒理学和管理毒理学等分支学科。

按对人和动物的受损伤部位或系统不同，形成了呼吸毒理学与肺脏毒理学、皮肤毒理学、肝脏毒理学、肾脏毒理学、血液毒理学、眼毒理学、神经与精神毒理学、行为毒理学、免疫毒理学、生殖发育毒理学和遗传毒理学等分支学科。

按外源化学物中毒机理研究的角度和深度不同，形成了生化毒理学（含毒物动力学）、膜毒理学、免疫毒理学、分子毒理学、受体毒理学，甚至量子毒理学等分支学科。预计未来还将会出现新的分支学科。按外源化学物的分类角度，出现了金属毒理学、有机溶剂毒理学、高分子化合物毒理学、农药毒理学和放射毒理学等分支学科。如上众多的毒理学分支学科，既在毒理学领域之内形成交叉，又与生命科学领域相关学科有交叉。

第五章　兽医外科学和外科手术学基础知识

一、外科感染

（一）外科感染定义

外科感染是动物有机体与侵入体内的致病微生物相互作用产生的局部和全身反应。是有机体对致病菌的侵入、生长和繁殖造成的一种反应性病理过程，也是有机体与致病微生物感染与抗感染的斗争结果。

感染可根据侵入体内的病原菌毒力的强弱、侵入门户以及有机体局部和全身的状态而出现不同的结果。如病原菌毒力强、机体免疫力差，则感染将由局部向全身发展；反之，如病原菌毒力弱，机体抵抗力强，则感染将痊愈。

（二）外科感染分类

外科感染常见的致病菌有好气菌、厌氧菌和兼气菌。常见的化脓菌有葡萄球菌、链球菌、大肠杆菌和绿脓杆菌。

单一感染，由一种病原菌引起的感染；混合感染，由多种病原菌引起的感染；继发性感染，在原发性病原微生物感染后，经过若干时间又并发它种病原菌的感染；再感染，被原发性病原菌反复感染。

外科感染则多由于局部外伤，使多种致病菌混合感染所致。外科感染的途径有外源性感染和反复感染。

（三）机体防御机制和促使外科感染的原因

机体对侵入的致病菌有着很强的排斥作用，一旦有致病菌侵入体内，感染和抗感染过程就一直在进行。病程的发展方向取决于这两种斗争的结果。如抗感染（防卫机能）占优势，则疾病向有利的方向发展；如感染占优势，则疾病将进一步发展、恶化。

1. 机体防御机制

（1）皮肤、黏膜及淋巴结的屏障作用　皮肤及黏膜可以阻止致病菌进入体内，还分泌溶菌酶、抑菌酶来杀灭抑制细菌生长。

（2）血管及血脑屏障作用　血管内皮及管壁可以阻止血内致病菌进入组织。血脑屏障由毛细血管壁、软脑膜及脉络丛等构成，可以阻止致病菌及外毒素等从血液进入脑脊液及脑组织。

（3）体液中的杀毒因素—补体。

（4）吞噬细胞的吞噬作用。

（5）炎症反应和肉芽组织　炎症反应使局部充血、淤血，血浆成分和白细胞渗出，加速消灭致病菌和清除坏死组织。当炎症进入后期或慢性阶段，肉芽组织增生，在炎症和周围健康组织之间构成防卫性屏障，使炎症局限化。

（6）透明质酸　透明质酸可以阻止致病菌沿着结缔组织间隙扩散。

2. 促使外科感染的因素

（1）致病微生物　其中致病菌的数量和毒力作用最为重要，数量越多，毒力越大，发生的机会越大。

（2）局部条件　皮肤黏膜破损促使病原菌进入机体，局部组织缺血缺氧或伤口存在异物、坏死组织、血肿和渗出液均有利于细菌繁殖生长。另外外伤部位、外伤组织和器官的特性、创伤的安静程度、肉芽组织是否健康完整、单一感染还是混合感染、机体状态是否良好均能影响感染的发生以及发展。

（四）外科感染的病理发生过程

外科的病理感染过程是动态的，受致病菌、机体抵抗力和治疗措施等影响，可有 3 种结局：

（1）局限化、吸收或形成脓肿　当动物机体的抵抗力占优势时，感染局限化，有的形成脓肿。

（2）转为慢性感染　动物机体的抵抗力与致病菌致病力处于相持状态，感染病灶局限化，形成溃疡、瘘、窦道或梗结。

（3）感染扩散　致病菌毒力超过机体的抵抗力，感染向四周组织或通过淋巴、血液循环引起全身感染。

（五）外科感染诊断和防治

1. 外科感染诊断

致病菌感染机体后，局部会出现红、肿、热、痛及机能障碍等临床症状。随着病程进一步发展，大量致病菌进入血液，引起明显全身症状，体温升高，心跳和呼吸加快，精神不佳，食欲减退。严重感染、病程长时可继发感染性休克、器官衰竭，甚至败血症等；实验室检查一般均有白细胞计数增加和核左移。B 超、X 光和 CT 检查有助于诊断深部、体腔内脓肿。

2. 外科感染防治

（1）局部治疗目的：使化脓灶局限化、减少坏死和毒素吸收、排脓、促使再生修复。

① 休息和患部制动。

② 外部用药：改善血液循环、消肿、加速感染灶局限化及促使肉芽组织生长。

③ 物理疗法：改善局部血液循环，增强局部抵抗力，促使炎症吸收及感染的局限化。

④ 手术治疗：包括脓肿切开术和感染病灶的切除。

（2）全身治疗

① 抗菌药物　用药原则：尽早分离、鉴定病原菌并做药敏试验，值得注意的是抗生素疗法不能取代其他治疗方法，对严重外科感染必须采取综合性治疗措施。

药物选择：

葡萄球菌——轻度：青霉素、复方磺胺甲基异噁唑、红霉素、麦迪霉素等；重症：苯唑青霉素或头孢唑啉钠与氨基糖苷类。其他抗生素不能控制：万古霉素。

溶血性链球菌——首选青霉素、头孢唑啉等。

大肠杆菌及其他肠道革兰氏阴性菌——氨基糖苷类、喹诺酮类或头孢唑啉等。

绿脓杆菌——首选哌拉西林，另外环丙沙星、头孢他啶及头孢哌酮。

类杆菌及其他核状芽孢杆菌——甲硝唑为首选。

② 支持疗法：补充水、电解质及碳酸氢钠，应用葡萄糖疗法可以补充糖源以增强肝脏的解毒机能和改善循环。注意饲养管理，提高机体抗病能力。

③ 对症调整 pH 值、电解质平衡：营养、支持、补液、强心、利尿。

二、开放性与非开放性损伤

（一）创伤定义

创伤是指锐性外力或强烈的钝性外力作用于机体组织或器官，使受伤皮肤或黏膜出现伤口及深在组织与外界相通的机械性损伤。

创伤一般由创围、创缘、创口、创腔、创面及创底组成。创围指围绕创口周围的皮肤或黏膜创缘为受伤的皮肤（黏膜）及其下方的疏松结缔组织部分；创口为创缘之间的空隙；创腔为创伤创口以内的缺损部分，深长而窄细的称创道；创面是指创伤的表面。较深的创伤形成创壁；创底为创伤的底部。

（二）创伤的症状

1. 出血

出血量决定于受伤部位，组织损伤程度，血管损伤和血液凝固性。

2. 创口裂开

创口因受伤组织断离和收缩而引起。

3. 疼痛及机能障碍

疼痛时因感觉神经受损或炎性激发所致。疼痛的程度取决于受伤的部位、组织损伤的症状、动物种属和个体差异。因疼痛和受伤部位的解剖学结构被破坏，常出现肢体的机能障碍。

（三）创伤的种类及临床特征

1. 按创伤后经过的时间分

（1）新鲜创 伤后时间较短，组织能识别。虽有污染，但未感染（8h 之内）。

（2）陈旧创 伤后时间长，组织不易识别有感染，有的排脓，有肉芽组织。

2. 按创伤的有无感染分

（1）无菌创 无菌手术创。

（2）污染创 创伤被细菌异物感染，细菌未侵入组织深部发育繁殖，也未呈现致病作用。

（3）感染创 进入创内的致病菌大量繁殖，对机体呈现致病作用，使病部组织出现感染症状。

3. 按致伤物的性状分

（1）刺创 创口小，创道狭而长，并发生内出血或组织内血肿，后感染化脓，形成窦道。

（2）切创、砍创 刀类，玻璃片等切割组织发生的损伤。

（3）挫创 是由钝性外力的作用（如打击、冲撞）或动物跌倒在硬地上所致的组织损伤。挫创的创形不整，出血量少。创内常存有创囊及血凝块。创伤多被尘土、砂石、粪块污染，易感染化脓。

（4）裂创 是由钩、钉等钝性牵引作用，使组织发生机械性牵张而断裂的损伤。创形不规整，组织发生撕裂或剥离，创内深浅不一，创壁及创底凹凸不平，出血少，疼痛剧烈，易发生坏死或感染。

（5）压创 由车轮碾压或重物挤压所致的组织损伤。创形不整，存有大量挫灭组织、压碎的肌腱碎片、粉碎骨片，出血少，感染严重，易化脓。

（6）搔创 被猫、犬搔抓所致。

（7）缚创 由于用绳绑带、缚捆时引起的。

（8）咬创 由牙咬所致的组织损伤。

（9）毒创 被毒蛇、毒蜂蜇刺等所致的组织损伤。

（10）复合创 具备上述两种以上的创伤的特征。

（11）火器创 由枪弹或弹片所造成的开放性损伤。

（四）创伤愈合过程与愈合分类

1. 创伤愈合过程

各种组织的损伤修复情况虽有所不同，但其演变过程基本上是一致的，均经历3个既相互区分又相互联系的阶段。

（1）局部炎症阶段 在创伤后立即发生，常可持续3~5d。主要是血管和细胞反应、免疫应答、血液凝固和纤维蛋白溶解，目的在于清除损伤和坏死的组织，为组织再生和修复奠定基础。

（2）细胞增殖分化和肉芽组织生成阶段 局部炎症开始不久，即有新生细胞出现。成纤维细胞、内皮细胞等增殖、分化、迁移，分别合成、分泌组织基质（主要为胶原）和形成新生血管，并共同构成肉芽组织。浅表的损伤一般通过上皮细胞的增殖、迁移，覆盖创面而修复。但大多数软组织的损伤则需要通过肉芽组织生成的形式来完成。

（3）组织塑形阶段 经过细胞增殖和基质沉积，受伤组织可达到初步修复，但新生组织如纤维组织，在数量和质量方面并不一定能达到结构和功能的要求，故需要进一步改构和重建。主要包括胶原纤维交联增加、强度增加；多余的胶原纤维被胶原蛋白酶降解；过度丰富的毛细血管网消退和创口的黏蛋白及水分减少等。

2. 创伤愈合分类

（1）一期愈合 组织修复以原来的细胞为主，仅含少量纤维组织，局部无感染、血肿或坏死组织，再生修复过程迅速，结构和功能修复良好。多见于组织损伤小、创缘整齐、无感染、炎症反应轻的创口。这种创口愈合快，瘢痕组织少。

（2）二期愈合 以纤维组织修复为主，不同程度地影响结构和功能修复。多见于组织缺损严重、范围大、坏死组织多、创缘不整齐，且伴有感染和严重炎症反应的创口。只有控制感染，清除坏死组织和异物，修复才能开始。因创腔大，需大量肉芽组织填充创腔。这种创口愈合时间长，瘢痕组织多。

（3）痂皮下愈合　以新生上皮修复为主。常见于皮肤浅表性损伤，如擦伤、轻度烧伤等。这种伤口表面有小血管破裂、出血及渗出液，并凝固干燥结痂，覆盖在伤口表面。痂皮下面伤口边缘的表皮再生并向伤口延伸。

（五）创伤治疗一般原则

1. 治疗的一般原则
（1）抗休克。
（2）预防感染。
（3）纠正水与电解质的失衡。
（4）消除影响创口愈合的因素。
（5）加强饲养管理。

2. 基本方法
（1）创围清洁法　目的是防止创伤感染，促进创伤愈合。剪毛、冲洗、消毒。
（2）创面清洗法　生理盐水或消毒水冲洗创面后，去除创面异物、血凝块再冲洗，后用灭菌纱布块轻轻擦拭创面，除去创内残余液体和污物。
（3）清创手术　去除创内所有失活组织、异物、血凝块，保证排液畅通。
（4）创伤用药　目的在于防治创伤感染，加速炎症消退，促进肉芽组织和上皮再生。根据创伤的形状、感染性质、创伤修复阶段选择用药。早期用抗菌药，后用防腐生肌散（枯矾、陈石灰各 30g，没药、煅石膏各 24g，血竭、香乳各 15g，铅丹、冰片、轻粉各 3g，共研细末，过筛装瓶）。
创伤用药的方法：撒布法（将粉剂均匀撒在创面）；贴敷法（将膏剂和粉剂厚层放置在数层灭菌纱布上，再贴敷在创面，用绷带固定，碘仿磺胺粉（1∶9）、碘仿硼酸粉（1∶9）；涂布法（将液体药剂涂布于创面，如碘甘油、龙胆紫）；灌注法（将挥发性或油性药剂注入创道或创腔中）。
（5）创伤缝合　对无严重感染，创缘及创壁完整，且具有生活力，缝合后不影响局部循环的创口可实施缝合。
初期缝合：对受伤后数小时的清洁创或经彻底外科处理的新鲜污染创实施缝合。缝合后如出现剧烈肿胀、体温升高时，说明创伤感染，应及时部分或全部拆线。
延期缝合：对创伤先用药物治疗 3~5d，无感染后再实施缝合。
二次缝合：又称肉芽创缝合。对无坏死组织、肉芽组织呈红色颗粒状，肉芽组织上覆少量脓汁，无厌氧菌存在的肉芽创，经适当外科处理后进行的缝合。
（6）创伤引流法　创腔深、创道长、创内有坏死组织或创底潴留渗出物时，可用引流法将其引流出创外。
引流工具：纱布、有孔胶管。
药物：碘酊、魏氏流膏。
（7）创伤包扎　新鲜则包扎，化脓后开放。
（8）全身疗法　用抗生素防止继发感染；支持疗法主要是维持水、电解质和酸碱平衡，保护重要器官功能，并给与营养支持。

（六）常见软组织非开放性损伤

1. 挫伤

是机体在钝性外力直接作用下，引起组织的非开放性损伤。

【病因】动物受到棍棒打击、踢蹴、冲撞、挤压、跌倒或滑倒在硬地上等钝性外力作用下，因皮肤的韧性强，其完整性虽然没有遭到破坏，但皮下组织却发生不同程度地损伤。

【症状】患部皮肤有轻微的伤痕，如擦伤、被毛脱落。挫伤的症状为溢血、肿胀、疼痛和机能障碍等。

溢血：血管破裂，血液积聚在组织中。局部呈青、紫色。

肿胀：局部组织炎症，血液和淋巴液侵润引起。

疼痛：神经末梢受损或渗出液压迫所致。

【治疗】制止溢血、镇痛消炎、促进肿胀的吸收，防治感染，加速组织的修复能力。病初冷敷，2d后局部热敷或理疗，涂擦刺激药物，如红花油、5%鱼石脂软膏或复方醋酸铅散，利于消肿。

2. 血肿

是由于各种外力作用，导致皮下或深部组织血管破裂，溢出的血液分离周围组织形成充满血液的腔洞。

【症状】肿胀迅速增大，肿胀呈明显的波动。4～5d后肿胀周围坚实，有捻发音，中央部有波动。局部增温。穿刺有血液。血肿感染可形成脓肿。

【治疗】制止溢血，防止感染和排除积血。血肿发生24h内，局部剃毛消毒，用冷却疗法并装置压迫绷带，同时配合应用止血药。4～5d后，对较小的血肿可经无菌穿刺抽出积血后，装压迫绷带。对于较大血肿，可施无菌切开，清除积血及挫灭组织，用灭菌生理盐水清洗创腔，并安置引流管或引流条，其创口缝合或开放疗法。

三、外科休克

休克是一种有效循环血量锐减、微循环障碍、组织血液灌注不足和细胞缺氧的临床综合征。临床上表现急性有效循环衰竭和中枢神经系统机能活动降低。

【病因及分类】大量失血与失液、严重创伤、烧伤、重度感染、急性心功能障碍、过敏、强烈的神经刺激及损伤均可引起休克。

根据发生的原因，休克可分为以下几种：

（1）失血性休克　多见于严重创伤引起大血管破裂、物体撞击或坠落时心脏（肝、脾、肾）损伤引起的大出血或手术不慎造成的大血管出血等。因大出血，血容量锐减而引起休克。严重呕吐、腹泻、肠梗阻等引起严重脱水，使有效血容量减少，也可引起休克。

（2）感染性休克　常因败血症、大面积烧伤、皮肤感染创、子宫积脓及化脓性腹膜炎等引起严重感染，产生大量毒素所致。

（3）过敏性休克　动物可以对某些化学物质（如青霉素、血清制剂等）产生过敏反应而发生休克。当过敏源进入患病动物体内后，在体内形成抗体（IgE），并附着在某些细胞的膜上（如肥大细胞、嗜碱性粒细胞），使机体处于致敏状态。当抗原再次进入体内时，抗原和膜上的抗体结合，使细胞释放出组胺、5-羟色胺等活性物质。这些物质引起的血管扩张、血管壁通透性增高、血浆渗出、有效循环量减少而发生休克。

（4）心源性休克　可由心肌炎、急性心瓣膜机能障碍（如乳头肌断裂）、心肌梗塞等引起心脏泵血机能急剧降低所致，表现为心输出量降低、动脉血压下降、外围阻力增高，常伴有心静脉压增高。

（5）神经源性休克　可由严重外伤引起剧烈疼痛、高位脊髓麻醉或损伤等原因引起。发病机理为外周血管扩张，引起有效血量减少（血液淤积在扩张的血管腔内），以致出现休克。

【病理生理】

1. 休克分期

（1）休克早期（休克代偿期）　在休克早期由于血容量和血压降低，交感-肾上腺髓质系统兴奋，使心跳加快、心排出量增加以维持循环相对稳定。由于微血管系统儿茶酚胺等激素的影响发生强烈收缩，毛细血管前阻力显著增加，同时大量真毛细血管网关闭。开放的毛细血管减少，此时微循环内血流速度显著减慢。毛细血管血流限于直接通路，动静脉吻合支开放，组织灌流量减少，出现少灌少流，灌少于流的情况，若能在此时去除病因，休克较易得到纠正。

（2）休克期（代偿不全期）　本期的特点是原先的组织灌注不足而缺氧，乳酸类代谢产物蓄积及组胺、缓激肽释放，引起毛细血管前括约肌舒张，而后括约肌则因对其敏感性降低仍处于收缩状态，使大量血液淤积在微循环中，导致有效循环血量进一步降低，心排出量继续下降，心、脑器官灌注不足，组织酸中毒，休克加重而进入抑制期。

（3）休克晚期（微循环衰竭期）　若病情继续发展，便进入不可逆性休克。瘀滞在微循环内的黏稠血液在酸性环境中处于高凝状态，红细胞和血小板聚集在血管内形成微血栓，甚至引起弥散性血管内凝血。

2. 细胞代谢的改变和细胞损伤

（1）细胞有氧氧化障碍　组织缺氧时，细胞内优先利用葡萄糖酵解来提供能量，结果乳酸生成增多，这是细胞内外液酸中毒的主要原因。严重的酸中毒引起休克恶化，使 DIC 发生，使血浆钾浓度升高进而使心肌收缩性减弱。

（2）细胞的损伤　ATP 不足时，细胞上钠泵（$Na^+ - K^+ - ATP$ 酶）机能失常，因而细胞钠离子增加而细胞外钾离子增多，从而导致细胞水肿和高钾血症。缺氧、细胞内酸中毒等也可使溶酶体膜破裂，从而使溶酶释放，溶酶体酶向胞浆、体液和血液释放的结果将引起心肌抑制因子等肽类休克因子的产生和细胞的损伤甚至细胞死亡。

3. 内脏器官的继发性损害

（1）肺　一般在休克后期，患病动物可发生急性呼吸机能不全，是引起死亡的一个重要原因。由急性呼吸机能不全而死亡的肺称"休克肺"。其形态特征为间质和肺泡出血、水肿、肺不张及肺泡内透明膜形成。

（2）肾　休克一开始，肾脏就由于其血管收缩，使肾小球滤过率降低，尿量减少。随着休克的发生，患病动物可发生急性肾机能不全，出现少尿或无尿，代谢产物在体内蓄积，是休克死亡的原因之一。

（3）脑　脑缺氧、酸中毒，继发性脑水肿，颅内压增高。

（4）心　心肌缺血性损害（主要为缺氧和酸中毒）。

（5）胃肠道　胃肠道等内脏、皮肤、骨骼肌血管收缩，以供应心、脑重要生命器官灌注；细菌及毒素移位（经淋巴管和门静脉）。

（6）肝　缺氧、缺血、血液瘀滞；肝小叶中央坏死，中央静脉内有微血栓。

【症状】根据休克病程演变，休克可分休克代偿期和休克抑制期。

（1）休克代偿期　又称休克初期。动物表现兴奋不安，心率加快，心音减弱，呼吸次数增加，黏膜苍白等。此期时间较短。

（2）休克抑制期　又称休克期。此期精神抑郁，四肢发凉，肌肉无力，毛细血管充盈时间延长，血压下降，心动过速，脉搏细速，呼吸困难，尿量减少或无尿，黏膜发绀。口渴，呕吐，饮食欲绝。反应迟钝，瞳孔放大，甚或出现昏迷，如不及时抢救易发生死亡。

在感染性休克前或代偿期，动物出现体温增高、寒战的症状。

【诊断与检测】根据临床症状诊断并不困难。重要的是要作出早期诊断。要点是凡遇到严重外伤、大量出血、重度感染以及过敏或心脏病患者，应想到并发性休克的可能；临床观察中，对于有兴奋、心率加快、呼吸次数增加、黏膜苍白等症状者，应疑有休克；若动物出现精神沉郁、反应迟钝、黏膜发绀、心动过速、呼吸困难和尿少者，则标志动物已进入休克抑制期。

休克的监测内容包括临床体检（可视黏膜颜色、毛细血管充盈时间、心率、呼吸率和体温）、血压、尿量、中心静脉压、心输出量和血气等。通过监测不但可以了解动物病情变化和治疗反应，并为调整治疗方案提供客观依据。

（1）毛细血管充盈度　用手指轻压齿龈或舌边缘，观察松压后血流充盈时间。正常犬猫毛细血管充盈时间为 1s。在休克状态，其充盈时间超过 2s。

（2）测定心率　心率快，犬一般均超过 150 次/min。

（3）测定血压　在休克初期，因血管剧烈收缩血压可维持接近正常水平，休克期则下降。正常犬猫的血压为 12 ~ 18.67kPa（90 ~ 140mmHg）。

（4）测定体温　除某些特殊情况升高外，一般休克时低于正常体温。

（5）测定中心静脉压　中心静脉压的变化一般比动脉压为早，持续观察其数值可了解血液动力学变化。

（6）尿量测定　尿量能反映肾灌流情况，故也反映生命器官血流情况，可安导尿管，观察每小时尿量，正常犬、猫每小时尿量为 0.5 ~ 1.0mL/kg。每小时尿量少于 0.5 ~ 1.0mL/kg，提示肾血流不足，即全身血容量不足，如无尿，则表示肾血管痉挛，血压急剧下降。

【治疗】治疗原则：消除病因，改善血液循环，提高血压，恢复新陈代谢。

（1）消除病因　出血性休克，关键是止血，补充血容量；中毒性休克要尽快消除感染源，对化脓灶、脓肿、蜂窝织炎要切开引流；同时进行体内酸碱、电解质平衡的调整。

（2）补充血容量　是纠正休克引起的组织低灌注和缺氧的关键。及时补充血浆、生理盐水、右旋糖酐等，可以提高血液携氧能力，降低血液黏稠度，改善微循环。

原则：先晶后胶、首选晶体（NS、林格氏液、乳酸林格氏液）；

胶体：全血、血浆、压积红细胞、白蛋白等。

（3）皮质激素疗法　可选用肾上腺皮质激素，如强的松龙或地塞米松。

（4）纠正酸中毒　轻度酸中毒，可直接静注生理盐水，严重时可用碳酸氢钠。

（5）抗感染　外伤休克常合并有感染，因此在治疗休克的同时应用大量抗生素，也可适当配合应用皮质激素。

四、骨折

（一）骨折的病因

1. 外伤性骨折

（1）直接暴力　骨折发生在打击、挤压、火器伤等各种机械外力直接作用的部位。小动物常见于车祸、高处跌落或外力打击。

（2）间接暴力　指外力通过杠杆、传导或旋转作用而使远处发生骨折。如奔跑中扭闪或急停、滑倒等，可发生四肢长骨、髋骨或腰椎的骨折；因营养或缺乏锻炼等原因，在有落差的山地上奔跑、跳远时，偶有四肢长骨的骨折现象。

（3）肌肉过度牵引　肌肉突然强烈收缩，可导致肌肉附着部位骨的撕裂。

2. 病理性骨折

是有骨质疾病的骨发生骨折。如患有骨髓炎、佝偻病、软骨病、衰老以及某些遗传性疾病，如四肢骨关节畸形或骨关节发育不良等，这些处于病理状态下的骨，疏松脆弱，应力抵抗降低，有时遭受不大的外力，也可引起骨折。

（二）骨折分类

1. 按骨折病因分

有外伤性骨折和病理性骨折。

2. 按皮肤是否破损分

可分为闭合性骨折（骨折部皮肤或黏膜无创伤，骨断端与外界不相通）和开放性骨折（骨折伴有皮肤或黏膜破裂，骨断端与外界相通。此种骨折病情复杂，容易发生感染化脓）。

3. 按有无合并损伤分

分为单纯性骨折（骨折部不伴有主要神经、血管、关节或器官的损伤）和复杂性骨折（骨折时并发邻近重要神经、血管、关节或器官的损伤。如股骨骨折并发股动脉损伤，骨盆骨折并发膀胱或尿道损伤等）。

4. 按骨折发生的解剖部位分

可分为骨干骨折（发生于骨干部的骨折，临床上多见）和骨骺骨折（多指幼龄动物骨骺的骨折，在成年动物多为干骺端骨折）。

5. 按骨损伤的程度和骨折形分

可分为不全骨折（骨的完整性或连续性仅有部分中断，如发生骨裂或幼畜的轻度骨折）和全骨折（骨的完整性或连续性完全被破坏，骨折处形成骨折线。根据骨折线的方向不同，可分为横骨折、纵骨折、斜骨折、螺旋骨折、嵌入骨折、穿孔骨折等）。

（三）骨折的愈合

1. 骨折痊愈过程

骨折愈合是骨组织破坏后修复的过程，可人为的分为 3 个阶段，这 3 个阶段是一个逐渐发展和相互交叉的过程，不能截然分开。

（1）血肿激化演进期

（2）原始骨痂形成期

（3）骨痂改造塑形期

2. 影响骨折愈合的因素

（1）全身因素　患病动物的年龄和健康状况与骨折愈合的快慢直接相关。年老体弱、营养不良、骨组织代谢紊乱，均可使骨折的愈合延迟。

（2）局部因素

①血液供应　骨膜在骨折愈合过程中起决定性作用，由于骨膜与其周围肌肉共受同一血管支配，为了保证形成骨痂的血液供应，软组织的完整非常重要。

②固定　复位不良或固定不妥，过早负重，可能导致骨折端发生扭转、成角移位等不利于愈合，使断端的愈合停留于纤维组织或软骨而不能正常骨化，造成畸形愈合或延迟愈合。

③骨折断端的接触面　接触面越大，愈合时间越短。如发生粉碎性骨折，骨折移位严重而间隙过大，骨折间有软组织嵌入，以及出血和肿胀严重等，均影响骨折的愈合，有时可以出现病理性愈合。

④感染　开放性骨折、粉碎性骨折或使用内固定容易继发感染，若处理不及时，可发展为蜂窝织炎、化脓性骨髓炎、骨坏死等，导致骨折延迟愈合或不愈合。

（四）骨折的临床症状

1. 骨折的特有症状

（1）肢体变形　骨折两断端因受伤时的外力、肌肉牵拉力和肢体重力的影响等，造成骨折端的移位。骨折后的患肢呈弯曲、缩短、延长等异样姿势。

（2）异常活动　正常情况下，肢体完整而不活动的部位，在骨折后负重或做被动运动时，出现弯曲、旋转等异常活动。

（3）骨摩擦音　骨折两断端相互触碰，可听到骨摩擦音，或有骨摩擦感。但在不全骨折、骨折部肌肉丰厚、局部肿胀严重或断端嵌入软组织时，通常听不到。

2. 骨折的其他症状

（1）出血与肿胀　骨折时骨膜、骨髓及周围软组织的血管破裂出血，经创口流出或在骨折部发生血肿，加之软组织水肿，造成局部显著肿胀。

（2）疼痛　骨折后骨膜、神经受损，患病动物即刻感到疼痛，疼痛的程度常随动物种类、骨折部位和性质，反应各异。

（3）功能障碍　骨折后因肌肉失去固定的支架，以及剧烈疼痛而引起不同程度的功能障碍，都在伤后立即发生。如四肢骨骨折时突发重度跛行。

3. 全身症状

轻度骨折一般全身症状不明显。严重的骨折伴有内出血、肢体肿胀或者内脏损伤时，可并发急性大失血和休克等一系列综合症状；闭合性骨折于损伤 $2\sim3d$ 后，因组织破坏后分解产物吸收或继发细菌感染可引起体温升高、局部疼痛加剧和食欲减退等。

（五）骨折的诊断

根据外伤史和局部症状，一般不难诊断。但确诊需进行 X 射线检查。X 射线检查不仅可确定骨折类型的程度，而且还能指导整复、监测愈合情况。摄片时一般摄正、侧两个方位。

（六）骨折的治疗

【急救】限制动物活动，维持呼吸畅通（必要时作气管插管）和血环容量。如开放性骨折大量血管损伤，应在骨折部上端用止血带，或创口填塞纱布控制出血，防止休克，检查发现有威胁生命的组织器官损伤，如膈疝、胸壁透创、头、脊柱骨折等，应采取相应的抢救措施。包扎骨折部伤口，减少污染，临时夹板固定，再送医院治疗。

【治疗】

1. 闭合性整复与外固定

骨骺骨折、肘、膝关节以下的骨折经手整复易复位者，可施加一定的外固定材料进行固定。闭合性整复应尽早实施，一般不晚于骨折 24h，以免血肿及水肿过大影响整复。整复前动物应全身麻醉配合镇痛或镇静，确保肌肉松弛和减少疼痛。整复时术者手持近侧骨折段，助手纵轴牵引远侧段，保持一定的对抗牵引力。使骨断端对合复位，有条件者，可在 X 射线透视监视下进行整复。整复完成后立即进行外固定。常用夹板、罗伯特·琼斯绷带、石膏绷带、金属支架等。固定部位剪毛、衬垫棉花。固定范围一般应包括骨折部上、下两个关节。

2. 开放性整复与固定

包括开放性骨折和某些复杂的闭合性骨折，如粉碎性骨折、嵌入骨折等。该方法能使骨断端达到解剖对位，促进愈合。根据骨折性质和不同骨折部位，常选用髓内针、骨螺钉、接骨板、金属丝等材料进行内固定。为加强固定，在内固定之后，配合外固定。新鲜开放性骨折或新鲜闭合性骨折作开放性处理时，应彻底清除创内凝血块、碎骨片。骨断端缺损大，应做自体骨移植（多取自肱骨或髂骨结节网质骨或网质皮质骨），以填充缺陷，加速愈合。对陈旧开放性骨折，应按感染创处理，清除坏死组织和死骨片，安置外固定器或用石膏绷带固定，保留创口开放，便于术后清洗。

【术后护理】

①全身应用抗生素预防或控制感染；

②适当应用消炎止痛药，加强营养，饮食中补充维生素 A、维生素 D、鱼肝油及钙剂等；

③限制动物活动，保持内、外固定材料牢固固定；

④医嘱畜主适当对患肢进行功能恢复锻炼，防止肌肉萎缩、关节僵硬及骨质疏松等；

⑤外固定时，术后及时观察固定远端如有肿胀、变凉，应解除绷带，重新包扎固定；

⑥定期进行 X 光射线检查，掌握骨折愈合情况，适时拆除内、外固定材料。

五、外科手术基本常识

（一）手术的分类、组织与分工

1. 手术分类

（1）根据手术的缓急程度分

急救手术：指病情迅速变化，直接威胁患病动物生命而需立即实行手术。

紧急手术：也称急症手术，指病情的发展危急患病动物的生命，必须及时手术。

限期手术：指手术时间可以选择，但有一定时间限制，不宜过长。

择期手术：又称非紧急手术，指病情发展缓慢的手术或健康动物的手术，如母犬、母猫卵巢子宫摘除术，公犬、公猫去势术、截爪术。可选择合适时间手术。

（2）根据手术本身的性质和远期疗效分

根治性手术：只用手术方法完全切除病变组织或器官而使疾病根治。

姑息性手术：指不能完全或直接切除病变、只能减轻症状或延长患者生命的手术。

（3）根据手术有无细菌污染分

无菌手术：指手术的全过程均在无菌条件下进行，手术部位的病变组织没有感染或污染，伤口可获一期愈合。

污染手术：指手术过程的某一阶段，手术区有被污染的可能，如胃肠道、胆管等空腔脏器的手术。

感染手术：指手术部位有感染或化脓。

2. 组织与分工

手术人员为统一的整体，在手术过程中既要有明确的分工以完成各自的任务，又必须做到密切配合以发挥整体的力量，共同完成手术。参加手术人员的基本分工如下：

（1）术者（主刀）　手术时执刀人，是手术班子的主要组织者、操作者。

（2）第一助手　术前查对动物，摆好手术体位，应先于术者洗手，负责手术区域皮肤的消毒与铺巾。手术时站在手术者的对面，配合术者显露术野、止血、结扎等。手术完毕后负责包扎伤口。负责手术后动物的处理医嘱，也可在术者授权后完成手术记录。

（3）第二助手　根据手术的需要，可以站在术者或第一助手的左侧。负责传递器械、剪线、拉钩、吸引和保持术野整洁等工作。

（4）器械助手　最先洗手，在手术开始之前，清点和安排好手术器械。在手术过程中，器械助手一般站在术者右侧，负责供给和清理所有的器械和敷料，术者缝合时，将针穿好线并正确的夹持在持针钳上递给术者。器械助手尚需了解手术方式，随时关注手术进展，默契适合的传递手术器械。此外，在手术结束前，认真详细的核对器械和敷料的数目。

（5）麻醉师　负责取、送动物。实施麻醉并观察和管理手术过程中动物的生命活动，如呼吸或循环的改变。如有变化应立即通知术者并设法急救。

（6）巡回助手　负责准备和供应工作。摆好动物体位并保定动物，打开手术包，准备手套，协助手术人员穿好手术衣，随时供应手术中需要添加的物品。清点、记录与核对手术器械、缝针和纱布，负责手术污染物的处理及手术室的清洁和消毒等。

（二）术前准备

一旦确定手术，即要进行必要的术前准备，术前准备包括4部分，即：动物的准备、手术器械及物品的准备、手术人员的准备、手术场所的准备。

1. 动物的准备

（1）动物检查、住院和禁食、禁饮　一般则期手术的动物，应提前一天住进动物医院，以便对动物作进一步观察和估价，也有利于动物适应医院的环境。对病情严重者，不能急于手术，应住院治疗一段时间，待病情缓和，各系统功能与状态良好再进行手术；术前，动物禁食12h，如系胃肠手术，应禁食24h，术前禁饮4h。

（2）动物术部准备　包括术部除毛、消毒和术部隔离。

①术部除毛　被毛浓密易沾染污物，并藏有大量微生物。因此，手术前必须用肥皂清水刷洗术部周围大面积的被毛。术部剃毛范围要超出切口周围 10~15cm。应逆毛而剪，顺毛而剃。术部消毒采用二次消毒法，即先用 2% 碘酊消毒，再用 7% 酒精脱碘，或用 10% 聚乙烯吡酮碘（碘伏）消毒。若为无菌手术，消毒时应由手术区中心部向周围涂擦，若为感染创面，则由外周清洁处向中心患部涂擦。

口腔、鼻孔、阴道等黏膜消毒不可用碘酊，可用 0.1% 新洁尔灭、0.1% 高锰酸钾；眼结膜用 2%~4% 硼酸溶液。

②术部隔离　一般用四块大的灭菌手术巾依次围在切口线四周（仅露出接口部位），用巾钳将其固定在动物皮肤上。切开皮肤后，用缝线或 U 字形手术钉将皮肤与手术巾临时固定在一起。棉质手术巾在潮湿或吸收创液后即降低其无菌隔离作用，故在覆盖手术巾之前，最好先加一块非吸湿性灭菌塑料薄膜或胶布。手术巾要足够大，要将整个手术台连同机械台覆盖。

2. 手术器械及物品的准备（同前）

3. 手术人员的准备（同前）

4. 手术室的准备

（1）手术室的条件　手术室分为手术间和手术准备间。手术间以 20~30m^2 为宜，其内设置手术台、器械台、无影灯、麻醉机、呼吸机、监护仪、真空吸引器等各一个。另备有手术垫、沙袋、水或隔热毯等。手术间要安排冷热空调机，大的医院应安装中央空调，保持室内适宜的温度（20℃~25℃），并要求高度的清洁和良好的通气。手术间的地面应为水泥防滑地面，墙壁最好用瓷砖贴上。

手术准备间以 15~20m^2 为宜，其内放置常用手术器械及敷料橱和装备洗手、消毒设备等。

（2）手术间的消毒　每次手术完毕后，应彻底擦拭手术台和地面，清除污液、敷料和杂物等。其手术台、器械台和地面等可洒布 2% 来苏尔或 5% 碘伏溶液，30min 后清扫和清拭。手术室内应定期进行空气消毒。通常用甲醛－高锰酸钾烟熏消毒法。每立方米空间用 20% 甲醛 20mL，加高锰酸钾粉 2g 于甲醛溶液内，稍加搅拌，立即蒸汽熏蒸，密闭门窗 2h 后再打开通风。也可采用紫外线消毒手术室空间。通常以每平方米地面面积使用紫外线电功率 1~2W 计算，照射 2h，照射距离不超过 2m。

（三）术中注意事项

1. 手术中的无菌原则

在手术过程中，虽然器械和物品都已灭菌、消毒，手术人员也已洗手、消毒，穿戴无菌手术衣和手套，手术区又已消毒和铺无菌手术巾，为手术提供了一个无菌操作环境。但是，在手术进行中，如果没有一定规章来保持这种无菌环境，则已经灭菌和消毒的物品或手术区域仍有受到污染和引起创口感染的可能。有时因此而使手术失败，甚至影响患病动物的生命。手术无菌操作原则包括：

（1）手术人员穿无菌手术衣和带无菌手套后，手不能接触背部、腰部以下和肩部以上部位，不能接触手术台边缘以下的手术巾。

（2）不可在手术人员的背后传递器械及手术用品。

（3）非洗手人员不可接触已消毒灭菌的物品。

（4）洗手人员面对面，面向消毒的手术区域，不能接触已消毒的物品。

（5）如手套破损或接触到有菌的地方，应另换无菌手套。如怀疑消毒物品受到污染应重新消毒后再使用。落到地上或手术台以外的器械物品，不准拾回再用。

（6）无菌手术巾如已被浸湿，应及时更换手术巾，否则可将细菌从有菌区域带到消毒物的表面。

（7）切开空腔脏器之前，应先用纱布垫保护周围组织，以防止或减少污染。

（8）手术人员和参观人员尽量减少在手术室内走动，参观人员不宜过多，2～3人为宜，并穿工作服、戴口罩和帽子。

（9）手术进行时不应开窗透风或用电扇，室内空调机风口也不能吹向手术台，以免扬起尘埃，污染手术室内空气。

2. 手术中微创原则

（1）选择适当的手术切口　不同类型的切口选择会影响创口的愈合。手术切口的选择应能充分显露术野，便于手术操作，又要尽量减少组织损伤，最大限度的恢复功能和外观。在保证能较好完成手术治疗的前提下，可适当缩小切口。

（2）精细分离组织　手术分离分钝性分离和锐性分离两种。手术过程中，要根据局部解剖特点和病变性质，正确运用两种分离方法，逐层分离，结构清楚，以取得最佳分离效果。手术显露过程动作要轻柔，避免使用暴力或粗鲁的动作牵拉压迫，导致组织挫伤、失活。

（3）严密保护切口　为防止术后切口感染，除遵循无菌原则外，打开切口后，用大的盐水纱布保护切口两缘及暴露的皮肤，对避免腹腔内感染病灶污染切口有帮助。关闭切口前，用等渗生理盐水冲洗、吸干，以防细菌、组织碎片、血凝块等残留创内，也是预防感染的重要手段。

（4）创内彻底止血　为保持术野清晰和减少失血量，术中要严格制止出血。对于毛细血管和小血管出血，可用高频电刀止血，大的血管则用结扎止血。为减少伤口中残留异物，在可能的情况下，结扎线越细，结扎组织越少，越有利于创口愈合。

（5）分层缝合组织　创口缝合的时候，应按解剖结构逐层缝合，避免脂肪或肌肉夹在中间，影响愈合。缝合后不能留有死腔，否则血液或体液积聚在里面，有利于细菌生长，导致切口感染。此外，皮肤缝合两边要对合整齐，必要时作皮内缝合，打结时应避免过紧，防止造成组织坏死和影响美观。

（6）不可盲目扩大手术范围　能够用简单手术治愈的疾病，不可采用复杂的手术治疗；能用小手术治好的疾病，不用作大范围手术。

总之，微创是外科操作的基本要求，也是手术治疗的重要原则。初学者一开始就应养成爱护组织的良好习惯。近年来，随着外科医生对微创重要性的认识逐渐加深及现代形象影像系统的发展，出现了以腹腔镜技术为代表的微创外科技术，使外科手术进入了一个崭新的领域。

（四）术后护理与治疗

1. 一般护理

（1）麻醉苏醒　全身麻醉的动物，手术后宜尽快苏醒，过多拖延时间可能导致某些并发症。在吞咽功能未完全恢复之前，绝对禁止饮水、喂饲，以防止误咽。

（2）保温　全身麻醉的动物体温降低，有条件的应将其放入保温箱内，或盖上厚实的被褥，使其尽快恢复常温。

（3）监护　术后24h内严密观察动物的体温、呼吸和心血管变化，若发生异常，要尽快找出原因。

（4）术后并发症　手术后注意早期休克、出血、窒息等严重并发症，有针对性地给予处理。

（5）安静和活动　术后要注意保持安静。能活动的疾病动物，2～3d后就可以进行户外活动，开始时时间宜短，而后逐步增多，以改善血液循环，促进功能恢复，并可促进代谢，增加食欲。虚弱的患病动物不得过早、过量运动，以免导致术后出血，缝线断裂，反而影响愈合。四肢骨折、腱和韧带的手术，开始宜限制活动，以后根据情况适度增加锻炼。四肢骨折内固定手术后，应当作外固定，以确保制动。

（6）对骨折手术，还应定期进行X射线检查，掌握骨骼愈合情况，适时拆除内、外固定材料。外固定材料拆除一般6～7周，内固定材料拆除视动物年龄而定；3个月以下，拆除时间为术后4周；3～6月龄为术后2～3个月；6～12月龄为3～5个月；1岁以上为5～14个月。

2. 预防和控制

手术创的感染决定于无菌手术的执行和患病动物对感染的抵抗能力。术后的护理不当也是发生继发感染的重要原因，为此要保持住院病房干燥，尽可能减少继发感染。对大面积或深创还要防止破伤风感染。为防止动物自伤（咬、啃、舔、摩擦），采用颈圈、侧杆等保定方法施行保护。

抗生素和磺胺类药物对预防和控制术后感染，提高手术的治愈有良好的效果。在术前使用抗生素，手术时血液中含有足够的抗生素的量，并可保持到一段时间，对预防感染有益。应根据药敏试验选择适宜的抗生素治疗，在未做药物敏感试验前，可选用广谱抗生素。

3. 术后患病动物的饲养管理

术后动物要求适量的营养，所以不论术前术后都应注意食物的摄取。

可选择适合于恢复体能的术后食品，食疗是小动物临床上常用的手段之一。消化道手术，一般于24～48h禁食后，给半流体食物，在逐步转变为日常饲喂。对非消化道手术，术后食欲良好者，一般不限制饮食，但一定要防止暴饮暴食，应根据病情逐步恢复到日常用量。

第六章　兽医内科学和兽医诊断学基础知识

兽医临床诊断学是系统研究动物疾病诊断方法和理论的学科。诊断是对动物所患疾病本质的判断。科学的诊断，要求判断疾病的性质、确定疾病的主要侵害器官或部位，以及局部病变对整体的影响，阐明致病的原因和机理，明确疾病的类型、时期及程度。

症状就是在疾病过程中，患病动物所表现的病理异常现象，疾病是机体与一定病因相互作用而发生的损伤与抗损伤的复杂斗争过程。在此过程中，机体的机能、代谢和形态结构发生异常，机体各器官系统之间以及机体与外界环境之间的协调平衡关系发生改变。疾病过程所引起的某些组织和器官的机能紊乱现象，一般称为症状；而表现的形态、结构变化，则多称为体征。这些病理异常现象，通常将机能紊乱与形态和结构的变化，通称为症状。

诊断首先要求正确，因为正确的诊断是有效治疗的先决条件，阐明确切的病原学诊断，可为采取合理、特效的治疗，提供科学的根据和可靠的基础。临床诊断实际工作中，应尽快作出病原学诊断。

一、疾病诊断的概念及其分类

（一）根据诊断所表达的内容的不同，可分为症状诊断、病理形态学诊断、病因诊断、机能诊断和发病学诊断

1. 症状诊断

仅以症状或一般机能障碍所做的诊断，称为症状诊断，如发热、咳嗽、腹泻等。因为同一症状可见于不同的疾病，而且不能说明疾病的性质和原因，所以这种诊断的价值不大，力求不做这类诊断。

2. 病理形态学诊断

根据患病器官及其形态学变化所作出的诊断，称为病理形态学诊断。如溃疡性口炎、支气管肺炎等。这种诊断一般可以指出病变的部位和疾病的基本性质，但仍不能说明疾病的发病原因，对于制定预防措施帮助不大，但作为一般的治疗依据还是适用的。

3. 病因诊断

这种诊断能表明疾病发生的原因，对于疾病防治有很大帮助，如结核病、霉菌性胃肠炎、营养性缺铁性贫血等。

4. 机能诊断

表明某一器官机能状态的诊断，称为机能诊断。如胃酸过少性消化不良、心功能不全等。

5. 发病学诊断

阐明发病机理的诊断，称为发病学诊断或发病机理诊断。这种诊断不但要阐明疾病发生的具体原因，还要说明疾病的发生发展过程，疾病的发生与机体内在矛盾的关系，以及病理过程的趋向和转归。如营养性继发性甲状腺机能亢进、过敏性休克等。发病学诊断，除要求做出疾病的诊断外，还要求做出切口某一个患病动物的诊断，所以它是一种比较完满的诊断。

（二）根据建立诊断的时间，可分为早期诊断和晚期诊断

1. 早期诊断

在发病初期建立的诊断，对于疾病得到早期的防治很重要，尤其是发生传染性疾病时，意义更大，只有建立早期诊断，才能保证及时治疗和隔离消毒，以防疾病扩散传播。

2. 晚期诊断

是指疾病发展到中、后期，甚至尸检时建立的诊断，使疾病的有效防治受到时间上的限制。为使疾病能得到早期诊断和及时治疗，应不断提高诊断技术和水平。

（三）根据建立诊断的手段，可以分为观察诊断和治疗诊断

1. 观察诊断

对有些疾病，一时不能作出诊断，须待一定时间的观察后，发现新的有价值的症状，或获得补充检查结果，才建立的诊断。

2. 治疗诊断

根据特殊疗法是否获得疗效而建立的诊断。如怀疑犬巴贝斯虫感染，应用血虫净治疗收到有效的结果，则可确定诊断。

（四）根据诊断的准确程度，可以分为疑问诊断、初步诊断、最后诊断和待除外诊断

1. 疑问诊断

是指疾病症状不明显，或病性复杂仅基于当时的情况所做出的暂时性的诊断。在以后的观察治疗过程中，或被证实，或被完全推翻，如疑问诊断是错误的，应随时加以纠正。

2. 初步诊断

是在经过病史调查、一般检查及系统检查之后作出的诊断，他是进一步实施诊疗的基础。无论在什么情况下，初步诊断是必要的，否则治疗方案和措施便无从谈起。

3. 最后诊断

是在经过全面检查，排除类似疾病，并通过治疗验证之后所作出的诊断。对于疾病是否治愈，是否死亡，均应作出最后的诊断，以便不断总结经验，提高诊断能力和水平。

4. 待除外诊断

有些疾病缺乏特异性或足够的诊断依据，只有在排除了其他一切可能的疾病后，才能作出的诊断。临床上常用诊断印象的形式作为暂时的诊断，以表示诊断欠完善。

完整的诊断，还应包括推断预后。预后就是对疾病发展趋势及其可能结局的估计。鉴于兽医诊断对象是经济动物和宠物，所以，客观地推断预后，在决定采取合理的防治措施上，具有重要的实际意义。

二、诊断的基本过程

临床诊断的基本步骤一般可以分为 3 个阶段。

第一，调查病史，检查动物，搜集症状资料。首先要接触患病动物，通过调查了解，以搜集关于发病经过、发生规律、可能的致病原因等一系列病史或流行病学资料，应用各种临床基本诊断方法，对患病动物进行全面系统的临床检查，以发现各方面的症状、表现及病理变化；根据具体情况，配合进行某些必要的特殊或辅助检查项目，以取得所需要的某些特殊资料或检验结果。

第二，分析综合全部症状资料，作出初步诊断。对每个症状、每项资料，在审核其真实性的基础上，分析其产生原因，评价其诊断意义；对所有症状，分清主次，并以主要症状为基础，综合相互联系的症状而组成基本症候群，再结合有关发病经过、发生规律、可能的致病原因或条件等资料，考虑提示可能性的假定诊断，并经论证或鉴别过程而作出初步诊断。

第三，实施防治，观察经过，验证并完善诊断。临床判断即可作为制定防治措施的根据，而初步诊断是否正确，还要经过防治实践的效果来检验。

三、兽医诊断学的主要内容

概括地分为 3 个部分。

第一部分：方法学

应用于临床检查的方法，十分复杂，特别是随同科学进步，又有许多新的方法和技术，被广泛应用于临床诊断过程中，归纳起来，可分为如下几类：

（1）对患病动物及环境条件的调查了解，通常可通过主人询问的方式进行，称为问诊。

（2）通过兽医的感官，直接对动物进行客观的观察和检查的方法，称为物理检查法，主要有视诊、触诊、叩诊、听诊和嗅诊。

（3）需要某些特殊的仪器、设备或在特定的实验条件下进行检查、测定或实验的方法，统称为特殊检查法。主要有实验室检查法（如血液、尿液粪便的常规检查和生化分析等）、X 射线检查法（如 X 射线透视或摄影等）、心电图描记法、超声诊断法、内窥镜检查等。

第二部分：症状学

临床检查的目的在于发现并搜集作为诊断根据的症状材料。症状是患病动物所表现的病理性异常现象。熟悉各种动物的正常生理状态，才能发现和识别异常的病理变化。

症状学内容中，首先将描述各种症状的表现和特征，作为发现、识别和判断的根据，更重要的是阐明每个症状产生的原因、条件和机理，并进而联系、提示其诊断意义。

从临床观点出发，对症状可作如下的分类和评价：

（1）全身症状与局部症状　全身症状一般是指机体对病原因素的刺激所呈现的全身性反应。如发热性疾病常呈体温升高，脉搏和呼吸增数，食欲减退，全身无力和精神沉郁等。全身症状的有、无、轻、重，对于判定病性、病情、病程及预后，都可提供有力的参考。

局部症状是指某一组织或器官患病时，局限于病灶区的局部性反应，如肺炎过胸部听诊出现的呼吸性杂音，发炎部位的红肿热痛等。根据局部症状，常可推断患病的组织、器官。

（2）主要症状与次要症状　主要症状是指对疾病诊断有重要意义的症状，例如在心内膜炎时，可以呈现心搏动增强、脉搏快速、呼吸困难、皮下浮肿和心内杂音等症状，其中只有心内杂音可作为心内膜炎诊断的依据，故称为主要症状，其他症状则相对属于次要症状。把疾病的症状分为主要的和次要的，对于建立诊断有极大的帮助。

（3）固定症状与偶然症状　固定症状是指在整个疾病过程中必然出现的症状，偶然症状是指在特殊情况下才能出现的症状。例如，贫血的动物，可视黏膜苍白，食欲减退，倦怠无力，呼吸、脉搏增数，容易疲劳等是必须出现的，属于固定特征；而只有当血红蛋白及红细胞数减少，血液稀薄，携带氧气能力明显降低，未能满足组织的氧供应，即加速血液循环，因此通过增大血流量，产生贫血性杂音，这种杂音在贫血性疾病就属于偶然症状。

（4）典型症状与示病症状　典型症状是能反映疾病临床特征的症状。如胸膜炎的腹式呼吸、胸膜摩擦音、胸部叩诊呈水平浊音。示病症状是指只限于某一种疾病时出现的症状，据此能建立疾病诊断。

（5）综合症候群或综合征　某些症状常依固定的关系而联系在一起，并同时或在同一病理过程中先后出现，称为综合症候群或综合征。症状或综合症候群是提示可能性诊断的出发点和构成诊断的重要依据。全面而确切的症状是取得正确诊断的客观基础。

第三部分：方法论

即建立诊断的方法和原则。建立诊断就是诊断的形成，为了形成正确的诊断，必须经过一定的步骤和运用正确的思考方法。

建立诊断，就是对疾病本质作出正确的判断，而判断是一种逻辑思维过程，建立诊断的方法，通常采用论证诊断法和鉴别诊断法两种。

（1）论证诊断法　论证诊断法就是在检查患病动物所搜集的症状中，分出主要症状和次要症状，按照主要症状设想出一个疾病，把主要症状与所设想的疾病，互相对照印证，如果用所设想的疾病能够解释主要症状，且又和多数主要症状不互相矛盾，便可建立诊断。

（2）鉴别诊断法　鉴别诊断法是先根据一个主要症状或几个重要症状，提出多个可能的疾病，这些疾病在临床上比较近似，但究竟是哪一种，须通过互相鉴别，逐步排除可能性较小的疾病，逐步缩小鉴别的范围，直到剩下一个或几个可能性较大的疾病，也称排除诊断法。

四、建立正确诊断的条件和产生错误诊断的原因

（一）建立正确的诊断条件

对疾病作出正确的诊断，是对动物疾病实施合理有效治疗的基础。要使诊断准确可靠，必须具备以下条件：

1. 充分占有材料

建立正确的诊断，首要充分占有关于患病宠物的第一手资料。为此，要对发病原因，表现的临床症状，以及血液、尿液、粪便的变化，通过病史调查，临床检查，实验室检查，必要时辅助特殊检查，加以全面了解。不能单凭问诊或几个症状，简单地建立诊断。在实际临

床工作中，有时因时间仓促，设备不全和其他条件的限制，或因患病动物亟待处理来不及做细致周密的检查，但决不能强调客观困难，而应积极创造条件，一起占有全部临床资料。关于这方面，系统地、有计划地实施顺序检查，则是达到系统全面而不致遗漏主要症状的捷径。临床上，由于临床检查疏忽而发生误诊的，并非个例。所以，养成顺序检查的习惯是非常必要的。

2. 保证材料客观真实

在检查患病动物、搜集症状时，不能先入为主，或"带着疾病"去搜集症状。搜集症状要如实反映患病动物的情况，避免牵强附会，不能认为有什么样的病史，一定会出现什么样的症状，更不能以为听诊上出现什么情况，叩诊或特殊检查上也一定会出现什么样变化。因为疾病过程是千变万化的，同种疾病并不一定出现相同的症状。虽然在接触到患病动物，尤其在进行了一般检查和某个重点系统检查后，会不断考虑某些怀疑和可能，也允许有某种假设，但这些假设都应建立在科学基础上，并且要有实际根据和比较圆满的解释，尤其不要局限在少数的假定范围内，而应尽可能广开思路，针对所有可能的疾病进行补充检查，以达到建立正确的诊断。

3. 用发展的观点看待疾病

任何疾病都是不断发展变化的，每一次检查，都只能看到疾病全过程中的某个阶段的表现，因此必须在发展变化中看待疾病，就是要确定估价疾病每个阶段所出现症状的意义，按照各个现象之间的联系，根据主要、次要、共性、个性的关系，阐明疾病的本质，既不应把显示的疾病与成熟记载的生搬硬套，也不能只根据各个阶段的症状一成不变的确定诊断。

4. 全面考虑，综合分析

要建立正确的诊断，必须全面考虑，综合分析，合乎逻辑地推理。在提出一组待鉴别的疾病时，应尽可能将全部有可能存在的疾病都考虑在内，以防遗漏而导致错误的诊断，对临床检查结果和实验室检查结果要结合起来分析，既要防止片面依靠实验室检查结果建立诊断，也要避免忽视实验室检查结果的倾向。

（二）产生错误诊断的原因

错误的诊断，是造成防治失败的主要原因，它不仅造成个别动物的死亡或影响其经济价值，而且可能造成疫病蔓延，使群体动物遭受伤害。导致错误诊断的原因多种多样，概括起来可以有以下 4 个方面：

1. 病史不全面

病史不真实，或者介绍简单，或问诊不详细，对建立诊断的参考价值极为有限。如病史不是宠物主人直接提供，或者以宠物主人的主观看法代替真实情况，对过去的治疗经过、用药情况及预防注射等的叙述不具体，以致临床兽医不能掌握第一手资料，从而发生误诊。

2. 条件不完备

由于时间有限，器械设备不全，检查场所不适宜，动物过于骚动，或卧地不起，难以进行周密细致的检查，也往往引起诊断不够完善，甚至造成错误的诊断。

3. 疾病复杂

疾病比较复杂，不够典型，症状不明显，而又忙于作出诊断处理，在这种情况下，建立正确诊断比较困难，尤其对于不常见的疾病和本地区从来没发生过的疾病，由于初次接触，容易发生误解。

4. 业务不熟练

由于缺乏临床经验，检查方法不够熟练，检查不充分，认症能力有限，不善于利用实验室检查结果分析病情，诊断思路不开阔，而导致错误的诊断。

五、兽医临床治疗的基本原则

正确合理的治疗，才能收到预期的良好效果。为了达到有效的治疗目的，必须根据患病犬猫的特点和疾病的具体情况选择适当的治疗方法并组织实施治疗措施。每种疾病都有不同的具体疗法，但是在治疗时都应遵循一些共同的基本原则。

（一）治病必求其本的治疗原则

任何疾病，都必须明确致病原因，并且力求消除病因而采取对因治疗的方法，根据不同的致病原因，采取不同的病因疗法。如对某些传染病，应用特异性生物制剂，可收到特异性治疗效果；对各种感染性疾病，应用抗生素或磺胺类药物进行化学治疗效果较好；对各种原虫病、蠕虫病，应用抗原虫或抗蠕虫药，能确切的达到治疗目的；对一些营养代谢性疾病，给予所需的营养物质或营养性药剂，应实行替代疗法；对某些中毒性疾病，针对病原性毒物进行解毒治疗；对某些适合于进行外科手术治疗的疾病，适时而果断地施行治本的手术疗法。这些都是能取得根治效果的必要手段，因此病因疗法具有重要意义。

在进行病因疗法的同时，并不排斥配合应用必要的其他疗法。有些疾病，病因未明，显然无法对因治疗；有些疾病虽然病因明确，但缺乏对因治疗的有效药物，所以对症治疗仍为切实可行的办法，特别是当疾病过程矛盾转化，某些症状成为致命的主要危险时，及时地对症治疗就更有必要。对于有合并其他疾病或激发休克的病例，积极采取对症治疗、纠正休克，这无疑是临床当务之急。

（二）主要积极的治疗原则

唯有主动积极的治疗，才能及时的发挥治疗作用，防止病情蔓延阻断病程的发展，迅速地而有效地消灭疾病，使患病犬猫恢复健康。

针对宠物的具体情况（种属、品种、年龄等），综合当地疫情及检疫结果，制定常年、定期的检疫，免疫制度及疾病防治办法，如采取定期的预防接种使动物获得特异性免疫力，预防某些传染病的发生与流行；对宠物实行定期的驱虫措施，以防寄生虫病的侵袭；制定科学的饲养制度，合理的调配饲料日粮，组织全价饲养，以防止某些营养代谢疾病的发生。

治疗的主动性和积极性，还应体现为早期发现患病犬猫，及时采取治疗措施。做到早期发现，早期诊断，才能及时治疗，防止疾病发展和蔓延。根据疾病早期症状而进行及时治疗，可将疾病消灭在萌芽状态或初期，从而收到主动的积极的治疗效果。

为此，应经常监控宠物，随时发现疾病的信号或线索，制定监护制度，定期检测某些疾病的亚临床指标，以做早期发现、早期诊断的根据。

针对具体病情，采取特效疗法，应用首选药物，给与足够计量（如磺胺药的首剂倍量）进行突击性治疗，以期最快、最彻底的消灭疾病，这也是主动积极治疗原则的一个内容。

完成规定疗程，坚持治疗，才能收到彻底、稳定的预期疗法，这尤其是在应用磺胺类及抗生素类药物进行化学疗法时更是应该注意的。如病情稍见好转就中途停药，可因疗程未完而病情反复，甚至会引起抗药性等不良后果。

（三）综合性的治疗原则

所谓综合疗法，是根据具体病例的实际情况，选取多种治疗手段和方法予以必要的配合与综合运用。每种治疗方法和手段都有其各自的特点，而每个具体病例又都千差万别，针对任何一个病例只采用单一治疗方法，或是特效疗法，有时也难于收到完全满意的效果。因此，必须根据疾病的实际情况，采取综合性治疗，发挥各种疗法相互配合的优势，以期相辅相成。宠物医师的重要任务，就在于综合分析患病犬猫和基本的具体情况，合理的选择组合。应用各种必要的疗法，进行具体的综合治疗。如对因治疗可配合必要的对症治疗；局部疗法也应并用必要的全身疗法；手术治疗必须结合药物疗法、物理疗法、食饵疗法等综合性的术后措施。合理的治疗更应辅以周密的护理，才能取得满意的治疗效果。所以，综合性治疗是临床治疗学中一项重要的基本原则。

（四）生理性的治疗原则

动物机体在进化过程中获得了很强的抗病力和自愈能力，包括适应环境能力，对病原体的免疫、防御能力，对损伤与破坏的代偿和修复能力等。生理性的治疗原则就是在治疗疾病时，必须注意保护机体的生理机能，增强机体的抗病力，促进机体的代偿、修复过程，扶植机体的抗损伤性变化，使病势向良好方向转化，以加速其康复过程。疾病是抗病因素同致病因素相互斗争的结果，那么单纯使用药物消除外部致病因素的治疗是不够全面的。战胜疾病的更积极主动的手段是从根本上增强机体的免疫力，调动机体抗损伤性的代偿和修复能力。生理性的治疗原则也是积极主动治疗原则的一种体现。

（五）个体性的治疗原则

治疗的对象是不同种属的宠物，不同种属或同一种属不同个体在相同的疾病中表现各异，对同样的治疗反应与效果也不一样。如何使每个犬猫的疗效最佳、副作用最小，是临床治疗的基础所在。从这个意义上讲宠物医师必须树立治疗的个体性原则，治疗时应该考虑宠物的种属特性、品种特点以及不同年龄、性别条件等，掌握个体反应性，以进行个体性的治疗。对具体患者进行具体分析，是进行个体治疗的出发点。临床治疗手段、药物剂量、途径、方法、方案、疗程等均应个体化，切不可千篇一律，教条施制。

（六）局部治疗结合全身治疗的原则

疾病发展过程中，局部与全身是密切相关的，局部病变以全身的生理代谢状态为前提，并会影响到其他局部以至全身。治疗时应采取局部疗法与全身疗法配合的原则，依据病情不同也可酌情有所侧重。

所谓全身治疗是指所用药物作用于全身，或是改善全身各器官的功能和代谢，或是加强整个机体的抗病力。所谓局部疗法，是指治疗措施仅限病灶局部。局部疗法虽然也对全身有影响，但一般来说仅是间接的。当然在某些情况下，局部治疗又可能成为当务之急，局部病痛被消除，全身状态可随之而恢复。所以，治疗工作中应将局部疗法与全身疗法结合运用。中医讲治病求本，标本兼治，急则治标，缓则治本，这是一项重要原则。

六、有效治疗的前提和保证

（一）诊断与治疗

诊断是对犬猫所患疾病本质的认识和判断。临床治疗工作中，只有经过一系列的诊查，对疾病的病因、性质、病情及其进展有了一定认识之后，才能提出恰当的治疗原则和合理的治疗方案。否则，治疗就会带有一定的盲目性。因此，正确的诊断是合理治疗的前提和依据。

诊断必须正确，因为误诊常可导致误治。诊断内容中首先要求查明疾病的原因，作出病原学诊断。明确致病原因，才能有针对性的采取对因治疗。病原疗法仍是根本的治疗方法。

为作出病原诊断，在诊查过程中，应进行病史的详细调查了解，从中探讨特定的致病条件；临诊中要注意发现疾病的特征性症状，为病原诊断提出线索；还要配合进行病理材料的检验分析，掌握病原诊断的特异性材料和根据；必要时要通过试验诊断（实验动物接种或实验病理学的病例复制）以证实疾病的原因，通过这些为病原疗法提供基础和依据。

具体的诊断不能仅仅表明一个病名而已，诊断应反映病理解剖学特征，即疾病的基本性质和主要被侵害的器官、部位；还应分清症状的主次，明确主导的病理环节，明确疾病的类型、病期和程度等，以作为制定具体治疗方案，采取对症治疗及其他综合措施的根据和参考。

对复杂病例，还要弄清原发病与继发病，主要疾病与病发病及其相互关系。

完整的诊断还应包括对预后的判断。预后就是对疾病发展趋势和可能的结局、转归的估计与推断。科学的预后，常是制定合理的治疗方案和确定恰当的处理措施的必要条件。

主动积极的治疗原则，要求及时的做出早期诊断。任何诊断的拖延，都可能导致治疗失去良机。根据及时的早期诊断，采取预防性的治疗，以收到积极的防治效果。

诊断是治疗的前提，而治疗又可验证诊断。对疾病的认识、判断是否符合实际，是否正确，还有待治疗实践的检验。

正确的诊断常被有效的治疗结果所验证。但也有某些例外，有时虽然诊断不够明确，治疗也未必完全恰当，而依机体的自愈能力使病情好转以至痊愈；有时尽管诊断正确，但因缺乏确切、特效的治疗方法，而结果治疗无效。但更多的实力证明，诊断结论同治疗结果是密切相关的。正确诊断是合理治疗的先导，误诊可以导致误治。而治疗效果可为修正或完善诊断提示方向。

疾病即是一个发展过程，诊断也应伴随病程进展而不断补充，修正并使之逐渐完善，直至病程结束而得出最后诊断结论。有时初步诊断只能提示大致的方向，最后诊断是在对病程的继续观察、检验及治疗结果的启示下逐渐形成的。

治疗与诊断在临床实践中辩证统一，二者是相辅相成的。诊断是治疗的前提和依据，治疗结果又可检验、纠正诊断，进一步的诊断又为下一步的治疗提出启示，如此反复以致最后诊断的确立和治疗的患病犬猫得到康复。

（二）治疗与护理

适宜的护理是取得有效治疗的重要保证。护理工作中首先要求给患病犬猫提供良好的环境条件。适宜的温度、光亮、干燥、通风良好的畜舍，可加快患病动物的恢复。针对疾病特点，进行治疗性饲养（食饵疗法），更有重要的实际意义。

口腔、食管尤其是咽病（如咽炎），一定期间的饥饿疗法是十分必要的。在绝饲期间，为了补充营养，给予营养（非经口的）疗法。

依病情需要，可对患病犬猫做适宜的保定或吊起，或进行适当的牵骝运动。对长期躺卧者，每天应翻转躯体以防褥疮发生。经常刷拭畜体，保持清洁，兼能起到物理疗法作用。质量方法恰当，护理周密、适宜，是取得良好治疗效果的两个基本条件。

（三）治疗计划及具体方案的制定和执行

对每个具体病理的治疗，都应根据患病犬猫具体情况，采取适当的综合疗法，并制定具体的治疗计划。为此，应将各种方法、手段，按照一定的组合，一定程序加以安排，并规定所谓药剂的给药方法、剂量和疗程。

最初的治疗方案可能不够全面或不够完善，这就要在治疗实践中详细的观察病程经过，周密的注意患病犬猫反应、变化和治疗效果，而随时加以修改、补充。

根据治疗的反应或结果，或许可为诊断提示修改、补充线索或可对治疗方法的修正、补充提出方向，如此边实践边改进，直到病程结束。

治疗计划与治疗方案制定后，应取得主人同意和支持按计划执行，无特殊原因一般应按规定完成疗程计划，不宜中途废止。

一切治疗措施、方法、反应、变化、结果，均应详细的记录于病历中。每个病例治疗结束后，均应及时地做出总结以吸取经验教训。

第七章 兽医产科学知识

一、生殖内分泌学

（一）内分泌的定义

动物的许多腺体或组织细胞能够分泌一种或多种生物活性物质（激素），这些物质的局部或通过血液运输，到达某一靶器官或靶组织，调节器官功能或代谢活动，这种现象称为内分泌。专门研究动物生殖活动内分泌调控的科学，称为生殖内分泌学。

（二）激素的概念

在体内起到传递信息作用的特异性化学物质，叫激素。

激素的分类：根据化学结构可分为含氮类激素（如蛋白质激素、多肽、胺类、垂体激素等）、类固醇激素/甾体激素（如雌激素、孕激素、雄激素）和脂肪酸激素（如前列腺素）。

根据产生部位可分为：松果体激素、丘脑下部促垂体激素、垂体前叶促性腺激素、胎盘促性腺激素、性腺激素、神经垂体激素、局部激素、外激素等。

（三）生殖激素

直接影响生殖机能的激素，称为生殖激素。直接调节母畜的发情、排卵、生殖细胞在生殖道内的运行、胚胎附植、妊娠、分娩、泌乳、母性以及公畜的精子生成、副性腺分泌、性行为等生殖环节。

1. 松果体激素

褪黑素（MLT）与8-精/赖加催产素（AVT/LVT） MLT具有抗性腺作用，可抑制性腺功能。AVT/LVT有抑制促性腺激素的作用，对生殖系统（性腺和副性腺器官）有明显的抑制作用，也有催产、抗利尿和升压作用。松果体激素分泌受光照刺激的调节，黑暗能刺激其合成，光照能抑制其释放。松果体激素的含量增加时，性腺重量下降，黄体酮分泌减少。

2. 促性腺激素释放激素（GnRH）

为丘脑下部促垂体激素，其主要作用是促进垂体前叶促性腺激素（LH、FSH）的合成与分泌。临床上长时间、大剂量使用该激素，会引起与治疗剂量相反的作用，即生殖方面的抑制现象（异相作用）。

3. 垂体前叶促性腺激素

由垂体前叶嗜色细胞产生，包括促卵泡素（FSH）、促黄体素/间质细胞刺激素（LH/

ICSH）以及促黄体分泌素/促乳素（LTH/PRL）。

（1）FSH 与 LH 的作用　生理条件下，FSH 与 LH 往往先后或相互其协同作用。FSH 主要是刺激卵巢生长和卵泡生长发育，卵泡液增多。卵巢颗粒细胞表面存在 FSH 受体。与 LH 配合。促进雌激素的合成和排卵。在公畜，主要是促进曲细精管上皮和次级精母细胞的发育和精子的形成。

在 FSH 作用的基础上，LH 促进细胞卵泡成熟、排卵，排卵后使颗粒细胞转化为黄体细胞，并刺激黄体的形成和分泌黄体酮。在公畜，刺激睾丸间质细胞合成、分泌睾酮，决定副性腺的发育和精子形成。与 FSH 和雄激素共同促进精子的成熟。

（2）FSH 和 LH 的分泌调节　通过下丘脑（GnRH）的分泌活动调节 FSH 和 LH 的分泌，但在很大程度上受性腺激素的反馈调节。季节光照等外界环境的变化，通过神经系统调节下丘脑 GnRH 的分泌，进而影响促性腺激素分泌。卵巢甾体激素通过调节中枢神经系统与垂体前叶的活动，对 LH 与 FSH 的分泌进行反馈调节。在下丘脑和垂体前叶存在雌二醇和黄体酮受体。血液雌激素水平升高，一方面抑制下丘脑 GnRH 的分泌，另一方面又降低垂体前叶对 GnRH 的敏感性。

（3）LTH/PRL 的作用　刺激乳腺发育和促进泌乳（配合雌激素促进乳腺腺管系统发育，配合黄体酮促进乳腺泡系统发育，与皮质类固醇一起激发与维持乳腺泌乳）；刺激和维持黄体分泌黄体酮；刺激阴道分泌黏液和子宫颈松弛。可维持公畜睾酮分泌，与雌激素协同，刺激副性腺分泌。增强母性行为。

4. 胎盘促性腺激素

（1）马绒毛膜/孕马血清促性腺激素（eCG/PMSG）　是一种糖蛋白激素，由怀孕母马的子宫内膜所分泌。eCG 具有 FSH 与 LH 双重活性，但 FSH 活性较大。临床常用 eCG 代替 FSH 来诱导发情和超数排卵。

（2）人绒毛促性腺激素（hCG）　是一种糖蛋白激素，由妊娠早期人绒毛膜滋养层的合胞体细胞所产生，由尿中排除。其生物学活性主要与 LH 相似，FSH 的活性很小。

5. 性腺激素

（1）雌激素　主要来自卵巢，由卵泡内膜和颗粒细胞所分泌，存在于卵泡液中，胎盘、肾上腺、睾丸可产生少量雌激素。雌激素主要有 3 种形式，即雌二醇、雌酮、雌三醇。卵泡主要分泌雌二醇和少量雌酮，而雌三醇是前二者的产物。

作用：刺激并维持母畜生殖道的发育；刺激性中枢，使母畜产生性欲和性兴奋；刺激垂体前叶分泌促乳素；使母畜出现第二性征；刺激母畜卵腺管道系统生长。怀孕时，胎盘产生雌激素维持黄体机能；怀孕足月时，胎盘产生雌激素增加，使骨盆韧带松软；雌激素与孕激素达到一定比例时，可使催产素对子宫发生作用，为分娩作准备；使雄性动物睾丸萎缩，副性腺器官退化，造成不育。

（2）黄体酮（孕酮）主要是由黄体细胞和胎盘产生，另外，卵泡颗粒细胞层、肾上腺皮质、睾丸可产生少量黄体酮。在正常母畜体内的雌激素常和黄体酮共同协调（协助与拮抗作用）生殖活动。

作用：促进生殖道发育；调节发情，少量黄体酮和雌激素，促进发情行为；大量黄体酮具有对下丘脑或垂体前叶的负反馈作用，抑制 FSH 和 LH 的释放，抑制发情。对妊娠动物，促进子宫颈收缩；使子宫颈黏液黏稠，降低子宫肌肉对催产素的反应；防止外界异物进入子宫，利于保胎。促进子宫黏膜上皮，腺体增生，腺体分泌增加，有利于胚胎的附植。可刺激乳腺腺泡系统。

（3）雄激素 主要由睾丸间质细胞所分泌，肾上腺皮质、卵巢和胎盘可产生少量雄激素。

作用：促进雄性生殖道，副性腺的生长发育；刺激精子发生，在 FSH 和 LH 的共同作用下，刺激精细管上皮产生精子。刺激、维持附睾的发育，维持附睾中精子的存活时间；促进雄性动物第二性征；维持雄性动物性行为。

6. 催产素（OXT）

刺激输卵管平滑肌收缩，帮助精子和卵子运行；促进子宫平滑肌收缩；刺激乳腺腺泡周围的肌上皮细胞收缩，使乳汁从腺泡中排入腺管，进入乳池，发生放乳；使乳腺大导管的平滑肌松弛，利于蓄乳。

7. 前列腺素（PGs）

PGs 几乎存在于各种组织和体液中，包括 PG1、PG2、PG3 等 3 类，又可细分为 A、B、C、D、E、F、G、I 等 9 种。不同类型的 PGs 有不同的生理作用，与生殖活动关系密切的有 $PGE2$ 和 $PGF2\alpha$。

对雌性动物的生殖作用：溶解黄体（PGF 的作用强，PGE 弱），诱发分娩或流产；PGE1 抑制排卵，$PEG2\alpha$ 引起 LH 分泌，促进排卵；PGE 和 PGF 能引起子宫强烈收缩，促进垂体释放 LH 和 FSH；影响输卵管的收缩；可增加 OXT 的自然分泌量和子宫对 OXT 的敏感性。

对雄性动物的生殖作用：适量 $PGF2\alpha$ 可增加睾丸重量，精子数量增加。大剂量的 PGE 和 $PGF2\alpha$，抑制睾丸发育，降低血液睾酮含量；适量 PGs 促进睾丸网、输精管、精囊腺的收缩，利于运输精子和射精；PGE 能增强精子活力，$PGF2\alpha$ 抑制精子活力。

8. 外激素（Pheromone）

动物向周围环境释放的化学物质，作为信息，引起同类动物行为上、生理上发生特定的效应。

作用：通过化学通讯，可以互相发现对方；刺激雌性动物提早性成熟、促进发情、提高发情率与受胎率。

二、母畜生殖功能的发生与发展

（一）初情期与性成熟

初情期：初次表现发情并排卵。此时犬虽然出现了性行为，但表现还不充分，生殖器官的生长发育也未完成，母犬虽有繁殖能力，但繁殖效率低。

性成熟期：初情期后，随着年龄的增长，生殖器官和副性腺发育完全，发情周期和排卵发现规律，具备了正常的繁殖能力；母犬开始出现正常的发情和排卵；公犬开始有正常的性行为，并能排出具有受精能力的精子。但此时身体的生长发育尚未完全，不宜配种，以免影响机体发育。

犬达到初情期和性成熟的月龄，依犬的品种、所在地区、气候环境、饲养管理情况及个体情况不同而有差异。一般情况下，母犬初情期在出生后 6 ~ 8 个月，性成熟在出生后 8 ~ 12 个月；公犬初情期在出生后 8 ~ 12 个月，性成熟在出生后 12 ~ 16 个月。

（二）犬的繁殖年限

母犬的繁殖期从其性成熟开始到繁殖衰老为止，约8~10年。超过繁殖期虽然有时也能怀孕，但产仔数量下降，幼仔的存活能力差，难产的几率增加。公犬的繁殖年限一般为10~12年，超过此年限时，公犬的爬跨能力和其精子的活力均下降。

绝情期：母畜至年老时，繁殖功能逐渐衰退，卵巢的生理机能逐渐停止，继而停止发情与排卵。

（三）卵泡的发育过程

根据卵巢发育的不同阶段和结构，依次分为原始卵泡、初级卵泡、次级卵泡、三级卵泡和成熟卵泡；根据卵泡是否出现泡腔，分为有腔卵泡、无腔卵泡。

原始卵泡：排在卵巢皮质周围，其核心为初级卵母细胞，周围已呈扁平的卵泡，没有卵泡膜和卵泡腔。初级卵母细胞由出生前的卵原细胞发育而来。

初级卵泡：排在卵巢皮质周围。由卵母细胞和周围单层柱状卵泡细胞组成，卵泡周围包有一层基底膜，无卵泡膜和卵泡腔。

次级卵泡：初级卵泡移至卵巢皮质中央，卵泡细胞开始增殖，形成多层不规则的多角形细胞。此时卵泡体积开始增大，卵母细胞和卵泡细胞共同分泌黏多糖构成透明带，包在卵母细胞周围，卵母细胞有微绒毛伸入透明带内。

三级卵泡：随着卵泡的发育，卵泡细胞层数进一步增加，并出现分离，形成不规则腔隙。腔隙内充满由卵泡细胞分泌的卵泡液，小腔隙不断融合成卵泡腔。这时称为有腔卵泡。腔周围的上皮细胞形成粒膜。透明带周围柱状上皮细胞排列呈放射状，形成放射冠。放射冠细胞有微绒毛伸入透明带。

成熟卵泡：又称格拉夫氏卵泡。三级卵泡进一步成长，随着卵泡液的增多，卵泡腔逐步扩大，卵母细胞被挤向一边，形成卵丘。卵泡细胞分成两部分，包围在卵母细胞周围的卵丘细胞，卵丘细胞外的为颗粒细胞。卵泡也逐渐增多，卵泡腔增大，卵泡扩展到整个皮质部而突出卵巢表面。

排卵：卵泡发育成熟后，突出于卵巢表面的卵泡破裂，卵子随同其周围的粒细胞和卵泡液排出的生理现象。排卵的方式可分为自发性排卵与诱导性排卵，犬为自发性排卵，猫为诱导性排卵。

自发性排卵：卵泡发育成熟后自行破裂排卵并自动形成黄体。

诱发性排卵：通过交配使子宫颈受机械性刺激后才能排卵，并形成功能性黄体。

（四）排卵机理

是多种因素协同作用的结果。

神经内分泌调节：雌激素分泌持续增加，引起GnRH的大量分泌，继而刺激FSH和LH分泌出现高峰。优势卵泡在LH峰的作用下发生一系列结构和功能的变化，最终导致卵泡破裂和排卵。

化学机制：排卵前LH峰值可激活卵泡膜中腺苷化酶的活性，导致cAMP增加，引起颗粒细胞黄体化，卵泡内黄体酮量增加，激活卵泡中分解酶、胶原酶，这些酶作用于卵泡壁的胶原结构使卵泡壁变薄，张力降低，促进排卵。排卵前卵泡液内PGs逐渐增加，促进卵泡收缩、排卵。

神经肌肉机制：卵泡壁富含平滑肌，主要分布在成熟卵泡外膜细胞上，卵泡收缩频率增加，导致卵泡变薄的部分发生破裂。卵巢收缩促进卵丘的分离。

黄体的形成：卵泡液流出后，卵泡壁塌陷，颗粒层向泡腔内形成皱襞，内膜结缔组织和血管随之长入颗粒层，使颗粒层脉管化。同时，在 LH 的作用下，颗粒细胞变大，形成颗粒黄体细胞，内膜细胞也变大，变成膜性黄体细胞。

粒性黄体细胞除产生黄体酮外，还分泌某些肽类激素（如催产素和松弛素）。黄体形成后，若卵子受精、附植，黄体体积增大，形成妊娠黄体，分泌黄体酮维持妊娠；若卵子未受精，PGs 开始生成，黄体逐渐萎缩，在 FSH 的作用下卵巢又有新的卵泡发育，进入下一个发情周期，这种黄体称为周期黄体，体积比较小。

三、发情与发情周期

（一）发情

以卵泡发育成熟为基础，在一定时间内呈现性欲、性兴奋及生殖道适配状态的性活动现象。

（二）发情季节

犬是季节性单次发情动物，在一个发情周期内只出现一次发情。不同品种，不同地理位置和环境，犬猫的发情时间有所不同。在我国，犬发情高峰期多为春季（3~5 月）和秋季（9~11 月），有些犬在冬、夏季也可发情。猫是季节性多次发情动物，一年有 2~3 次发情周期活动期，发情 4~25 次；发情季节多在 12 月下旬或 1~9 月初。猫在产后 24h 可发情，但多在小猫断乳后 14~21d 发情。

（三）发情周期

发情周期是指雌性动物到初情期后，以其卵泡、性欲、性兴奋和生殖道功能变化的消长为主导的、周而复始、顺序循环的雌性性活动现象，从一次发情到下一次发情为一个发情周期。发情周期可以分为 4 期：

发情前期：卵巢上新生的卵泡开始发育并迅速增长，雌激素分泌增加，生殖道上皮开始增生，阴道涂片有大量角质化上皮细胞（无核细胞）和红细胞（犬），腺体分泌增多。犬阴唇肿胀，潮红湿润，流出混有血液的黏液，触诊深部较硬；动物变得兴奋不安，时常排尿，母猫嘶叫，吸引雄性动物，但此时不接受交配。犬发情前期的持续时间为 5~16d，平均 9d；猫 1~2d。

发情期：为母犬、母猫接受交配时期。母犬发情期为 6~14d，平均 9d；猫 5~9d，平均 4d。在这一时期，母犬外阴肿胀变软，出现皱褶，阴门流出的黏液颜色变浅，出血减少或停止。母犬表现出交配欲，主动接近公犬，臀部转向公犬，当公犬爬跨时，母犬主动下塌腰部，尾巴偏向一侧，阴门开张，接受交配。排卵发生于发情期的第 1~3d。排卵后黄体开始发育，孕激素增加；LH 分泌量达到高峰并随后减少；雌激素分泌减少。阴道涂片为部分角化上皮细胞、完全角化上皮细胞和少量红细胞；在排卵后 3~4d，部分角化的表皮细胞完全被角化的细胞取代。成年母猫经常嘶叫，频频排尿，尾根翘起，外出次数增多，有些猫对主人特别温顺亲近。母猫接受交配后 24 ~ 30h 排卵。

发情后期：为母犬发情结束起到生殖器官恢复正常为止的一段时间。发情后期母犬的性欲减退，拒绝公犬交配，血中雌激素的含量降低。发情后期 3 ~ 5d，卵巢形成黄体，血中黄体酮含量迅速升高。如果此次发情未交配或配后未孕，发情后期可持续 30 ~ 90d，平均 60d。卵巢上的黄体在排卵后的第 42d 开始退化。如果怀孕，发情后期则是怀孕期和泌乳期。但是无论母犬怀孕与否，在发情后期，母犬都在黄体酮的作用下子宫黏膜增生，子宫壁增厚，为胚胎的发育做准备，这是老龄犬易发生子宫积液或子宫蓄脓的原因。涂片细胞检查时，表皮细胞量迅速减少，出现中层细胞和基底细胞，白细胞重新出现。猫若排卵未孕，发情后期为35 ~ 40d。

间情期（休情期）：间情期是发情后期到下次发情前期的一段时间，全部生殖器官处于静止状态。犬间情期为 50 ~ 60d，一年仅发情一次的犬，接近 1 年。母猫的间情期在发情季节为 0 ~ 10d，非发情季节在 10 ~ 12 月中旬。

（四）异常发情

动物营养缺乏、运动不足、饲养管理不当和环境突变等因素都能引起雌性动物异常发情。此外，异常发情多见于性成熟前期。

安静发情：动物无外观发情表现，但卵巢内有卵泡发育成熟并排卵。是使繁殖动物漏配的常见原因。

发情前期延长：动物没有从发情前期向发情期转变的征兆。其原因可能是由于促黄体素（LH）分泌不足，继而使卵泡不能成熟和排卵，并继续分泌少量雌激素。但多是由于动物行为中枢不能对正常激素水平作出反应所致。

短促发情：类似于安静发情，发情期很短，不易察觉到。其原因可能是由于卵泡很快成熟并排卵，缩短了发情期，也可能是卵泡忽然停止并萎缩，终止分泌雌激素。

断续发情：常见于发育不良的动物，发情时断时续，发情过程中延续很长时间。其原因是促黄体素分泌不足，致卵泡交替发育。

发情期延长：指动物发情期维持时间特别长。如母犬在 30d 左右还能接受公犬交配，但不排卵。其原因多与卵泡囊肿有关。

孕后发情：指动物在怀孕后期，如有的犬在妊后前 40d 一直表现发情，在临床上容易使人误认为母犬没有怀孕。其原因多是由于来源于胎盘和卵巢的雌激素量较多所致。

假发情：假发情多发生于用促卵泡素或促性腺激素诱导排卵失败的动物。缺乏 LH 高峰，无明显的发情征兆，或表现出间歇性发情。这主要是由于未排卵的卵泡萎缩或黄体化而使雌激素水平下降所致。由于未排卵而出现发情的犬，多数在 3 ~ 4 周内再次出现发情。

四、配种与受精

（一）初配年龄

犬达到性成熟时，虽然已具备繁殖能力，但是此时母犬不仅繁殖力低，而且体内的各器官还未发育完善，未达到体成熟。如果此时交配受孕，母犬的发育会受影响，产后乳汁少；

仔犬体形小，成活率低。因此犬的初配年龄应是犬母体成熟的年龄，母犬 1～1.5 岁，公犬 1.5～2 岁。

（二）配种时机

最好的配种时机是母犬接受公犬交配时。或黄体酮水平突然升高。

母犬阴道开始流血的第 12～13d，这时母犬开始排卵，生殖道开始为交配做好了准备，为最佳时机。对经产母犬，随胎次的增加，配种时间提前。有的高龄母犬，发情流血只有 5d，而见血后第 6d 或第 7d 即可配种受孕。

若未发现阴道流血的开始日期，可根据阴道流血的颜色和外阴部的变化来确定配种日期。即阴道分泌物的量减少，并且由开始时的血样黏液变为稻草样颜色的黏液后 2～3d，即可进行配种。

（三）交配次数

发情母犬以相隔 24～48h 两次交配为好，第二次交配可用同一公犬，也可选另外一公犬。但公犬交配次数，每天不得超过一次。

（四）受精

精子进入卵子后激活卵子，精原核与卵原核相互融合，形成新的合子的生物学现象。

卵子进入卵巢排出后，迅速进入输卵管伞。卵子的运行主要靠输卵管上皮纤毛向子宫的摆动和肌肉层收缩。卵子保持受精的时间：犬：48h，猫：50h。

1. 精子获能

哺乳动物刚射入母畜生殖道的精子，或从附睾内取出精子，尚不具备受精的能力，只有在雌性生殖道内运行过程中，经过形态学、生理生化方面的某些变化达到充分成熟后，才能获得受精能力，此种现象叫精子获能。

2. 受精过程

获能的精子与成熟卵子在输卵管壶腹部相遇，精子附着在卵子透明带上。

然后，穿过透明带，精子头部牢固附着在卵子表面，继而发生精—卵质膜融合。精子质膜如入卵子质膜内，覆盖于卵子和精子的外表面。精子进入卵子后，卵子被激活；卵子恢复第二次成熟分裂，排出第二极体，形成雌原核；精子头部浓缩的核发生膨胀，染色质去致密化，形成雄原核。两原核向卵子中央移动、相遇、核膜消失，雌雄两方的染色体彼此混杂在一起，完成受精过程。

（五）妊娠期

胎盘和胎儿在母体子宫内完成生长发育的时期。一般指最后一次有效配种至分娩为止所经历的一段时间。犬 59～63d，猫 56～65d；平均 60d。

五、胚胎发育

（一）受精卵的发育

受精卵于第 2～5d 从输卵管进入子宫，并在子宫内游离一段时间。它依靠自身的能量、输卵管和子宫分泌物进行一系列的有丝分裂，使其在形态上和细胞组成上发生变化。经过几次分裂后，由初期的一个单细胞变为多细胞，分裂的细胞成为分裂球。

经过若干天连续分裂，细胞数目不断增加，但细胞质总量并未增多，至卵裂末期整个分裂球的体积并未增大。因此只有细胞分裂而不伴随细胞生长的过程称为卵裂，表现为细胞质的量减少而核体积增大。

由于分裂球彼此独立的进行分裂，在同一时间内分裂速度不一定相等，较大的分裂球率先继续分裂，在镜下可见到3、5、7等奇数细胞团，称为不规则的异时卵裂。多胎动物的受精卵并非同期卵裂，在同一时期内各个胚胎可能处于不同的发育阶段。

受精卵不断分裂形成一个实的细胞团，这时期称为桑椹胚，它浸泡在子宫腺分泌的子宫液（子宫乳）中，呈游离状态。

囊胚形成：囊胚是一个充满液体的球形中空胚胎。囊胚分裂球按大小分布，较大的分裂球偏在一端，形成内细胞团，称为胚节；较小的分裂球排在周边，形成滋养层。滋养层将来与子宫内膜建立联系，为胚胎提供营养。囊胚的晚期，也称为胚泡。

胚泡附植：当胚胎固定在子宫一定位置，并与子宫形成组织上和机能上的联系时，称为胚胎附植，也称为着床。

胚泡附植的调节机制包括3个层次：①雌激素、黄体酮和绒毛膜促性腺激素等激素调节，居主导和支持地位。②细胞因子和生长因子发挥着枢纽作用。③黏附分子、细胞外基质和酶，具有粘连和降解蛋白等具体功能。

（二）胚胎发育

囊胚形成后，胚结上的滋养层细胞消失，胚结就形成胚盘。胚盘向着囊胚腔的部分以分层的方式形成一个新的细胞层，向周围的胚泡内壁扩散，成为完整的一层，称为内胚层。胚盘外层的细胞分化为外层胚。胚盘的一部分突出，在内、外胚层之间呈翼状展开，向四周发展，形成一新的细胞层，称为中胚层。

胚胎三胚层分化趋向：

外胚层：外部细胞形成皮肤的表皮和毛发，内部细胞形成神经系统。

中胚层：形成肌肉、软骨、韧带、骨骼、循环系统和泌尿生殖系统。

内胚层：形成消化系统和呼吸系统的某些腺体。

（三）胚膜及胚盘

胚膜的组成包括卵黄囊、羊膜、尿膜和绒毛膜。

卵黄囊：囊壁由内胚层、中胚层和滋养层组成，中胚层上有稠密的血管网，形成卵黄囊血液循环，起到原始胎盘的作用，从子宫中吸取营养。

羊膜囊：是一外胚层囊，如同一双壁层的袋，将胎儿整个包围起来（脐带除外），囊内充盈羊水，胎儿悬浮其中，对胎儿起到机械保护作用。

尿膜囊：是沿着脐带并靠近卵黄囊由后肠而来的一个外囊，其外面为绒毛膜囊，内面是羊膜囊。尿膜囊最终紧贴绒毛膜而将绒毛膜囊腔填充。尿囊液来源于胎儿尿液、尿膜上皮分泌物和从子宫内吸收的物质。

绒毛膜囊：胚胎滋养层与胚外体壁中胚层融合共同构成体壁层，体壁层最后成为胚膜的最外层—绒毛膜。初期卵黄囊同绒毛膜融合形成卵黄囊—绒毛膜胎盘。

胎盘：通常指尿膜—绒毛膜和子宫黏膜发生联系所形成的一种暂时性"组织器官"，由两部分组成，即胎儿胎盘（尿膜—绒毛膜部分）和母体胎盘（子宫黏膜部分）。胎儿的血管和子宫血管各自分布到自己的胎盘上，并不直接相通，但彼此间发生物质交换。犬猫为完全带状胎盘，在妊娠早期是由卵黄囊形成功能的绒毛—卵黄胎盘，以后绒毛膜—尿膜在赤道区生长发育，侵入子宫上皮形成带状胎盘。由子宫血管内皮、绒毛膜上皮与结缔组织、胎儿血管内皮将母体血液和胎儿血液分开，子宫黏膜上皮和结缔组织消失。

胎盘屏障：表现为两方面的功能：①阻止某些物质的运输——将胎儿和母体血液循环分隔开的一些膜，使胎盘摄取母体的物质是有选择性的，这种选择性称为胎盘屏障作用。②免疫屏障作用——阻止细菌、大分子蛋白质通过胎盘。

胎期血液循环：胚胎具有 3 个循环系统，即卵黄囊循环、肺循环、胎盘循环。

脐带：由包着卵黄囊残迹的两个胎囊及卵黄管延伸发育而成，是连接胎儿与母体胎盘的纽带，外膜为由羊膜形成的羊膜鞘，内含脐动脉、脐静脉、脐尿管、卵黄囊遗迹和黏液。

（四）胎盘循环

胎儿胎盘循环是其最主要的循环系统，其特征是，腹主动脉分出两条脐动脉，沿膀胱两侧下行，穿过脐孔，经脐带到脐带末端各分为两个主干，沿尿膜绒毛膜囊而行，并逐级分出大量分支，进入胎儿胎盘的绒毛内。脐动脉中携带有胎儿新陈代谢的废物。在绒毛内，动脉末梢经过毛细血管后成为静脉末梢，小静脉，静脉干，最后形成脐静脉，经过脐带、脐孔进入腹腔，沿肝脏镰状韧带游离缘而达肝脏。

胎儿胎盘从绒毛吸收来的含有氧和养分的血液，由脐静脉迅速通过肝脏的静脉导管（在肝脏内，脐静脉的分支和门静脉分支吻合）及毛细血管汇集成肝静脉而出肝脏，汇入后腔静脉，进入心脏（右心房），其中大部分血液通过左、右心房之间的卵圆孔进入左心房，经左心室出主动脉，分布全身各组织器官；小部分血液经右心房、右心室，出肺动脉。在肺动脉分为左右两支以前，大部分血液又经动脉导管进入主动脉，只有很少一部分血液经过肺动脉进入肺脏，进入肺脏的血液再经肺静脉返回左心房。因此，胎儿血循环中的血液，除静脉血外，都是程度不同的混合血，脐动脉则是含有二氧化碳浓度很高的静脉血。

出生后脐带被扯断，脐带断后 5～30min，其残端内的脐静脉关闭，从脐带到肝脏这一段的血管残迹，后来转变成肝圆韧带，静脉导管以后变为肝圆韧带静脉。出生后 5～20min，卵圆孔封闭，一年左右形成一完整的中隔。脐带扯断后，脐动脉回缩到腹腔内而封闭，以后变成膀胱圆韧带，动脉导管萎缩退化变为动脉导管素。

六、分娩

母体怀孕期满，胎儿发育成熟，母体将胎儿、胎衣、胎盘及其附属物从子宫排出体外的生理过程。

（一）影响分娩过程的主要因素

影响分娩过程的主要因素包括：产力、产道及胎儿 3 部分。

产力：包括子宫肌肉、腹壁肌肉与膈肌的收缩。

产道：胎儿排出所经的通道，包括子宫颈、阴道、尿生殖道前庭、阴门、骨盆，其中子宫颈、阴道、前庭及阴门软组织构成软产道，骨盆属于硬产道。

骨盆轴：代表胎儿通过骨盆腔时所经的路线，为骨盆腔的入口、出口和骨盆腔 3 个高中径的中点连线，是一个假想线。

（二）胎儿与母体产道的关系

胎向：胎儿身体纵轴与母体身体纵轴的关系。

纵向：胎儿与母体纵轴平行。

正生：胎儿的方向与母体的方向相反，分娩时前肢和头先进入产道。

倒生：胎儿方向与母体的方向相同，分娩时后肢先进入产道。

横向：胎儿横卧于子宫，胎儿纵轴与母体纵轴呈十字交叉。

竖向：胎儿纵轴向上母体的纵轴垂直。

前置：指最先进入产道的部位。如正生时，两前肢和头前置；倒生时，两后肢前置。

胎位：胎儿背部与母体腹部之间的关系。

上位（背荐位）：胎儿背部贴近母体背部及荐部，胎儿俯卧在子宫内，背朝上。

下位（背耻位）：胎儿背部靠着母体的下腹部及耻部，仰卧。

侧位：胎儿背部靠近母体侧腹壁。

胎势：胎儿自身各部位的关系，如屈曲、伸直。

（三）母畜分娩预兆

分娩前 1 ~ 2d 动物开始建窝，精神不安，寻找偏僻、黑暗的地方，用爪刨地，啃咬物品，初产动物表现的明显。体温在临产前 3d 开始下降，当出现回升时即将临产。骨盆和腹部肌肉松弛，坐骨结节软组织下陷，外阴部和乳房肿大、充血，乳头红晕突出，可挤出乳汁。阴道内流出水样透明黏液，同时伴有少量出血。当动物出现阵痛不安、排尿次数增多、呼吸加快、发出呻吟或尖叫声时，表示即将分娩。

（四）母犬母猫分娩

动物分娩过程可分为以下 3 个阶段。

第一阶段：开口期。母犬表现坐立不安、精神紧张、喘息、踱步，有的呕吐、颤抖。骨盆韧带和后部生殖道松弛，子宫开始阵缩，阵缩次数和力量逐渐增加。持续时间 6 ~ 12h，初产犬可达 36h。

第二阶段：胎儿排出期。

第三阶段：胎衣排出期，两期持续时间 3 ~ 6h（由胎儿的数量决定）。1h 内产下第一只幼犬，幼犬产出的间隔一般为 30min，不超过 2h，产下幼犬后通常在 5 ~ 15min 内产出胎盘，有的在产下两个幼犬后才产出胎盘。分娩过程中母犬可能会休息 2 ~ 3h。双侧子宫角轮流产出幼犬。

母猫分娩第一阶段持续 2 ~ 12h，母猫嚎叫、发出咕噜声、呼吸促迫、踱步、清理被毛。第二、第三阶段持续 2 ~ 6h。1h 内产下第一只小猫，母猫休息 10 ~ 60min，然后腹部再次开始收缩。年龄较大的母猫可能会持续 12h 以上。

犬和猫的诱导分娩：目前安全的方法是摘除妊娠黄体。但对猫来说，在妊娠的最后 1 周摘除黄体可能无效。

给犬连续注射 10d 地塞米松，每日 2 次，每次每千克体重 0.5mg，在妊娠 45d 之前可引起胎儿在子宫内死亡和吸收；在 45d 之后可引起流产。雌激素对犬有很大毒性，因而不可使用。犬 40 日龄之内的妊娠黄体，对大多数有溶黄体作用的药物具有抵抗力。在妊娠 40d 以后注射 PGF2α，每天 2 次，每次 25 ~ 250μg/kg，可连续注射直到流产为止。PGF2α 对猫没有溶黄体作用。在妊娠后期，当猫处于应激状态或事先注射过 ACTH 时，每天注射 0.5 ~ 1.0mg/kgPGF2α，连续 2d 可引起流产。

（五）产后护理

分娩结束后，给母犬饲喂一些葡萄糖水、牛奶或淡的盐水，产后 1 ~ 2d，供给足够饮水及少量肉食，3 ~ 4d 时增加肉食数量。5 ~ 6d 时，除继续增加肉食外，每日 4 餐，自由饮水。哺乳期供应的营养物质，要比空怀母犬的标准量增多 3 ~ 4 倍，并注意补饲矿物质和维生素，适当地进行运动。

产后动物进入子宫复旧、排出恶露阶段。母犬的恶露是暗红色，产后 12h 内变为血样分泌物，数量亦增多，2 ~ 3 周后则变成黏液状，大约经历 4 周，子宫复旧完毕，停止排出恶露。产后 5 ~ 6 个月才会出现第 1 次发情。

初生的仔犬，两眼紧闭，经过 10d 左右才睁开双眼；到 21d 活泼好动，此时可以补饲奶粉及肉末；5 ~ 6 周龄时，可试行断乳。犬出生时，眼闭耳聋，靠嗅觉和触觉辨别方向，能自寻乳头。出生时其上颌无牙，出生后 10 ~ 12d 开始有视觉和听觉。若分娩正常，第 1 天不许触摸仔犬，仅第 2 天才可仔细检查，确定性别及健康状况。若一窝产仔过多，可取出多余仔犬（通常取弱者）给其他母犬代养或人工哺乳。

猫产后卵巢机能很快就会出现活动，产后第 4 周（3 ~ 6 周）出现第 1 次发情。哺乳可抑制发情，故猫有泌乳休情期。但有的猫，在断乳之前也可出现产后发情。产后第 5 ~ 6 周为配种最适时间。产后 1 ~ 2d，母猫一直在仔猫近旁守护，一刻也不离开，在此期间，应在母猫身旁放置一些食物和大小便容器；产后 7 ~ 8d，母猫离开仔猫的时间逐渐增长；产后 10 ~ 14d，母猫常把仔猫衔到自己认为安全的地方停留哺乳；到 20 ~ 21d 时，母仔会主动相互接近。刚产下时两眼紧闭，10d 左右才睁开双眼，体温低于正常，随着日龄增长，体温逐渐升高，到 5 日龄时可达到 37.7℃。仔猫的哺乳期为 4 ~ 8 周，8 周龄断乳。从仔猫 1 月龄开始，母猫的哺乳次数逐渐减少，仔猫开始学习自行觅食，以后自然断乳。仔猫成活率平均可达 70%。

第八章　中兽医学知识

中兽医学是中国传统的兽医学，是中国历代劳动人民同动物疾病进行斗争的经验总结。

受中国古代哲学思想和中医学的影响，中兽医学在长期的医疗实践过程中，逐渐形成了以整体观念和辨证论治为基本特点，阴阳五行学说为指导思想，以脏腑、经络、病因病机为理论，望、闻、问、切四诊为诊断方法，中药针灸为治疗手段的诊疗体系。

一、阴阳五行学说

阴阳五行学说是我国古代带有朴素唯物论和自发辩证法性质的哲学思想，在春秋战国时期被引用到医药学中来，作为推理工具，借以说明动物体的组织结构、生理功能和病理变化，并指导临床学的辨证及病症防治，成为中兽医学基本理论的重要组成部分。

（一）阴阳学说

1. 阴阳的基本概念

阴阳是对相互关联又相互对立的两种事物，或同一事物内部对立双方属性的概括。一般来说，凡向上的、运动的、无形的、温热的、向外的、明亮的、亢进的、兴奋的及强壮的均属于阳，凡向下的、静的、有形的、寒凉的、向内的、晦暗的、减退的、抑制的及虚弱的均属于阴。阴阳代表着事物的属性，这种属性不是绝对的，而是相对的，其相对性表现在单一事物无法确定阴阳和阴阳之中复有阴阳两个方面。

2. 阴阳学说的基本内容

阴阳学说的基本内容，可以从阴阳的交感相错、对立制约、互根互用、消长平衡和相互转化等方面加以说明。阴阳的交感相错指阴阳双方在一定条件下交合感应、互错相融的关系，是万物化生的根本条件。阴阳的对立制约指阴阳双方存在着相互排斥、相互争斗和相互制约的关系，阴阳双方的不断排斥与斗争，推动了事物的变化和发展。阴阳的互根互用指阴阳双方相互依存、互为根本，每一方都以其相对立的另一方作为存在的前提和条件。阴阳的消长平衡指阴阳双方不断运动变化，此消彼长，又力求维系动态平衡的关系。阴阳的相互转化指对立的阴阳双方在一定条件下，可向其属性相反的方面转化，即阴可以转化为阳，阳可以转化为阴。

3. 阴阳学说在中兽医学中的应用

阴阳学说贯穿于中兽医学理论体系的各个方面，用以说明动物体的组织结构、生理功能和病理变化，指导临床诊断和治疗。

在生理方面，首先阴阳学说被用于说明动物体的组织结构。就大体部分来说，体表为阳，体内为阴；上部为阳，下部为阴；背部为阳，胸腹为阴；就四肢的内外侧而论，则外侧为阳，内侧为阴。就脏腑而言，则脏为阴，腑为阳；而具体到每一脏腑，又有阴阳之分，如心阳、心阴、肾阳、肾阴、胃阳、胃阴等。其次，被用于说明动物体的生理活动。一般认为，物质为阴，功能为阳，正常的生命活动是阴阳这两个方面保持对立统一的结果。

在病理方面，阴阳学说认为，疾病是动物体内的阴阳两方面失去相对平衡，出现偏盛偏衰的结果。在阴阳偏盛方面，认为阴邪致病，可使阴偏盛而阳伤，出现"阴盛则寒"的病证；阳邪致病，可使阳偏盛而阴伤，出现"阳盛则热"的病证。在阴阳偏衰方面，认为一旦机体阳气不足，不能制阴，相对地会出现阴有余，发生阳虚阴盛的虚寒证；相反，如果阴液亏虚，不能制阳，相对地会出现阳有余，发生阴虚阳亢的虚热证。由于阴阳双方互根互用，任何一方虚损到一定程度，均可导致对方的不足，最终导致"阴阳俱虚"。

在诊断方面，认为既然阴阳失调是疾病发生、发展的根本原因，因此任何疾病无论其临床症状如何错综复杂，只要对收集到的症状用阴阳加以区分并在辨证时以阴阳为纲，就可以执简驭繁，抓住疾病的本质。如八纲辨证就是分别从病性（寒热）、病位（表里）和正邪消长（虚实）几方面来分辨阴阳，并以阴阳作为总纲来统领各证（表证、热证、实证属阳证，里证、寒证、虚证属阴证）。

在治疗方面，认为既然阴阳的偏盛偏衰是疾病发生的根本原因，因此泻其有余，补其不足，调整阴阳，使其重新恢复协调平衡就成为诊疗疾病的基本原则，中兽医正是在对药物的阴阳属性加以区分的基础上，利用药物的阴阳属性对证候的阴阳进行调整的。

（二）五行学说

1. 五行的基本概念

五行是指木、火、土、金、水五种物质及其运动和变化。

2. 五行学说的基本内容

五行学说是以五行的抽象特性来归纳各种事物，以五行之间生克制化的关系来阐释宇宙中各种事物或现象之间相互联系和协调平衡的。

在五行的特性方面，木具有生长、柔和、能曲又能直的特性，故凡有生长、升发、条达、舒畅等性质或作用的事物均属于木；火具有温热、蒸腾向上的特性，凡有温热、向上等性质或作用的事物均属于火；土中能种植庄稼，故凡有生化、承载、受纳等性质或作用的事物均属于土；金属物质可以顺从人意，变革形状，铸造成器，且其质地沉重，常用于杀伐，故凡有沉降、肃杀、收敛等性质或作用的事物均属于金；水有滋润下行的特点，故凡具有滋润、下行、寒凉、闭藏等性质或作用的事物均属于水。

在五行的关系方面，五行学说用五行间的相生和相克说明五行间的正常关系，用五行间的相乘、相侮和母子相及说明其异常关系。五行相生是指五行之间存在着有序的资生、助长和促进的关系，借以说明事物间有相互调协的一面，其顺序为：木生火，火生土，土生金，金生水，水生木。五行之间的相生关系，也称母子关系。五行相克是指五行之间存在着有序的克制和制约关系，借以说明事物间相颉颃的一面，其顺序为：木克土，土克水，水克火，火克金，金克木。五行相乘是指五行中某一行对其所胜一行的过度克制，即相克太过，是事物间关系失去相对平衡的表现，其次序同于五行相克，引起五行相乘的原因有"太过"和"不及"两个方面。五行相侮是指五行中某一行对其所不胜一行的反向克制，即反克，是事物间关系失去相对平衡的另一种表现。五行相侮的次序与五行相克相反，引起相侮的原因也有"太过"和"不及"两个方面。母子相及是指五行之中互为母子的各行之间相互影响的关系，属于五行之间相生异常的变化，包括母病及子和子病犯母两种类型。母病及子指五行中作为母的一行异常，必然影响到子的一行，结果是母子都出现异常；子病犯母指五行中作为子的一行异常，会影响到作为母的一行，结果母子都出现异常。

3. 五行学说在中兽医学中的应用

在中兽医学中，五行学说主要是以五行的特性来分析说明动物体脏腑、组织器官的五行属性，以五行的生克制化关系来分析脏腑、组织器官的各种生理功能及其相互关系，以五行的乘侮关系和母子相及来阐释脏腑病变的相互影响，并指导临床的辨证论治。

二、脏腑

脏腑，即内脏及其功能的总称，主要包括五脏、六腑、奇恒之腑。五脏，即心、肝、脾、肺、肾，是化生和贮藏精气的器官，具有藏精气而不泻的特点。六腑，即胆、胃、小肠、大肠、膀胱、三焦，是受盛和传化水谷的器官，具有传化浊物，泻而不藏的特点。奇恒之腑，即脑、髓、骨、脉、胆、胞宫，因其形态似腑，功能似脏，不同于一般的脏腑，故名。

（一）五脏

1. 心

心的主要生理功能是主血脉，藏神，在液为汗，开窍于舌。心主血脉指心是血液运行的动力，有推动血液在脉管内运行以营养全身的作用。心脏的功能正常与否，可以从脉象、口色上反应出来。心藏神指心是一切精神活动的主宰。心开窍于舌，其生理功能及病理变化最易在舌上反映出来。心在液为汗，指心与汗有密切关系，出汗异常，往往与心有关。

2. 肺

肺的主要功能是主气、司呼吸，主宣发和肃降，通调水道，外合皮毛。肺开窍于鼻，在液为涕。

肺主气是指肺有主宰一身之气的生成、出入与代谢的功能，包括主呼吸之气和一身之气两个方面。肺主呼吸之气指肺为体内外气体交换的场所，通过肺的呼吸作用，机体吸入自然界的清气，呼出体内的浊气以维持正常的生命活动。肺主一身之气，是指全身之气均由肺所主，特别是和宗气的生成有关。宗气由脾运化的水谷精微之气与肺所吸入的清气，在元气的作用下生成。宗气是促进和维持机体机能活动的动力，它一方面维持肺的呼吸功能，进行吐故纳新，使内外气体得以交换；另一方面由肺入心，推动血液运行，并宣发到身体各部，以维持脏腑组织的机能活动。

肺主宣发和肃降，实际上是指肺气的运动具有向上、向外宣发和向下、向内肃降的双向作用。通过肺的宣发作用，将体内代谢过的气体呼出体外，将脾传输至肺的水谷精微之气布散全身，外达皮毛，卫气也通过肺的宣发到达体表，以发挥其温分肉和司腠理开合的作用。通过肺的肃降作用，吸入自然界清气，并将津液和水谷精微向下布散全身，将代谢产物和多余水液下输于肾和膀胱，排出体外。

肺主通调水道，是指肺的宣发和肃降运动对体内水液的输布、运行和排泄有疏通和调节的作用。

肺主一身之表，外合皮毛是指肺与皮毛不论在生理方面还是病理方面均存在着极为密切的关系。在生理方面，一是皮肤汗孔具有散气的作用，参与呼吸调节；二是皮毛有赖于肺气的温煦，才能润泽，否则就会憔悴枯槁。在病理方面，肺经有病可以反映于皮毛，而皮毛受邪也可传之于肺。

肺开窍于鼻，肺气正常则鼻窍通利，嗅觉灵敏。若外邪犯肺，肺气不宣，常见鼻塞流涕，嗅觉不灵等症状。在液为涕，指肺与鼻涕性状的变化关系密切，肺气正常与否，常可以通过鼻涕的变化反映出来。

3. 脾

脾的主要生理功能为主运化、统血、主肌肉四肢。脾开窍于口，在液为涎。

脾主运化指脾有消化、吸收、运输营养物质及水湿的功能。机体的脏腑经络、四肢百骸、筋肉、皮毛，均有赖于脾的运化以获取营养，故称脾为"后天之本"、"五脏之母"。脾主运化的功能，主要包括两个方面：一是运化水谷精微，即脾对经胃初步消化的水谷进行进一步的消化及吸收，并将营养物质转输到心、肺，通过经脉运送到周身，以供机体生命活动之需；二是指运化水湿，即脾有促进水液代谢的作用。因脾要将水谷精微及水湿上输于肺，故有"脾主升清"之说。

脾主统血是指脾有统摄血液在脉中正常运行，不致溢出脉外的功能。脾气旺盛，固摄有权，血液就能正常地沿脉管运行而不致外溢；否则，脾气虚弱，气不摄血，就会引起各种出血性疾患，尤以慢性出血为多见，如长期便血，皮下出血等。

脾主肌肉四肢指脾可为肌肉四肢提供营养，以确保其健壮有力和正常发挥功能。脾气健运，营养充足，则肌肉丰满有力，柔则就肌肉痿软，动物消瘦。

脾开窍于口，脾气通于口，与食欲有着直接联系。脾气旺盛，则食欲正常。若脾失健运，则动物食欲减退，甚至废绝。脾主运化，其华在唇，唇是脾的外应。因此，口唇可以反映出脾运化功能的盛衰。脾在液为涎，若脾胃不和，则涎液分泌增加，发生口涎自出等现象。

4. 肝

肝的主要生理功能是藏血、主疏泄、主筋。肝开窍于目，在液为泪。

肝藏血指肝有贮藏血液及调节血量的功能。当动物休息或静卧时，机体对血液的需要量减少，一部分血液则贮藏于肝脏；而在使役或运动时，机体对血液的需要量增加，肝脏便排出所藏的血液，以供机体活动所需。肝藏血的功能失调主要有两种情况，一是肝血不足，血不养目而发生目眩、目盲，或血不养筋而出现筋肉拘挛或屈伸不利。二是肝不藏血，则可引起动物不安或出血。肝的阴血不足，还可引起阴虚阳亢或肝阳上亢，出现肝火、肝风等证。

肝主疏泄指肝具有保持全身气机疏通调达，通而不滞，散而不郁的作用。肝的疏泄功能，主要表现在以下几个方面：①协调脾胃运化，是保持脾胃正常消化功能的重要条件。②调畅气血运行，是保持血流通畅的必要条件。③调控精神活动，是保持精神活动正常的必要条件。④通调水液代谢。

肝主筋指肝有为筋提供营养，以维持其正常功能的作用。肝血充盈，筋得到充分的需养，其活动才能正常。"爪为筋之余"，爪甲亦有赖于肝血的滋养，故肝血的盛衰，可引起爪甲荣枯的变化。

肝开窍于目，肝的功能正常与否，常常在目上得到反映。若肝血充足，则双目有神，视物清晰；若肝血不足，则两目干涩，视物不清，甚至夜盲；肝经风热，则目赤痒痛流泪；肝火上炎，则目赤肿痛生翳。肝在液为泪，肝的病变常常引起泪的分泌异常。

5. 肾

肾的主要生理功能为主藏精，主命门之火，主水，主纳气，主骨、生髓、通于脑。肾开窍于耳、司二阴，在液为唾。

肾主藏精。"精"是一种精微物质，肾所藏之精即肾阴，是构成机体的基本物质，也是机体生命活动的物质基础，包括先天之精和后天之精两个方面。先天之精，即本脏之精，是构成生命的基本物质。它禀授于父母，先身而生，与机体的生长、发育、生殖、衰老都有密切关系。后天之精，即水谷之精，有五脏、六腑所化生，故又称"脏腑之精"，是维持机体生命活动的物质基础。肾藏精指精的产生、贮藏及转输均由肾所主。

肾主命门之火指肾之元阳，有温煦五脏、六腑，维持其生命活动的功能。肾所藏之精需要命门之火的温养，才能发挥其滋养各组织器官及繁殖后代的作用。五脏六腑的功能活动，也有赖于肾阳的温煦才能正常，特别是后天脾胃之气需要先天命门之火的温煦，才能更好地发挥运化的作用。故命门之火不足，常导致全身阳气衰微。

肾主水指肾在机体水液代谢过程中起着升清降浊的作用。肾主水的功能，主要靠肾阳（命门之火）对水液的蒸化来完成。水液进入胃肠，由脾上输于肺，肺将其中清中之清的部分输布全身，而清中之浊的部分则通过肺的肃降作用下行于肾，肾再加以分清泌浊，将浊中之清经再吸收上输于肺，浊中之浊的无用部分下注膀胱，排出体外。

肾主纳气指肾有摄纳呼吸之气，协助肺司呼吸的功能。呼吸虽由肺所主，但吸入之气必须下纳于肾，才能使呼吸调匀；若肾虚，纳气失常，就会影响纳气的肃降，出现呼多吸少，吸气困难的喘息之证。

肾主骨、生髓、通于脑指肾有主管骨骼代谢，滋生和充养骨髓、脊髓及大脑的功能。肾所藏之精有生髓的作用，髓充于骨中，滋养骨骼，骨赖髓而强壮。髓由肾精所化生，有骨髓和脊髓之分。脊髓上通于脑，聚而成脑。脑需要依靠肾精的不断化生才能得以滋养。肾主骨，"齿为骨之余"，故齿也有赖肾精的充养。肾精充足，则牙齿坚固；肾精不足，则牙齿松动，甚至脱落。

肾开窍于耳、司二阴。肾的上窍是耳，其功能的发挥，有赖于肾精的充养。肾精充足，则听觉灵敏；若肾精不足，可引起耳鸣，听力减退等症。肾的下窍是二阴，即前阴和后阴。前阴有排尿和生殖的功能，后阴有排泄粪便的功能。这些功能都与肾有着直接或间接的联系。

肾在液为唾，唾的分泌与肾相关。

（二）六腑

六腑是胆、胃、小肠、大肠、膀胱和三焦的总称，其共同的生理功能是传化水谷，具有泻而不藏的特点。

1. 胆

胆主要功能是贮藏和排泄胆汁，以帮助脾胃的运化。

2. 胃

胃的主要功能为受纳和腐熟水谷，即胃有接受和容纳饮食物并将其进行初步消化的功能。饮食物经胃的腐熟或初步消化，一部分转变为气血，由脾上输于肺，再经肺的宣发作用布散到全身。没有被消化吸收的部分，则通过胃的通降作用，下传于小肠，由小肠再进行进一步的消化吸收。

3. 小肠

小肠的主要生理功能是受盛化物和分别清浊，即小肠接受由胃传来的水谷，继续进行消化吸收以分别清浊。清者为水谷精微，经吸收后，由脾传输到身体各部，供机体活动之需；浊者为糟粕和多余水液，下注大肠或肾，经由二便排出体外。

4. 大肠

大肠的主要功能是传化糟粕，即大肠接受小肠下传的水谷残渣或浊物，经过吸收其中的多余水液，最后燥化成粪便，由肛门排出体外。

5. 膀胱

膀胱的主要功能为贮存和排泄尿液。

6. 三焦

三焦是上、中、下焦的总称。从部位上来说，膈以上为上焦（包括心、肺等脏），其功能是司呼吸，主血脉，将水谷精气敷布全身，以温养肌肤、筋骨，并通调腠理；脘腹部相当于中焦（包括脾、胃等脏腑），其功能是腐熟水谷，并将营养物质通过肺脉化生营血；脐以下为下焦（包括肝、肾、大小肠、膀胱等脏腑），其功能是分别清浊，并将糟粕以及代谢后的水液排泄于外。三焦总的功能是总司机体的气化，疏通水道，是水谷出入的通路。

三、气血津液

气、血、津液是构成动物体的基本物质，也是维持动物体生命活动的基本物质。它们既是动物体脏腑、经络等组织器官生理活动的产物，又为脏腑经络的生理活动提供必需的物质和能力，是这些组织器官功能活动的物质基础。

（一）气

气是不断运动的、极其细微的物质，是构成动物体和维持其生命活动的最基本物质。动物体内的气主要源于两个方面，一是禀受于父母的先天之精气，二是肺吸入的自然界清气和脾胃所运化的水谷精微之气。

气是不断运动的，气的运动称为气机，其基本形式有升、降、出、入 4 种。气在体内依附于血、津液等载体，故气的运动，一方面体现于血、津液的运行，另一方面体现于脏腑器官的生理活动。升降运动是脏腑的特性，其趋势则随脏腑的不同而有所不同。就五脏而言，心肺在上，在上者宜降；肝肾在下，在下者宜升；脾胃居中，通连上下，为升降的枢纽。就六腑而言，虽然六腑传化物而不藏，以通为用，宜降，但在食物的传化过程中，也有吸收水谷精微和津液的作用，故其气机的运动是降中寓升。

气具有推动、温煦、防御、固摄、气化和营养等方面的作用。机体内的气，由于组成成分、来源、在机体分布的部位及其作用的不同而有不同的名称，就其生成及作用而言，主要有元气、宗气、营气、卫气四种。

1. 元气

根源于肾，包括肾阴、肾阳之气，由先天之精所化生，藏之于肾，又赖后天精气的滋养，才能不断地发挥其作用。元气是机体生命活动的原始物质及其生化的原动力，具有激发与推动脏腑组织器官的活动以维持机体的正常生长发育的功能。

2. 宗气

由脾胃所运化的水谷精微之气和肺所吸入的自然界清气结合而成。它形成于肺，聚于胸中，有助肺以行呼吸和贯穿心脉以行营血的作用。

3. 营气

由水谷精微之气所化生，与血并行于脉中，具有化生血液和营养全身的作用。

4. 卫气

由水谷之气所化生，是机体阳气的一部分。卫气行于脉外，敷布全身，在内散于胸腹，温养五脏六腑；在外布于肌表皮肤，温养肌肉，润泽皮肤，滋养腠理，启闭汗孔，保卫肌表，抗御外邪。

（二）血

血是一种含有营气的红色液体。血的生成主要有 3 个方面，首先脾所运化的水谷精微是血液生产的主要来源，其次营气入于心脉有化生血液的作用，再次精血之间可以互相转化。血在脉中循行，内至五脏六腑，外达筋骨皮肉，不断地对全身的脏腑、形体、五官九窍等组织器官起着营养和滋润作用，以维持其生理活动。

（三）津液

津液是动物体内一切正常水液的总称，包括各脏腑组织的内在体液及其分泌物，如胃液、肠液、关节液以及涕、泪、唾等。其中，清而稀者称为"津"，浊而稠者称为"液"。

津液具有滋养和濡养的作用。津较清稀，其滋润作用大于液；液较浓稠，其濡养作用大于津。具体地说，津有两方面的功能，一是随卫气的运行敷布于体表、皮肤、肌肉等组织间，起到润泽和温养皮肤、肌肉的作用；二是进入脉中，起到组成和补充血液的作用。液也有两方面的功能，一是注入经脉，随着血脉运行灌注于脏腑、骨髓、脊髓和脑髓，起到滋养内脏，充养骨髓、脊髓、脑髓的作用；二是流注关节、五官等处，起到滑利关节，润泽孔窍的作用。液在目、口、鼻可转化为泪、唾、涎、涕等。

（四）气血津液之间的关系

气、血、津液均来源于脾胃所运化的水谷精微，都是构成机体和维持机体生命活动的基本物质，三者之间存在着相互依存、相互转化和相互为用的关系。

1. 气和血的关系

一方面，气是化生血液的原料，也是化生血液的动力，气旺则血充，气虚则血少；另一方面，血的运行必须依赖气的推动，即"气行则血行，气滞则血瘀"。同时，血液又需要依赖气的统摄才能正常循行于脉中而不致溢出脉外，而气必须附着于血，才能行于脉中而不致散失，故有"气为血帅，血为气母"之说。

2. 气和津液的关系

气是津液生成的物质基础和动力，津液的输布和排泄均依赖于气的升降出入和有关脏腑的气化功能，气依附于津液而存在，否则就会涣散不定。

3. 血和津液的关系

血和津液都是以营养、滋润为主要功能的液体，其来源相同，又能相互渗透转化。津液是血液的组成部分，而血的液体部分渗于脉外，可成为津液，故有"津血同源"之说。

四、经络

经络学说是中兽医学基础理论的重要组成部分，是研究机体生理作用和病理现象的依据，对于辩证、用药以及针灸治疗都具有重要的指导意义。

（一）经络的基本概念和经络系统

经络是动物体内经脉和络脉的总称，是机体联络脏腑、沟通内外和运行气血、调节功能的通路，是动物体组织结构的重要组成部分。经络系统主要由四部分组成，即经脉、络脉、内属脏腑部分和外连体表部分。

1. 经脉

经脉包括十二经脉、十二经别和奇经八脉三部分。

十二经脉：即前肢三阴经（前肢太阴肺经、前肢厥阴心包经和前肢少阴心经）和三阳经（前肢阳明大肠经、前肢少阳小肠经和前肢太阳三焦经），后肢三阴经（后肢太阴脾经、后肢厥阴肝经和后肢少阴肾经）和三阳经（后肢阳明胃经、后肢少阳胆经和后肢太阳膀胱经），是全部经络系统的主体，又叫十二正经。十二经脉有一定的起止和循行部位，一般来说，前肢三阴经，从胸部开始，循行于前肢内侧，止于前肢末端；前肢三阳经，由前肢末端开始，循行于前肢外侧，抵达于头部；后肢三阳经，由头部开始，经背腰部，循行于后肢外侧，止于后肢末端；后肢三阴经，由后肢末端开始，循行于后肢内侧，经腹达胸。

十二经别是从十二经脉分出的纵行支脉，又称为"别行的正经"。

奇经八脉：包括任脉、督脉、冲脉、带脉、阴维脉、阳维脉、阴跷脉、阳跷脉八条，其中，督脉行于背中线，总督一身之阳脉；任脉行于腹中线，总任一身之阴脉。

2. 络脉

络脉是经脉的细小分支，多数无一定的循行路径，包括十五大络、络脉和孙络 3 部分。十五大络，即十二络脉（每一条正经都有一条络脉）加上任脉、督脉的络脉和脾的大络，总共为十五条，它是所有脉络的主体。从十五大络分出的斜横分支，一般统称为络脉。从络脉中分出的细小分支，称为孙络。络脉浮于体表的，叫做浮络。络脉，特别是浮络，在皮肤上暴露出的细小血管，称为血络。

3. 内属脏腑部分

经络深入动物体内连属各个脏腑。十二经脉各与其本身脏腑直接相连，称之为"属"；同时也各与其像表里的脏腑相连，称之为"络"。阳经皆属腑而络脏，阴经皆属脏而络腑，构成一脏一腑的表里关系。

4. 外连体表部分

外连体表部分主要有十二经筋和十二皮部。经筋是经脉所属的筋肉系统，即十二经脉及其络脉中气血所濡养的肌肉、肌腱、筋膜、韧带等，其功能主要是连缀四肢百骸，主司关节运动。皮部是经脉及其所属络脉在体表的分布部位，即皮肤的经络分区。

（二）经络的主要作用

经络能密切联系周身的组织和脏器，在生理功能、病理变化、药物及针灸治疗等方面，都起着重要作用。

1. 生理方面

（1）运行气血，温养全身　动物体内的各组织器官，均需气血的温养，才能维持正常的生理活动，而气血必须通过经络的传注，方能通达周身，发挥其温养脏腑组织的作用。

（2）协调脏腑，联系周身　经络既有运行气血的作用，又有联系动物体各组织器官的作用，使机体内外上下保持协调统一。

（3）保卫体表，抗御外邪　经络在运行气血的同时，卫气伴行于脉外，起到保卫体表，抗御外邪的作用。

2. 病理方面

（1）传导病邪　病邪侵袭机体，可通过经络由表及里传入脏腑而引发病证。

（2）反映病变　脏腑有病，可通过经络反映到体表，临床上可据此对疾病进行诊断。

3. 治疗方面

（1）传递药物的治疗作用　经络能够选择性地传递某些药物，致使某些药物对某些脏腑具有主要作用。

（2）感受和传导针灸的刺激作用　经络能感受针灸的刺激并将其传导至相应的脏腑，从而起到调整脏腑机能和治疗疾病的作用。

五、病因病机

（一）病因

病因，即引起动物疾病发生的原因，中兽医学称之为"病源"或"邪气"。根据病因的性质及致病的特点，中兽医学中将其分为外感、内伤和其他致病因素三大类。

1. 外感致病因素

外感致病因素是指来源于自然界，多从皮毛、口鼻侵入机体而引发疾病的致病因素，包括六淫和疫疠。

（1）六淫　是指自然界风、寒、暑、湿、燥、火（热）六种反常气候，当其变化过于剧烈，动物一时不能适应时即成为致病因素，成为"六淫"。

风邪：风是春季的主气，但一年四季皆有，其所致之病统称为外风证。风邪的性质与致病特性为：①风为阳邪。其性轻扬开泄。故风邪所伤，最易侵犯动物体的上部（如头面部）和肌表，并使皮毛腠理疏泄而开张，出现汗出、恶风的症状。②风性善行数变。故风邪致病具有部位游走不定，变化无常以及发病急、变化快的特点。③风性主动。故风邪所致疾病具有类似摇动的症状，如肌肉颤抖、四肢抽搐、颈项强直、角弓反张、眼目直视等。

寒邪：寒为冬季的主气，但四季皆有。寒邪的性质与致病特性为：①寒性阴冷，易伤阳气。故感受寒邪，阳气受损，出现阴寒偏盛的寒象。②寒性凝滞，易致疼痛。故寒邪侵犯机体，可使气血凝结阻滞不通而引起疼痛。③寒性收引。故寒邪侵袭，可使机体气机收敛，腠理、经络、筋脉和肌肉等收缩挛急。

暑邪：暑为夏季的主气，独见于夏令。暑邪的性质与致病特性为：①暑性炎热，易致发热。故伤于暑者，常出现高热、口渴、脉洪、汗多等一派阳热之象。②暑性升散，易耗气伤津，故暑邪侵入机体，多使腠理开泄而汗出，汗出过多，不但耗伤津液，而且气也随之而耗，导致气津两伤。③暑多挟湿。故动物体在感受暑邪的同时，还常兼感湿邪，临床上除见到暑热的表现外，还有湿邪困阻的症状。

　　湿邪：湿为长夏的主气，但一年四季都有。湿邪的性质与致病特性为：①湿为阴邪，阻遏气机，易损阳气。湿邪留滞脏腑经络，使得气机升降失常。又因脾喜燥恶湿，故湿邪最易伤及脾阳，致使水湿不运，溢于皮肤则成水肿，流溢胃肠则成泄泻。②湿行重浊，其性趋下。湿邪致病，多先起于机体的下部，常见迈步沉重，倦怠无力，如负重物等症状，而其分泌物及排泄物有秽浊不清的特点。③湿性黏滞，缠绵难退。湿邪致病具有粪便黏滞不爽，尿涩滞不畅的特点，而且病程较长，缠绵难退，或反复发作，不易治愈。

　　燥邪：燥是秋季的主气，但一年四季皆有。燥邪的性质与致病特性：①燥性干燥，易伤津液。故燥邪所伤，易出现津液亏虚的病变。②燥易伤肺，故燥邪为病，最易致使肺阴受损，引起肺燥津亏之证。

　　火邪：火为阳热之气所化生，一年四季皆有。火邪的性质与致病特性为：①火为热极，其性炎上。故火邪致病，常见高热、口渴、骚动不安、舌红苔黄、尿赤、脉洪数等热象，且症状多表现在机体的上部，如心火上炎，口舌生疮；胃火上炎，齿龈红肿；肝火上炎，目赤肿痛等。②火邪易生风动血。火热之邪侵犯机体，往往劫耗阴液，使筋脉失养，而致肝风内动，同时也使血管扩张，血流加速，甚则灼伤脉络，迫血妄行，引起出血和发斑。③火邪易伤津液。火热邪气，最易迫津液外泄，消灼阴液，故火邪致病除见热象外，往往伴有咽干舌燥、口渴喜饮冷水、尿少粪干、甚至眼窝塌陷等津干液少的症状。④火邪易致疮痈。火邪之邪侵犯血分，可聚于局部，腐蚀血肉而发为疮疡痈肿。

　　（2）疫疠　是一种能够引起传染性疾病的外感致病因素。疫疠致病具有发病急骤，能相互传染，蔓延迅速，不论动物的年龄如何，染后症状基本相似的特点。

　　2. 内伤致病因素

　　内伤致病因素，主要包括饲养失宜和管理不当，可概括为饥、饱、劳、役四种。饥饱是饲喂失宜，而劳役则属管理使役不当。此外，动物长期休闲，缺乏适当运动也可以引起疾病，称为"逸伤"。内伤因素，既可以直接导致动物疾病，也可以使动物体的抵抗能力降低，为外感因素致病创造条件。

　　3. 其他致病因素

　　其他致病因素包括外伤、寄生虫侵袭、中毒、痰饮和七情等。

（二）病机

　　病机，即疾病发生、发展与变化的机理。中兽医学认为，各种致病因素都是通过动物体内部因素而起作用的，疾病就是正气与邪气相互斗争，发生邪正消长、阴阳失调和升降失常的结果。因此，虽然疾病的发生、发展错综复杂，千变万化，但就其病机过程来讲，总不外乎邪正消长、阴阳失调、升降失常等几个方面。

六、诊法

　　诊法，即诊察疾病的方法，主要有望、闻、问、切四种，简称"四诊"。

（一）望诊

　　望诊，就是运用视觉有目的地观察患畜全身和局部的一切情况及其分泌物、排泄物的变化，以获得有关病情资料的一种方法，分为望全身、望局部和察口色 3 个方面。望全身就是对机体的精神、形体、皮毛、动态等全身表现进行有目的的观察，以获取有关疾病的资料。望局部就是对眼、耳、鼻、口唇、呼吸、饮食、躯干、四肢、二阴和粪尿等进行有目的的观察，以获得有关疾病的资料。

察口色，就是观察口腔各有关部位的色泽，以及舌苔、口津、舌形等的变化，以诊断脏腑病证的方法。犬、猫察口色的部位以舌为主。

动物的正常口色一般是舌质淡红，不胖不瘦，活动灵活自如；舌面微有薄白的舌苔，稀疏均匀；干湿得中，不滑不燥。

动物有病时的口色应从舌色、舌苔、口津等多方面的变化进行观察。

1. 舌色

常见的病色有下述几种：白色，主虚症，多见于脾胃虚弱的营养不良、各种贫血、虫积和内伤杂病等。赤色，主热证，常见于热性感染性疾病的过程中。此外，舌尖红，是心火上灸；舌边红，是肝胆有热；舌红而干，是热盛伤津；舌红无苔，为阴虚火旺；舌红而有深红色瘀点，属热毒炽盛，是发斑的先兆。青色，主寒、主痛、主风，多为感受寒邪及疼痛的象征。黄色，主湿症，多为肝、胆、脾的湿热所引起。黑色，主寒深、热极，多见于病情危重之时，黑而有津属寒深，黑而无津属热极。

2. 舌苔

舌苔为舌面上的一层薄垢，健康动物舌苔薄白或稍黄，干湿得中。疾病中舌苔的变化，主要反映在苔色和苔质两个方面。

苔色主要有白苔、黄苔和灰黑苔 3 种。其中，白苔主表证、寒证，黄苔主里证、热证，灰黑苔主热证和寒湿证。

苔质主要指舌苔的有无、厚薄、润燥和腐腻等。舌苔的有无，常表示病情的进退和胃气的复衰。若舌苔由无到有，说明胃气渐复，病情好转；舌苔由有到无，说明胃气虚衰，病情欠佳。舌苔的厚薄，反映邪气的深浅和病情的进退。舌苔薄，表示病邪浅，病情轻；舌苔厚，表示病邪深，病情重。在疾病过程中，舌苔由薄变厚，表示病邪深入，病情加重；舌苔由厚变薄，表示病邪渐退，病情好转。舌苔的润燥，反映津液的存亡。舌苔湿润，表示津液未伤；若苔面水分过多，多为水湿内停；舌苔干燥，说明津液已伤，多为热盛伤津，久病阴液亏耗所致。舌苔的腐腻，反映脾胃的湿浊。苔质颗粒疏松，粗大而厚，如豆腐渣堆积于舌面，之可去为腐苔，说明内有积滞而胃气尚好，主宿食停积；苔质颗粒致密，细腻而薄，之不去，刮之不脱为腻苔，主湿浊、痰饮、湿热等证。

3. 口津

口津的变化，可以反映出机体津液的盈亏和存亡情况。口津黏稠或干燥，多为燥热伤津；口干，舌面有皱褶，则为阴虚液亏，严重脱水的征兆；口津多而清稀，口腔滑利，多为寒证或水湿内停。

（二）闻诊

闻诊，是通过听觉和嗅觉了解病情的一种诊断方法，包括闻声音和嗅气味两个方面。

（三）问诊

问诊，是通过与动物主人及有关饲养人员进行有目的的交谈，以调查了解有关病情的一种方法。

（四）切诊

切诊，就是依靠手指的感觉，进行切、按、触、叩，从而获得有关病情资料的一种诊察方法。切诊主要包括切脉和触诊两部分。

切脉又叫脉诊，是用手指切按患病动物一定部位的动脉，根据脉象了解和推断病情的一种诊断方法，犬和猫切脉的部位是股内动脉。

健康动物的脉象表现为不浮不沉，不快不慢，次数一定，节奏均匀，中和有力，连绵不断。疾病过程中的脉象主要有以下几种。浮脉，轻按即得，重按反觉脉减，如触水中浮木，主表证。沉脉，轻取不应，重按始得，如触水中沉石，主里证。迟脉，脉来迟慢，脉搏次数低于正常值的下限，主寒证。数脉，脉来急促，脉搏次数超过正常值的上限，主热证。虚脉，浮、中、沉取均感无力，按之空虚，主虚证，多为气血两虚及脏腑虚证。实脉，浮、中、沉取均感有力，按之实满，主实证。滑脉，往来流利，应指圆滑，如盘走珠，主痰饮、食滞、实热。涩脉，脉搏往来艰涩，欲来而未即来，欲去而未即去，如轻刀刮竹，主精伤、血少、气滞、血淤。洪脉，脉来如波涛汹涌，满溢指下，来盛去衰，主热盛。细脉，脉幅细小，但应指明显，诸虚劳损，尤以阴血虚为主。

七、辨证

证，即证候，是对疾病发展过程中某一阶段病因、病位、病机、病性、邪正双方力量对比等方面情况的概括。辨证，是以脏腑、气血津液、经络、病因等理论为基础，以四诊所获取的资料为依据，认识疾病、诊断疾病的过程。

中兽医的辨证方法很多，如八纲辨证、脏腑辨证、气血津液辨证、六经辨证和卫气营血辨证方法等。这些辨证方法，虽各有特点和侧重，但又互相联系，互为补充。八纲辨证是所有辨证方法的总纲，是对疾病所表现出共性的概括；脏腑辨证是各种辨证方法的基础，是以脏腑理论为基础的，多用于辨内伤杂病；气血津液辨证是与脏腑辨证密切相关的一种辨证方法；六经、卫气营血辨证，主要是针对外感热病的辨证方法。

八、治法

治法，即临证时对某一具体病症所确定的治疗方法，主要包括内治法和外治法两大类。

（一）内治法

内治法包括汗、吐、下、和、温、清、补、消8种药物治疗的方法，又称为"八法"。

汗法，又叫解表法，是运用具有解表发汗作用的药物，以开泄腠理，祛除病邪，解除表证的一种治疗方法，主要用于治疗表证。

吐法，又叫涌吐或催吐法，是运用具有涌吐性能的药物，使病邪或有毒物质从口中吐出的一种治疗方法，主要适用于误食毒物、痰涎壅盛、食积胃腑等病症。

下法，又叫攻下法或泻下法，是运用具有泻下通便作用的药物，以攻逐邪实，达到排除体内积滞和积水，以及解除实热壅结的一种治疗方法，主要适用于里实证，凡胃肠燥结、停水、虫积、实热等证，均可用本法治疗。

和法，又叫和解法，是运用具有疏通、和解作用的药物，以祛除病邪，扶助正气和调整脏腑间协调关系的一种治疗方法，主要适用于病邪既不在表、又未入里的半表里证和脏腑气血不和的病症。

温法，又叫祛寒法或温里法，是运用具有温热性质的药物，促进和提高机体的功能活动，以祛除体内寒邪，补益阳气的一种治疗方法，主要适用于里寒证或里虚证。

清法，又叫清热法，是运用具有寒凉性质的药物，清除体内热邪的一种治疗方法，主要适用于里热证。

补法，又叫补虚法或补益法，是运用具有营养作用的药物，对畜体阴阳气血不足进行补益的一种治疗方法，适用于一切虚证。

消法，又叫消导法或消散法，是运用具有消散破积作用的药物，以达到消散体内气滞、血瘀、食积的一种治疗方法，常用于治疗气滞、血瘀和食物积滞。

（二）外治法

外治法是不通过内服药物的途径，直接使药物作用于病变部位的一种治疗方法，临床常见的有贴敷、掺药、点眼、吹鼻、熏、洗、口嚼、针灸等方法。

第九章　动物传染病学和寄生虫学知识

一、传染病学基本知识

（一）基本概念

1. 传染病

凡是由病原微生物引起，具有一定的潜伏期和临诊表现，并具有传染性的疾病，称为传染病。与非传染病相比，传染病具有如下特征：①它是由病原微生物与机体相互作用所引起的。②具有传染性和流行性。③被感染的机体发生特异性反应产生特异性抗体和变态反应等。④耐过动物能获得特异性免疫。⑤具有特征性的临诊表现，如具有特征性的症状和一定的潜伏期等。

2. 感染

病原微生物侵入动物机体，并在一定的部位定居、生长繁殖，从而引起机体一系列的病理反应，这个过程称为感染。引起感染的病原微生物包括：细菌、放线菌、支原体、螺旋体、立克次氏体、衣原体、真菌、病毒和朊病毒。

3. 感染的类型

病原微生物的侵犯与动物机体抵抗侵犯的矛盾运动错综复杂，受多方面因素的影响，因此感染过程表现出各种形式或类型。

（1）外源性感染和内源性感染　病原微生物从动物体外侵入机体而引起的感染称为外源性感染。而由于受到某些因素的作用，动物机体的抵抗力下降，致使寄生于动物体内的某些条件性病原微生物或隐性感染状态下的病原微生物得以大量繁殖而引起的感染称为内源性感染。

（2）单纯感染、混合感染、原发性感染、继发性感染和协同感染　这是按感染病原微生物的次序及相互关系来分类的。由一种病原微生物引起的感染称为单纯感染。由两种或两种以上的病原微生物同时参与感染称为混合感染。由病原微生物本身引起机体的首次感染过程称为原发性感染。而当动物机体感染了某种病原微生物引起抵抗力下降后，造成另一种或几种新侵入病原微生物的感染即为继发性感染。协同感染是指在同一感染过程中有两种或两种以上病原体共同参与，相互作用，使其毒力增强，而参与的病原体单独存在时则不能引起协同。

（3）显性感染和隐性感染　这是按感染动物的临床表现来区分的。当病原微生物具有相当的毒力和数量，而机体的抵抗力相对较弱时，动物在临诊上出现一定的症状，这一过程称为显性感染。如侵入的病原微生物定居在某一部位，虽能进行一定程度的生长繁殖，但动物不呈现任何症状，即动物与病原体之间的斗争处于暂时的、相对平衡状态，这种状态称为隐性感染。处于这种情况下的动物称为带菌者。

（4）局部感染和全身性感染　由于动物机体抵抗力较强，侵入机体的病原微生物毒力较弱或数量较少，致使病原体在机体内一定部位生长繁殖而引起一定程度的病变，称为局部感染。如感染的病原微生物或其代谢产物突破机体的防御屏障，通过血流或淋巴循环扩散到全身各处，并引起全身性症状成为全身性感染。全身性感染的表现形式主要包括：菌血症、病毒血症、毒血症、败血症、脓毒症和脓毒败血症。

（5）最急性、急性、亚急性和慢性感染　按病程的缓急程度的差异来区分，病程数小时至1d左右、发病急剧、突然死亡、症状和病变不明显的感染过程称为最急性感染。病程较长，数天至二三周不等，具有该病明显临床症状的感染称为急性感染。病程比急性感染稍长，病势及症状较为缓和的感染过程称为亚急性感染。慢性感染则指发展缓慢、病程数周至数月、症状不明显的感染过程。

（6）病毒的持续性感染和慢发病毒感染　持续性感染是指入侵的病毒不能杀死宿主细胞而形成病毒与宿主细胞间的共生平衡时，感染动物可在一定时期内带毒或终身带毒，而且经常或反复不定期地向体外排出病毒，但不出现临床症状或仅出现与免疫病理反应相关症状的一种感染状态。慢性病毒感染是指那些潜伏期长、发病呈进行性经过，最终以死亡为转归的感染过程。慢发病毒感染时，被感染动物病情发展缓慢，但不断恶化且最后以死亡告终。朊病毒和慢性病毒引起的感染常如此。

4. 抗感染免疫与易感性

病原微生物进入动物机体不一定引起感染过程。多数情况下，动物的身体条件不适合于侵入的病原微生物生长繁殖，或动物体能迅速动员防御力量将该侵入者消灭，从而不出现可见的病理变化和临诊症状，这种状态就称为抗感染免疫。动物对某一病原微生物没有免疫力（即没有抵抗力）称为易感性。

5. 疫源地和自然疫源地

传染源及其排出的病原体存在的地区称为疫源地。它包括传染源和被污染的物体、房舍、活动场所等，以及这个范围内被怀疑有感染可能的动物群体和储存宿主等。根据疫源地的范围大小，可分别将其称为疫区和疫点。疫点通常是指范围较小的疫源地或由单个传染源所构成的疫源地，有时也将某个比较孤立的养殖场或养殖村称为疫点。疫区则指有多个疫源地存在、相互连接成片而且范围较大的区域，一般指有某种疫病正在流行的地区，范围通常比疫点大。但疫点和疫区的划分不是绝对的。

有些疾病的病原体在自然条件下，即使没有人类或动物的参与，也可通过传播媒介（主要是吸血节肢动物）感染宿主（主要是野生脊椎动物）造成流行，并长期在自然界中循环延续其后代，人和动物的感染和流行，对其在自然界中的保存来说不是必要的，这种现象称为自然疫源性。具有自然疫源性的疾病，称为自然疫源性疾病。存在自然疫源性病的地区，称为自然疫源地，它有明显的地区性和季节性。

（二）动物传染病的分类

动物传染病的分类方法很多，为了反映疾病的特性，人们从不同的侧面进行分类，以便制定传染病的防治对策。常用的分类如下：

1. 按传染病的病原体分类

有病毒病、细菌病、支原体病、衣原体病、螺旋体病、放线菌病、立克次氏体病和朊病毒感染等。除了病毒病和朊病毒感染外，由其他病原体引起的疾病习惯上统称为细菌性疾病。

2. 根据动物疫病对人类和动物危害的严重程度、造成经济损失的大小和国家扑灭的需要，我国政府将动物疫病分为 3 大类

一类疫病是指对人类和动物危害严重、需要采取紧急、严厉的强制性预防、控制和扑灭措施的疾病。一类疫病大多数为发病急、死亡快、流行广、危害大的急性、烈性传染病或人和动物共患的传染病。按照法律规定此类疫病一旦暴发，应该采取以疫区封锁、扑杀和销毁动物为主的扑灭措施。

二类疫病是指可造成重大经济损失、需要采取严格控制扑灭措施的疾病。法律规定发现二类疫病时，应该根据需要采取必要的控制、扑灭措施。

三类疫病是常见多发、可造成重大经济损失、需要控制和净化的动物疫病。该类疫病常呈慢性发展状态，法律规定应采取检疫净化的方法，并通过预防、改善环境条件和饲养管理等控制措施控制。上述 3 类疾病的详细名录见附录。

（三）病原微生物的致病作用

1. 毒力

病原微生物侵入动物机体后发生致病作用多种多样，一定菌株或毒株的致病力程度称为毒力，它是区别病原微生物和非病原微生物的主要特征。毒力的大小取决于病原微生物在组织中或体表繁殖的能力；产生能伤害或破坏体细胞、器官或组织的化学物质（如毒素）的能力。

2. 外毒素和类毒素

有些病菌可产生外毒素，这是一种蛋白质，可被蛋白酶分解，其毒性很强，且有高度特异性。外毒素具有良好的抗原性，可以刺激机体产生特异性的中和抗体，即抗毒素。外毒素经少量甲醛于 37℃ 处理后，其毒性即行丧失，但仍保持其抗原性。这种丧失了毒性而仍具有抗原性的外毒素称为类毒素。

3. 内毒素

大多数细菌主要是革兰氏阴性菌，其菌体中含有对动物组织毒性不太强的物质，这种主要存在于细菌壁的磷脂多糖和肽的复合物，称为内毒素。内毒素能刺激动物机体产生凝集素，这种凝集素能与抗原结合，却不能中和内毒素的毒性。

（四）传染病的发展阶段（传染病的病程经过）

传染病的发展过程在大多数情况下可以分为四个阶段，即潜伏期，前驱期，明显期和转归期。

1. 潜伏期

由病原体侵入机体并进行繁殖，直到疾病的临诊症状开始出现为止的这段时间。不同传染病的潜伏期长短差异很大，如犬瘟热 3～6d；犬细小病毒自然感染潜伏期 7～14d。

2. 前驱期

疾病的征兆阶段，是指临床症状开始出现到该病典型症状显露的一段时间。该期通常只

有数小时至一两天。

3. 明显期（发病期）

前驱期之后，病的特征性症状逐步明显地表现出来，是疾病发展的高峰阶段。

4. 转归期（恢复期）

疾病发展的最后阶段，或者逐步恢复健康，或者死亡。

（五）动物传染病流行过程的3个基本环节

传染病在动物群体中蔓延，必须具备3个相互连接的条件，即传染源、传播途径和易感动物，它们必须同时存在并相互联系才能使传染病在动物群体中流行，这3个条件常统称为传染病流行过程的3个基本环节。

1. 传染源（也称传染来源）

是指传染病的病原体在其中寄居、生长、繁殖，并能排出体外的动物机体。具体说就是受感染的动物，包括传染病病畜和带菌（带毒）动物。被病原体污染的各种外界环境因素（畜舍、饲料、水源、空气和土壤）等不适于病原体长期生存、繁殖，也不能长期排出病原体，因此被称为传播媒介。动物受感染后，可以表现出为患病和携带病原两种状态，因此，传染源一般分为两种类型，即患病动物和病原携带者。患病动物是重要的传染源。患病动物能排出病原体的整个时期称为传染期。不同传染病传染期长短不同，各种传染病的隔离期就是根据传染期的长短来制定的。病原携带者是指外表无症状但携带并排出病原体的动物，如已明确了病原体的性质，也可以相应地称为带菌者、带毒者、带虫者等。病原携带者可分为潜伏期携带者、恢复期携带者和健康携带者3类。潜伏期携带者是指感染后至症状出现前即能排出病原体的动物；恢复期病原携带者是指在临诊症状消失后仍能排出病原体的动物；健康携带者则指过去没有患过某种传染病但却能排出该病原体的动物，一般认为是隐性感染的结果。病原携带者存在着间歇排出病原体的现象，因此仅凭一次检查的阴性结果不能得出结论，只有反复多次检查均为阴性时才能排除病原携带状态。

2. 传播途径

病原体由传染源排出后，经一定的方式再侵入其他易感动物所经的途径称为传播途径。按病原体更换宿主的方法可将传播途径归纳为水平传播和垂直传播两种方式。前者是指病原体在动物群体之间或个体之间横向平行的传播方式；后者则指病原体从亲代到子代的传播方式。

（1）水平传播　在传播方式上可分为直接接触和间接接触传播两种。

直接接触传播是在没有任何外界因素参与下，病原体通过被感染的动物与易感动物直接接触（交配，舐咬）而引起的传播方式。以直接接触传播为主要传播方式的传染病不多，在家畜中狂犬病具有代表性。仅能以直接接触传播为传播途径的传染病，其流行特点是一个接一个的发生，形成明显的连锁状。

间接接触传播必须在外界环境因素下，病原体通过传播媒介使易感动物发生传染的方式。从传染源将病原体传播给易感动物的各种外界环境因素称为传播媒介，生物媒介称为媒介者，无生命的物体称为媒介物。多数传染病以间接接触为主要传播方式。间接接触一般通过如下途径而传播：①经空气（飞沫、飞沫核、尘埃）传播。②经污染的饲料和水传播。③经污染的土壤传播。④经活的媒介物传播。

（2）垂直传播　一般归纳为3种途径，包括经胎盘传播、分娩过程的传播和经卵传播。

3. 动物群体的易感性

指动物个体对某种病原体缺乏抵抗力、容易被感染的特性。决定动物易感性的因素有动物的内在因素—遗传特征；动物的外界因素，如饲料质量、畜舍卫生、粪便处理等；特异性免疫状态。

（六） 流行过程发展的特征

1. 传染病的表现形式

流行过程中，可根据一定时间内发病率的高低和传播的范围将表现形式分为 4 种：散发性、地方流行性、流行性和大流行。

①散发性是指发病数目不多，并且在一个较长的时间里只有个别零星地散在发生。

②地方流行性是指在一定的地区和畜群中，带有局限性传播特征，并且是比较小规模流行的动物传染病。它有两方面含义，一方面，在一定地区一个较长时间里发病的数量稍微超过散发性。另一方面，除了表示一个相对数量外，有时还包含着地区性的含义。

③所谓流行性是指在一定时间内，一定畜群出现比寻常为多的病例，它没有一个病例绝对数的界限，而仅仅是指疾病发生频率较高的一个相对名词。

④大流行是一个规模非常大的流行，流行范围可扩大至全国，甚至可涉及几个国家或整个大陆。

2. 流行过程具有季节性和周期性

某些传染病经常发生在一定的季节，或在一定的季节出现发病率显著上升的现象，成为流行过程的季节性。出现季节性的原因为：①季节影响病原体在外界环境中的存在和散播。②季节影响活的传播媒介。③季节影响动物的活动和抵抗力。此外，某些传染病如口蹄疫，经过一定的间隔时期还可能表现再度流行，这种现象称为家畜传染病的周期性。

（七） 影响流行过程的因素

影响因素包括自然因素，如气候、气温、湿度、阳光、地形和地理环境等；饲养管理因素，如建筑结构、通风设施和饲养密度等；社会因素，包括社会制度、生产力和人民的经济、文化、科学技术水平以及贯彻执行法规的情况。

（八） 流行病学的调查与分析

流行病学调查和分析是认识疫病表现和流行规律的重要方法，其目的是为了摸清传染病发生的原因和传播条件，及时采取合理的防疫措施，迅速控制，扑灭动物传染病的流行。主要方法包括：询问调查；现场查看；实验室检查；进行统计分析。其中，在统计学分析中常用如下的频率指标。

1. 发病率

表示畜群中在一定时期内某病的新病例发生的频率。

发病率（%）＝某期间内某病新病例数/某期间内该畜群动物的平均数×100

2. 感染率

临诊诊断法和各种检验法（微生物学、血清学、变态反应等）检查出来的所有感染家畜的头数（包括阴性患者）占被检查的家畜总头数百分比。

感染率（%）＝感染某传染病的家畜总头数/检查总头数×100

3. 患病率（流行率、病例率）

是指在某一指定的时间畜群中存在某病病例数的比率，代表在指定时间畜群中疾病的数量上的一个断面。

患病率（％）＝在某一指定时间畜群中存在的病例数／在同一指定时间畜群中动物总数×100

4. 死亡率

某病病死数占某种动物总头数。它能表示该病在畜群中造成死亡的频率而不能说明传染病发展的特性。

死亡率（％）＝因某病死亡头数／同时期某种动物总头数×100

5. 病死率

是指因某病死亡的动物总头数占该病患畜总数的百分比。它能表示该病临诊上的严重程度。

病死率（％）＝因某病致死头数／该病患畜总数×100

6. 带菌率＝携带某传染病病原体的动物头数／被调查动物总头数×100％

（九）动物传染病的预防与控制措施

在传染病的预防方面，要贯彻"预防为主"的方针，搞好饲养管理、防疫卫生、预防接种、检疫、隔离、消毒等综合性防疫措施，以达到提高动物健康水平和抗病能力，控制和杜绝传染病的蔓延，降低发病率和死亡率。

传染病的治疗与普通病不同，特别是流行性强，危害严重的传染病，必须在严格封锁或隔离的条件下进行。治疗原则：预防为主，防治结合。治疗措施包括：①针对病原体的疗法，一般分为特异性疗法、抗生素疗法和化学疗法。②针对动物机体的疗法，可分为加强护理和对症疗法。③在大的饲养场还应针对整个群体进行治疗，除了药物治疗外，还要紧急注射疫（菌）苗、血清等。

二、寄生虫病学知识

（一）寄生虫与宿主的概念与类型

寄生虫是暂时或永久地寄生于宿主体内或体表的动物。寄生虫的类型如下。

（1）从寄生部位分　内寄生虫和外寄生虫。寄生在体内的寄生虫称之为内寄生虫，如线虫；寄生在宿主体表的寄生虫称之为外寄生虫，如蜱、螨等。

（2）从寄生虫的发育过程分　单宿主寄生虫和多宿主寄生虫。凡发育过程仅需要一个宿主的寄生虫叫单宿主寄生虫（也叫土源性寄生虫），如绦虫。

（3）从寄生时间分　长久性寄生虫和暂时性寄生虫。寄生虫的某一个生活阶段不能离开宿主体，否则难以存活的寄生虫叫长久性寄生虫；只在采食时才与宿主接触的寄生虫叫暂时性寄生虫，如蚊子。

（4）从寄生的宿主分　专一宿主寄生虫和非专一宿主寄生虫。有些寄生虫只寄生于一种特定的宿主，对宿主有严格的选择性，这种寄生虫称之为专一宿主寄生虫，如鸡球虫只寄生于鸡；有些寄生虫能够寄生于多种宿主叫非专一宿主寄生虫，如肝片吸虫。

（5）从对宿主的需求程度分　专性寄生虫和兼性寄生虫。在其生活史中，寄生关系的那部分时间是必需的，没有这一部分，寄生虫的生活史就不能完成叫专性寄生虫，如血吸虫；兼性寄生虫是指可寄生也可不寄生而营自由生活的种类。

（二）宿主的概念与类型

凡是体内或体表有寄生虫暂时或长期寄居的动物都称为宿主。宿主的类型包括：

1. 终末宿主

是指寄生虫成虫（性成熟阶段）或有性生殖阶段所寄生的动物。如人是猪带状绦虫的终末宿主。

2. 中间宿主

是指寄生虫幼虫期或无性生殖阶段所寄生的动物体。如猪是猪带状绦虫的中间宿主。

3. 补充宿主（第二中间宿主）

某些种类的寄生虫发育过程中需要两个中间宿主，后一个中间宿主就称作补充宿主。如双腔吸虫的补充宿主是蚂蚁。

4. 贮藏宿主或叫转运宿主

即宿主体内有寄生虫虫卵或幼虫存在，虽不发育繁殖，但保持着对易感动物的感染力，把这种宿主叫贮藏宿主。如蚯蚓是鸡异刺线虫的贮藏宿主。

5. 保虫宿主

某些惯常寄生于某种宿主的寄生虫，有时也寄生于其他一些宿主，但寄生不普遍，无明显危害，通常把这种不惯常被寄生的宿主称之为保虫宿主。

6. 带虫宿主

宿主被寄生虫感染后，随着机体抵抗力的增强或药物治疗，处于隐性感染状态，体内仍存留一定数量的虫体，这种宿主即为带虫宿主。

7. 超寄生宿主

许多寄生虫是其他寄生虫的宿主，此种情况称为超寄生。

8. 传播媒介

通常是指在动物宿主间传播寄生虫病的一类动物，多指吸血的节肢动物。

（三）寄生虫生活史

寄生虫生长、发育和繁殖的一个完整循环过程，叫做寄生虫的生活史或发育史，它包括了寄生虫的感染与传播。

完成寄生虫生活史必须具备一定的条件，这些条件受到生态平衡机制的制约和调节，包括：寄生虫必须有其适宜的宿主，甚至是特异性的宿主，这是生活史建立的前提，虫体必须发育到感染性阶段，才具有感染宿主的能力；寄生虫必须有与宿主接触的机会；寄生虫必须有适宜的感染途径；寄生虫进入宿主体后，往往有一定的移行路径，才能到达其寄生部位；寄生虫必须战胜宿主的抵抗力。

（四）寄生虫的流行与危害

1. 寄生虫病的流行

如同传染病的流行，寄生虫的流行同样必须具备3个基本环节，即传染源、传播途径和易感动物。

寄生虫病的感染途径可以是单一的，也可以是由一系列途径构成，主要有以下几种：经口感染，主要感染方式：经皮肤感染，如钩虫、血吸虫的感染方式；接触感染，即通过宿主之间相互直接接触或用具、人员的间接接触，在易感动物之间传播，主要是一些外寄生虫，如蜱、虱、螨等；经节肢动物感染，即通过节肢动物的叮咬、吸血传给易感动物的寄生虫，主要是血液原虫和丝虫；经胎盘感染，如弓形虫等可用该种传播方式；自身感染，有时，某些寄生虫产生的虫卵或幼虫不需要排出宿主体外，即可使原宿主再次遭受感染，这种感染方式就是自身感染。如猪带绦虫的患者呕吐时，可使孕卵节片或虫卵从宿主小肠逆行入胃，而使原患者再次遭受感染。

2. 寄生虫病的危害

寄生虫对宿主的危害，既表现在局部组织器官，也表现在全身。其中包括侵入门户、移行路径和寄生部位，具体危害有以下4个方面：

（1）掠夺宿主营养　消化道寄生虫多数以消化道内的消化和半消化的食物营养为食，有的寄生虫可以直接吸取宿主血液，也有的寄生虫则破坏红细胞或其他组织细胞，以血红蛋白、组织液等作为自己的食物。由于寄生虫对宿主营养的这种掠夺，使宿主长期处于贫血、消瘦和营养不良状态。

（2）机械性损伤　虫体以吸盘、小钩、口囊、吻突等器官附着在宿主的寄生部位，造成局部损伤；幼虫在移行过程中，形成虫道，导致出血、炎症；虫体在肠管或其他腔道（胆管、支气管等）内寄生聚集，引起阻塞、梗阻和破裂等；另外，有些寄生虫在生长过程中，还可刺激和压迫周围组织脏器，导致一系列继发症。

（3）虫体的毒素和免疫损伤作用　虫体排出的代谢产物、分泌的物质及虫体崩解后的物质可引起宿主体局部或全身的中毒或免疫病理反应，导致宿主组织和机能的损害。

（4）继发感染　某些寄生虫侵入宿主体时，可以把一些其他病原体（细菌、病毒等）一同携带入内；另外，寄生虫感染宿主体后，破坏了机体的组织屏障，降低了抵抗力，也使得宿主易继发感染其他疾病。如蚊虫传播日本乙型脑炎，蜱传播梨形虫病。

（五）寄生虫病的诊断与控制

1. 寄生虫病的诊断

病原体的检查是寄生虫病最可靠的诊断方法，无论是粪便中的虫卵还是组织内不同阶段的虫体，只要能够发现其一，便可确诊。但也应当注意，有些情况下，动物体内发现寄生虫，并不一定引起寄生虫病，如寄生虫感染数量较少时，多不引起明显的临床症状；有些条件性致病寄生虫，在动物机体免疫功能正常时也不致病。因此，在判断某种疾病是否由寄生虫引起时，除了检查病原体外，还应结合流行病学资料、临床症状和病理剖检变化等综合考虑。寄生虫病的诊断方法包括：临床观察，流行病学调查，实验室检查，治疗性诊断剖检诊断，免疫学诊断和分子生物学诊断。

2. 寄生虫病的控制

寄生虫病的控制主要根据寄生虫的发育史、流行病学与生态学特征采取综合防治措施。

（1）控制和消灭传染源　要有计划地定期预防性驱虫，还可以利用生物控制技术和免疫学方法对寄生虫病原体进行防治。

（2）切断传播途径　在了解寄生虫如何传播流行的基础上，因地制宜、有针对性地阻断其传播过程。搞好环境卫生是减少和预防寄生虫感染的重要环节。利用寄生虫的某些流行病学特点来切断其传播途径，避免寄生虫的感染。利用寄生虫的中间宿主和媒介的习性，设法回避或加以控制，达到防治目的。

（3）增强动物的抵抗力　加强饲养管理，减少应急因素。

（六）常规寄生虫学实验技术

1. 粪便寄生虫学检查

许多寄生虫特别是消化道的虫体，其虫卵、卵囊或幼虫均可通过粪便排出体外，通过检查粪便，可以确定是否感染寄生虫和寄生虫的种类及感染强度。主要用于检查寄生于消化道及其相连器官（胰、肝等）中的寄生虫感染，也适用于某些呼吸道寄生虫，因为其虫卵和幼虫常随痰液或随粪便排出。粪便检查时，一定要用新鲜粪便。

2. 肉眼观察

寄生于动物消化道的绦虫会不断随宿主粪便排出，呈断续面条状（白色）的孕节片；其他一些消化道寄生虫有时也随粪便排出体外，可直接挑出虫体，判断虫种或进一步鉴定。

3. 直接涂片法

取50%甘油水溶液或普通水1～2滴放于载玻片上，取黄豆大小的被检粪便与之混合均匀，剔除粗粪渣，加上盖玻片镜检虫卵。此法最为简便，但检出率不高。

4. 虫卵漂浮法

常用饱和盐水进行漂浮，主要是检查线虫卵、绦虫卵和球虫卵囊等。漂浮时，取大约10g粪便弄碎，放于一容器内，加入适量饱和盐水搅匀、过滤，静止30min左右后，用直径0.5～1.0cm的金属圈蘸取表面液膜，抖落于载玻片上，加盖后镜检，或用盖玻片蘸取液面，放于载玻片上，在显微镜下检查。常用的漂浮液还有亚硫酸钠饱和液、硫酸镁饱和液、硝酸钠饱和液、硝酸铵饱和液等。检查相对密度较大的虫卵，如棘头虫虫卵、猪肺丝虫虫卵和吸虫卵时，需要用硫酸镁、硫代硫酸钠以及硫酸锌等饱和溶液。

5. 虫卵沉淀法

自然沉淀法的操作方法是取5～10g粪便捣碎后，放于一容器内，加入5～10倍清水搅匀，经40～60孔洞筛滤去大块物质，让其自然沉淀约20min后弃掉上清液，再加入清水搅匀，再沉淀，如此反复进行2～3次，至上清液清亮为止。最后，倾倒掉大部分上清液，留约为沉淀物1/2的溶液量，混匀后，吸取少量于载玻片上，加盖玻片镜检。使用离心沉淀法取代自然沉淀法，可大大缩短沉淀时间。

6. 虫卵计数法

常用的有麦克马斯特氏法。计数时，取去2g粪便捣碎，放入装有玻璃珠的小瓶内，加入饱和盐水58mL充分混合，通过粪筛过滤后，将滤液边摇晃边用吸管吸取少量，加入计数室，放于显微镜载物台上，静置几分钟后，用低倍镜将两个计数室见到的虫卵全部数完，取平均值乘以200，即为每克粪便中的虫卵数（EPG）。

7. 幼虫培养法

最常用的方法是在培养皿底部加滤纸一张，而后将欲培养的粪便加水调成硬糊状，塑成半球形，放于皿内的纸上，并使半球形粪球的顶部略高于平皿边缘，使加盖时与皿盖相接触。将此皿置于25～30℃温箱（夏季放置室内即可）中培养，注意保持皿内湿度（使皿内的垫纸保持潮湿状态）。7～15d后，多数虫卵即可发育成第三期幼虫，并集中于皿盖上的水滴中。将幼虫吸出，置载玻片上，放显微镜下检查。

8. 幼虫分离法

又称贝尔曼氏法。操作方法：用一小段乳胶管两端分别连接漏斗和小试管，然后置漏斗架上，通过漏斗加40℃温水至漏斗中部，漏斗内放置被检材料（粪便或组织）的粪筛或纱布。静置1~3h后，大部分幼虫游走沉于试管底部。此时拿下小试管吸弃上清液，取管底沉淀物镜检。也可将装置放入温箱内过夜后检查。也可用简单平皿法分离幼虫：即取粪球若干个置于放有少量温水（不超过40℃）的表面玻璃或平皿内，经10~15min后，取出粪球，吸取皿内液体，在显微镜下检查幼虫。

9. 毛蚴孵化法

方法是取被检粪便30~100g经沉淀集卵法处理后，将沉淀倒入500mL三角烧瓶内，加温水至瓶口，置22~26℃孵化，到第1、2、5h，用肉眼或放大镜观察并记录一次。如见水面下有白色点状物做直线往来运动，即是毛蚴，但要与水中的草履虫、轮虫等区别。必要时吸出在显微镜下观察。气温高时，毛蚴孵出迅速。因此，在沉淀处理时应严格掌握换水时间，以免换水时倾去毛蚴造成假阴性结果。也可用1.0%~1.2%食盐水冲洗粪便，以防毛蚴过早孵出，但孵化时应用清水。

（七）粪便中常见虫卵的基本形态

1. 线虫卵

光学显微镜下可以看见卵壳由两层构成，壳内有卵细胞。但有的线虫卵排到外界时，其内已经含有幼虫。各种线虫卵的大小和形态不同，常呈椭圆、卵圆或近圆形，卵壳表面多数光滑，有的凹凸不平，色泽可从无色到黑褐色。不同线虫卵卵壳的厚薄不同。蛔虫卵卵壳最厚，其他多数较薄。

2. 吸虫卵

多数呈卵圆形或椭圆形。卵壳由多层膜组成，比较厚而坚实。大部分吸虫卵的一端有盖，也有的没有；吸虫卵卵壳有的表面光滑，有的有一些突出物（结节、小丝、小刺等）。新排出的吸虫卵内一般含有较多的卵黄细胞及其所包围的胚细胞；有的则含有成形的毛蚴。吸虫卵常呈黄色、黄褐色或灰色，内容物较充满。

3. 绦虫卵

呈圆形、方形或三角形，其虫卵中央有一椭圆形具有3对胚钩的六钩蚴（胚胎），它被包在内胚膜内，内胚膜外是外胚膜，内外胚膜呈分离状态，中间含有或多或少的液体，并有颗粒状内含物。有的绦虫卵内胚膜上形成突起，称之为梨形器。各种绦虫卵卵壳的厚度有所不同。绦虫卵大多数无色或灰色，少数呈黄色、黄褐色。假叶目绦虫卵则非常近似于吸虫卵。

4. 寄生虫测微技术

各种虫卵、幼虫或成虫常有恒定的大小，可利用测微器来测量它们的大小，作为确定虫卵或幼虫种类的依据。

第十章　宠物临床营养学基础知识

宠物营养学是一门新兴学科，研究的主要内容是确定维持动物健康和生命所必需的营养素的作用及其添加量。食物中的营养物质，主要包括蛋白质、脂肪、碳水化合物、维生素和矿物质，还有对生命来说最为重要的水。

一、蛋白质

蛋白质是非常复杂的分子，由一个氨基酸的氨基和另一个氨基酸的酸基以肽键结合。数百（或数千）的氨基酸按照精确位点顺序的排列决定了每种蛋白质的性质和作用。蛋白质可以分为动物源性蛋白质和植物源性蛋白质，也可以分为纯蛋白质和结合蛋白质等。

纯蛋白质只含有氨基酸。例如：①蛋清中的白蛋白及血浆和牛奶中的球蛋白；②胶原蛋白是存在于结缔组织中的纤维蛋白，长时间煮沸可转变为凝胶；③弹性蛋白见于动脉壁和皮肤的纤维弹性蛋白。

结合蛋白是除了氨基酸以外的辅基与蛋白质偶联的复合物。例如：①糖蛋白含有糖类，如黏液；②脂蛋白含有脂类，参与血液内脂肪的转运和细胞壁的形成；③磷蛋白含有一个磷酸基，是牛奶中的酪蛋白；④色蛋白含有一个色素基团，如血红蛋白含有血红素；⑤核蛋白是蛋白质和核酸结合，这两种物质共同参与细胞分裂，且作为基因在细胞核内传递遗传信息。

氨基酸是蛋白质及其衍生物的组成部分，其主要成分有 C、H、O、N 和 S。蛋白质含约 20 种氨基酸，其中 8 ~ 10 种氨基酸如精氨酸、亮氨酸、蛋氨酸、赖氨酸、苯丙氨酸、酪氨酸、苏氨酸、色氨酸、缬氨酸和牛磺酸是必须由食物提供的称为必需氨基酸（动物的种类不同有所差别），其他的氨基酸如丙氨酸、丝氨酸、胱氨酸、异亮氨酸、天门冬氨酸、羟赖氨酸、甘氨酸、谷氨酸、组氨酸和羟脯氨酸可由动物自身合成称为非必需氨基酸。

食物中的蛋白质在消化道内降解产生氨基酸，被机体吸收后再合成机体所需蛋白质，用于组建或修复组织器官、运送某些分子（载体蛋白）、器官间传递信息（激素）以及合成抗体等，1g 蛋白质可提供大约 16.74kJ 能量。

犬猫都属于肉食动物，需要大量的优质蛋白质。在生长、妊娠、泌乳或强体力活动特殊生理状况下，动物需要进行额外的组织构建和更新，对蛋白质的需要量就更大，且猫对蛋白质的需要量高于犬，因为猫的一些氮分解酶永久性地准备着分解高蛋白食物，即使给猫饲喂低蛋白食物，其活性也不会改变。

肉、鱼、蛋、奶制品等动物源性食物和植物性食物（酵母、豆类如小扁豆、豌豆和大豆等）中含有大量的蛋白质。其中，奶和奶制品是非常优质的酪氨酸来源，植物中只有大米可检测到酪氨酸；而牛磺酸主要存在于肉类。

二、脂质

脂质没有亲水性，以甘油三酯的形式为主，其他形式有磷脂、脂溶性维生素和固醇。甘油三酯由丙三醇和 3 个脂肪酸构成。脂质分为纯脂质（甘油三酯和硬脂）和复合脂质（含有许多其他元素）。脂质是犬猫的主要能量来源，1g 脂质含 37.66kJ 热量，相当于同等质量碳水化合物和蛋白质的 2.5 倍。所有含动物性脂肪（黄油、板油、猪油、蛋、鱼油等）或植物油的食物都是日粮脂肪的来源。犬猫一般都能很好地消化脂肪。

脂肪酸根据碳原子数的不同可分为短链、中链或长链脂肪酸；根据其分子中有无化学双键又可分为饱和脂肪酸（2 个碳原子之间无双键）或不饱和脂肪酸（可能含有 1~6 个双键）。饱和脂肪酸只能作为能量来源，不具有其他生理作用，当犬运动量大或患有糖尿病时，短链饱和脂肪酸（6~10 个碳原子）能快速供给能量。多聚不饱和脂肪酸性质不稳定，容易变质，包括 ω-3（如鱼油不饱和脂肪酸和二十二碳六烯酸）和 ω-6 脂肪酸系列（如 γ-亚油酸和花生四烯酸），其中亚油酸、α-亚麻酸和花生四烯酸是必需脂肪酸（EFAs），犬不需要从食物中获得花生四烯酸。EFAs 参与细胞膜的组成，是多种强效短寿命化合物和类花生酸类物质的生物合成前体，在炎症的诱导和调节中起着重要作用。

三、碳水化合物

碳水化合物由 C、H、O 组成，作为能量来源，可被转化成体脂储存于体内，或作为其他化合物代谢的初始物质。碳水化合物广泛存在于植物中，运动体内含量较低（只有血糖、肌糖原、肝糖原及乳汁中的乳糖）。犬猫食物中没有碳水化合物，不会影响它们的生存，因为氨基酸可通过糖异生作用生成血糖。犬食物中碳水化合物能提供 40%~50% 的能量；猫低一点的含量较好。1g 碳水化合物可以提供大约 16.74kJ 能量（包括纤维）。碳水化合物可以简单地分为 4 类：

1. 单糖

如葡萄糖和果糖（见于蜂蜜）。

2. 双糖

由一个葡萄糖和一个果糖组成。常见蔗糖、麦芽糖和乳糖。乳糖的消化取决于肠道内 β-半乳糖激酶的活性，因此动物个体对其耐受量存在差异。

3. 寡糖

由 3~10 个单糖组成，不易消化，大量摄入会引起胃肠道紊乱或肠臌气。①果寡糖（益生元）属于可溶性纤维，在肠道细菌作用下快速发酵，释放出挥发性脂肪酸，直接为大肠细胞提供营养。因此，果寡糖可酸化肠道环境、抑制致病细菌生长、提供细胞维持和修复所需的营养及帮助大肠壁成形。甜菜、马铃薯、大豆、亚麻、菊苣等含有天然果寡糖。②甘寡糖属于不可消化纤维，由葡萄糖和甘露糖构成，存在于酵母菌细胞壁中。其作用是通过阻止致病细菌在肠道黏膜上的附着来阻碍其生长，且增强机体免疫力，加强抗致病微生物的能力。因此，它们对预防腹泻及消化相关疾病有一定效果。

4. 多糖

由成千上万个单糖组成。它们广泛存在于植物内，参与细胞壁的组成（纤维素），或用来储存能量（如淀粉和糖原）。①淀粉是由成千上万个葡萄糖分子以简单化学键结合在一起的碳水化合物分子。谷物（大米、玉米、小麦、大麦等）、马铃薯和树薯等植物中均富含淀粉。淀粉只用来为动物提供能量，在消化过程中，被降解后以葡萄糖分子的形式被肠道吸收。但只有充分熟化后的淀粉才能被犬猫消化，熟化不充分的淀粉在大肠内发酵可引起弱酸性腹泻。如果肠道内的淀粉数量超过了消化酶的能力，也会导致同样的结果。②纤维素。除了淀粉，植物源性的复杂多糖被称为食物纤维或非淀粉性的多糖。纤维素由成千上万个葡萄糖分子组成，其分子间化学结合远大于淀粉的分子键。从营养学的角度，纤维素分为可溶性纤维（如胶质、果寡糖和甘寡糖）和不溶性纤维（如纯纤维素、半纤维素、胶质、木质素、寡糖纤维）。前者有利于消化道的健康、卫生和正常功能；后者可扩充肠容量，促进肠道机械性收缩。日粮中添加适当质量和数量的纤维素，可有效预防或治疗肥胖、糖尿病、便秘和腹泻等疾病。

四、维生素

维生素参与其他营养物质的代谢，维持机体正常的生理功能。与微量元素相似，维生素的需要量很小，可分为脂溶性维生素和水溶性维生素。

（1）脂溶性维生素 A、维生素 D、维生素 E、维生素 K　存在于含脂类的食物中，且随食物脂肪一起被吸收。它们可储存于体内，因此犬猫不完全依赖于每天的供给。

①维生素 A：前体是 β-胡萝卜素，大多数动物能自身将其转化为维生素 A。与视蛋白结合，缺乏易引起夜盲症；参与骨骼的发育，缺乏会导致骨骼生长阻滞；维持上皮细胞功能；参与精子形成和胎儿的发育。来源于动物的肝脏、鱼肝油、蛋黄和肾脏。β-胡萝卜素来源于胡萝卜、绿色或黄色蔬菜。猫缺乏分解 β-胡萝卜素的酶，故猫需要补充含维生素 A 的食物。

②维生素 D：包括维生素 D_2（麦角钙化醇）和维生素 D_3（胆钙化醇）。大多数哺乳动物在经紫外线照射后能在皮肤内形成维生素 D_3，因此，不需要食物供给。维生素 D 在肝脏和肾脏内发生生物转变，参与钙磷代谢、增强骨骼矿化作用和增加重吸收。其需要量受食物中钙磷含量及其比例的影响，缺乏导致佝偻病。犬不能在皮肤内合成足够的维生素 D，故需从食物中获得。

③维生素 E（生育酚）：是细胞内的一种重要抗氧化剂，能保护脂类特别是细胞膜上的多不饱和脂肪酸（PUFA）免受氧化损伤。其食物需要量受摄入硒和 PUFA 的影响，PUFA 的增加会引起维生素 E 的需要增加，因此，食物中维生素 E：PUFA 的比率应维持在 0.6：1。酸败脂肪能破坏维生素 E，因此，食物中应避免这种物质。

④维生素 K：是正常凝血酶原和凝血因子Ⅶ、Ⅸ、Ⅹ合成的必要物质，缺乏可引起凝血时间延长。犬猫可从肠道细菌合成的维生素中获得大部分，但当这种合成受抑制时，如进行抗菌治疗或维生素 K 的吸收功能障碍时，才需从食物中获得。

（2）水溶性维生素　以辅酶的形式与脱辅基酶蛋白结合形成活性酶，参与氨基酸、脂肪酸和糖类的氧化。因其不会大量储存于体内，而是随尿大量排出，所以，需从食物中获得。

①抗坏血酸（维生素 C）：不需要从食物中获得，犬猫能自身合成但量不够机体利用。维生素 C 可预防或治疗因衰老、强体力活动引起的细胞应激、关节病等问题。

②硫胺素（维生素 B_1）：在肝脏内转化，以辅酶的形式参与糖代谢。硫胺素广泛分布于食物中，啤酒酵母、谷粒、器官及蛋黄都是很好的来源。其不耐热，在烹饪时被破坏。如缺乏会引起糖类代谢障碍和体内丙酮酸和乳酸的蓄积。

③核黄素（维生素 B_2）：参与许多产能生化反应。来源于肝脏、肾脏和牛奶。核黄素比硫胺素耐热，但对光敏感。如缺乏导致动物出现眼科和皮肤问题。

④烟酸（维生素 PP）：包括尼克酸和烟碱。主要来源于肉、肝脏和鱼。能耐热和耐光照。烟酸参与蛋白质、脂肪和糖类代谢，可预防糙皮病。其需要量受食物中色氨酸的影响，因为色氨酸可以转变成烟酸，但猫缺乏这个过程。

⑤维生素 B_6：由吡哆醇、吡哆醛和吡哆胺组成，在体内转化成吡哆醛酸盐，参与许多酶系统的活动，尤其是氨基酸代谢。酵母、肌肉、谷物和蔬菜是很好的来源。如缺乏会出现皮肤、神经和血液的异常。

⑥生物素（维生素 B_8）：是长链脂肪酸合成的必要物质，参与葡萄糖、脂肪酸和某些氨基酸的分解代谢，影响皮肤和被毛健康，且参与神经系统活动。大量存在于酵母、肝脏、肾脏和熟鸡蛋中。

⑦泛酸（维生素 B_5）：是辅酶 A 的成分，参与糖、脂肪和一些氨基酸的代谢。广泛分布于食品中，以肉、蛋和奶含量最为丰富。缺乏极罕见。

⑧叶酸（维生素 B_9）：可由肠道内细菌合成，参与 DNA 合成。贫血是叶酸缺乏的特征性症状，这是由于血细胞成熟过程中核蛋白形成不充分引起的，但叶酸的自然缺乏罕见。

⑨胆碱是卵磷脂的组成成分、甲基来源、神经递质乙酰胆碱形成的必要物质；可防止脂肪在肝脏内的异常蓄积。其需要量受食物中其他甲基供体浓度的影响。广泛分布于食物中，很少发生胆碱缺乏。

⑩维生素 B_{12}：含有微量元素钴，参与转甲基作用及脂肪和糖类的代谢，是 DNA 合成和神经系统正常运作的必要物质。肝脏、肾脏、心脏和海产食物是良好的来源，如缺乏可引起营养性贫血。

五、矿物质

犬猫需要的矿物质相对较少，有钙、磷、镁、钠、钾、氯、铁、锌、铜、碘、锰和硒。但硅、砷、镍和钼还未确定犬猫对其的特殊需要。

钙、磷、镁是骨骼的基本组成成分。钙和磷协同维持骨骼硬度，负责细胞间信息传递和神经冲动传导；磷是细胞膜组成成分，参与血凝和许多酶反应，调节神经和肌肉功能。成年犬猫的最佳钙磷比例为 $0.8 \sim 1.5 : 1$。当钙磷比例失调、钙缺乏或磷缺乏可影响健康。骨粉是常用的钙磷添加剂，添加太多反而会引起骨骼疾病。镁是与能量代谢有关的细胞反应的必要物质，保障神经系统功能。高镁饮食可增加鸟粪石（磷酸铵镁）的形成。

钾、钠、氯主要见于体液和软组织，参与维持渗透压、酸碱平衡、水平衡及细胞能量代谢。钠和氯是细胞外液的主要电解质，而体内 98% 的钾都存在于细胞内。钾、钠参与神经和肌肉功能。心脏或肾脏病时需调整食物中钾含量。

微量元素的需要量可能很小，在正常饮食情况下不可能缺乏。下表为每种微量元素的功能。

微量元素功能

元素	功能
钴	维生素 B_{12} 的组成部分,是抗贫血元素;如果犬猫摄入的维生素 B_{12} 足够,就不再需要
铜	许多酶系统的组成部分;参与铁代谢,是抗贫血元素;参与维持骨骼和血管的完整;是产生黑色素的必要物质
碘	甲状腺激素的组成部分
铁	血红蛋白和肌红蛋白的组成部分,维持细胞的呼吸
锰	各种酶系统的组成部分;是合成软骨素硫酸盐和胆固醇的必要物质;参与糖类和脂肪代谢
硒	谷胱甘肽过氧化物酶的组成部分;与维生素 E 协同保护细胞膜免受氧化损伤
锌	是 RNA 聚合酶、碱性磷酸酶、碳酸酐酶和一些消化酶的组成部分,参与维生素 A 的运输和维持皮肤和被毛的健康和美观
铬	参与糖类代谢,与胰岛素的功能密切相关
氟	参与牙齿和骨的形成,可能也参与生殖
镍	参与膜的功能,可能参与核酸 RNA 的代谢

六、水

让动物能够随时喝到干净的水,可以预防因脱水导致的皮肤干燥(被捏起后长时间不能恢复原状)、毛细血管再充盈时间延长、心跳加速、体温升高等严重问题。脱水达 10% 时可以引起犬猫的快速死亡。

H_2O 是最有影响力的分子,是动物体最主要的组成成分,成年动物体内的水分含量为 60%,而刚出生的动物身体内的含水量可以高达 75%。无论从绝对价值还是相对价值的角度出发,水都是维持生命最重要的营养素。身体的所有主要生理功能都离不开水。动物体的脂肪、骨骼、肌肉和血液中的含水量分别为 15%、50%、75% 和 83%。

水在动物的生命中扮演了许多重要角色:

——营养物质摄取和代谢废物排出的理想介质;

——所有生化反应的最佳介质;

——调控动物体温的主要物质;

——润滑关节、眼球和内耳(声音传播)等。

犬猫体内的水主要有 3 种来源:

——饮水,最主要的来源;

——食物的水,食物的含水量从 10%(干粮)到 85%(罐头)不等;

——体内的代谢水,营养物质氧化产生能量的过程可以产生水(例如,1g 脂肪氧化能产生 1.07g 水)。

第十一章　人畜共患病预防基础知识

一、人畜共患病定义及分类

（一）人畜共患病的概念

"人畜（兽）共患病（zoonosis）"这一名词首先由德国病理学家 Virchow 提出，后来经过长时间的争论，世界卫生组织和联合国粮农组织的专家委员会给人畜共患病下了确切的定义：在脊椎动物与人类之间自然传播的疾病和感染。包括由动物传给人类的疾病，也包括人类传染给动物的疾病。因此，人畜共患病是指由病毒、细菌、衣原体、立克次体、支原体、螺旋体、真菌、原虫和蠕虫等病原体所引起的人和家畜以及其他脊椎动物共患的各种疾病的总称。

目前，全世界已证实的人畜共患传染病和寄生性动物病有 250 多种，其中较为重要的有 89 种，我国已证实的人畜共患病约有 90 种。其中，曾造成大规模流行、死亡率较高的有鼠疫、黄热病、埃博拉、狂犬病、艾滋病、结核病、炭疽、森林脑炎、口蹄疫、疯牛病、流行性感冒等 10 多种疾病。有些疾病迄今人类还无法攻克。人畜共患病不仅影响人类的健康和社会的稳定，还对畜牧业造成危害。一些人畜共患病严重地危害动物的繁殖，引起不育、流产或出现有残缺的后代，使家畜的繁殖率下降。有些病可引起牲畜大量死亡，影响畜产品贸易，给畜牧生产和经济造成严重损失。

（二）人畜共患病的分类

在人与动物共患的疾病中，主要是传染病和寄生虫病这两大类。根据病原体的不同，大致将人畜共患病分为五大类。

1. 病毒引起的人畜共患病

（1）病毒性人畜共患病种类繁多，其特点是传播迅速、极易造成大流行　这类疾病较难诊治，无特效疗法，只能对症治疗。这类疾病预防也较困难，且对人类的危害严重，其致死率高，是目前威胁人类的头号敌人。如狂犬病、猴痘病、流行性乙型脑炎、流行性感冒、轮状病毒感染等。其中，狂犬病，俗称疯犬病，是一种古老的人畜共患传染病，因为其近乎 100% 的死亡率，使其连续多年死亡人数占全国法定报告传染病死亡人数首位；1917—1919 年发生的世界性流行性感冒，仅仅在 1918—1919 年这一年的时间内，就夺去了印度 1 300 万、美洲 50 多万和非洲无数人的生命，估计死亡人数有 2 500 多万人，是第一次世界大战死亡人数的两倍；口蹄疫主要引起偶蹄兽发病，但也可以感染人，小儿症状较重，似患流感样，严重者可因心肌麻痹而死亡。

（2）由亚病毒引起的人畜共患病　主要指由朊病毒引起的动物与人传染性海绵状脑病，自从 1986 年在英国发现了牛海绵状脑病（疯牛病）后，曾引起世界性的恐慌，严重打击了养牛业，并危及人类健康，人类的新型克雅氏病与食用了被朊病毒污染的牛肉有关，因此受到高度重视。

2. 细菌引起的人畜共患病

由细菌引起的人畜共患病主要有鼠疫、布氏杆菌病、鼻疽、炭疽、猪丹毒、结核病等。草食动物对炭疽杆菌最易感，常常导致败血症急性死亡，人感染后主要引起皮肤炭疽、肺炭疽和肠炭疽，可以继发败血症和脑膜炎，其中后两者比较严重，一旦发病，死亡率很高；结核病也是一种古老的人畜共患病，牛、猪、人最容易感染，可以经呼吸道、消化道以及交配传染，家畜之间、人与人之间、人畜之间都能互相传染，该病曾经一度消失，随着结核病耐药菌株的出现，结核病又有抬头的趋势，其死亡人数常常紧随狂犬病的死亡人数；鼠疫是一种烈性传染病，通过鼠蚤叮咬而传播，1894 年鼠疫第三次呈世界性暴发时，死亡人数达千万以上；布氏杆菌常常导致人和动物不孕不育、流产等症状，也是重要的人畜共患病。

3. 立克次氏体、衣原体、螺旋体等引起的人畜共患疾病

（1）立克次氏体　是一类依赖于宿主细胞和专性细胞内寄生的小型微生物，在形态和繁殖方式上与细菌相似，而在生长要求上与病毒相似，介于细菌和病毒之间的微生物。其中，恙虫引起的恙虫病是由恙虫的幼虫散播的自然疫源性传染病，主要引起持续高热、溃疡、淋巴结和肝脾肿大等症状，贝氏立克次氏体可以通过病畜的排泄物、血液等途径感染人，导致突然发热、头痛、乏力以及间质性肺炎等。

（2）衣原体　是一类具有滤过性、严格细胞内寄生，以二分裂繁殖和形成包涵体的革兰氏阴性原核细胞型微生物，是一种介于立克次氏体和病毒之间的微生物，其中鹦鹉热衣原体可以引起家畜、家禽和人的衣原体病，人感染后会出现发热和肺炎。

（3）螺旋体　是一类介于细菌和原虫之间的一类微生物，其中，伯氏疏螺旋体可以引起人和动物的莱姆病，细螺旋体（钩端螺旋体）几乎所有哺乳动物都可感染，犬、兔是钩端螺旋体的宿主，可以引起人和动物的发热和黄疸等临床症状。

4. 真菌引起的人畜共患疾病

真菌是一种比细菌更进化的微生物，犬、猫表皮易感染。传染给人可发生癣或圆癣。引起人和动物共患的真菌病主要是念珠菌病和一些皮肤真菌病（也称癣），一旦感染这种病，其病程一般较持久。

5. 寄生虫引起的人畜共患疾病

人畜共患寄生虫病是指在人与脊椎动物之间自然传播的寄生虫病，主要由原虫和蠕虫等引起，也包括能钻入或进入宿主皮肤和体内寄生的节肢动物。而仅在宿主体表吸血或居留的则不包括在内。

（1）原虫　引起人畜共患病的原虫主要有阿米巴、利什曼原虫、刚地弓形虫、肉孢子虫、隐肉孢子虫、卡氏肺孢子虫、巴贝斯虫等。其中，弓形虫病猫是弓形虫的宿主，在猫体内进行有性繁殖，猫通常吞食了含滋养体的生肉或猎物而得病。

（2）线虫　引起人畜共患病的线虫主要有钩虫、蛔虫、丝虫、狐鞭虫、旋毛虫、广州管圆线虫、福氏类圆线虫、刚刺鄂口线虫、肾膨结线虫等。其中，旋毛虫病是由旋毛虫引起的人和食肉动物易患的一种寄生虫病，人、犬、猪、猫等都有很高的易感性。患者因摄食含有旋毛虫包囊蚴虫的猪肉、犬肉等或接触含有囊蚴虫的新鲜粪便感染。

（3）吸虫　引起人畜共患病的吸虫主要有血吸虫、华枝睾吸虫、肝片吸虫、姜片吸虫、猫后睾吸虫等。其中，血吸虫病是严重危害动物和人体健康的寄生虫病。人和动物主要是接触了含有血吸虫尾蚴的疫水而感染。

（4）绦虫　引起人畜共患病的绦虫主要有阔节裂头绦虫、曼氏迷宫绦虫、牛带绦虫、猪带绦虫、细粒棘球绦虫、多房棘球绦虫、短膜壳绦虫、犬复孔绦虫等。其中，囊虫病和包虫病分别是猪带绦虫和细粒棘球绦虫的蚴虫寄生在人或动物体内各种组织内的寄生虫病。其中以寄生在脑组织者最严重。

（5）其他寄生虫　引起人畜共患病的其他寄生虫主要有疥蛾类、蝇蛆病、舌形虫等。

在这些人畜共患寄生虫病中，常见且危害性大的有弓形虫病、旋毛虫病、猪牛囊虫病、日本血吸虫病和隐孢子虫病等，是长期威胁人类健康的"微型杀手"。人们往往是通过接触、被媒介昆虫叮咬或吃了由这些寄生虫污染的食物而引起了感染。

二、人畜共患病与公共卫生和动物保健的关系

（一）人畜共患病的防治是公共卫生的重要组成部分

人畜共患病的防控工作，不仅关系到养殖业和动物的健康，而且关系到人类自身的安全。2003 年的"非典"疫情，不仅闹得全国人心惶惶，并且在几个小时的时间内迅速从香港散布到了加拿大、新加坡和德国等国家；2004 年席卷东南亚及我国 16 省、直辖市的高致病性禽流感，导致数十人死亡，给养禽业带来了巨大的打击，在人群中也引起了一阵恐慌，让我们领悟了人畜共患病对公共卫生的强烈冲击。2005 年四川发生的人—猪链球菌病疫情，死亡生猪近千头、205 人感染、37 人死亡；2006 年 8～11 月份山西运城地区发生的流行性乙型脑炎，导致 19 人死亡……这些无不说明，人畜共患病对公共卫生的危害及其在公共卫生方面的重要位置。因此，人畜共患病的防治是公共卫生的重要组成部分。必须加大人畜共患病防控工作的力度，才能有效做好公共卫生工作，确保人畜安全与健康。

（二）人畜共患病防治的基础和关键是动物保健

在目前已知的 200 多种动物传染病和 150 多种寄生虫病中，至少有 200 种以上可以传染给人。实际上人畜共患病还很多，因为很多传染病和寄生虫病还没有被人们认识。从公共卫生的角度看，人畜共患病大多数是由动物传染给人的。在人畜共患病中，动物的作用是疫病发展的源头和重要环节。没有动物病原的有效控制和净化，人类很难控制和净化自身。随着现代科学技术的发展和人类对客观世界认识能力的不断提高，人类对人畜共患病的控制将放在疫病侵袭人类之前，要认识到动物卫生和疫病的控制对人类疾病控制的重要性。所以，维护动物福利，保护动物健康，是从根本上控制人畜共患病的基础和关键。

三、影响人畜共患病传播的因素

（一）自然疫源地的开发

地球上人口的不断增加，导致人类对自然环境和自然资源进行无限制的开发，破坏了原

来生物群之间的平衡和生存环境，将一些新的病原带到人间。另外，随着人类居住环境的扩大，人类的生活延伸到从前没接触过的地方，从而也接触到一些新的病原体，不仅缩小了互相传播的距离，而且人人都成为易感动物，从而促进新传染病的发生。

（二）动物迁徙、人口密度和动物饲养密度增加

很多动物都是许多病原体的携带者或传染源，随着一些自然的迁徙，就把各种病原体带到各个地方，如候鸟迁徙在禽流感传播中的作用。此外，由于人口密度的增加和动物饲养密度的增加，使疾病传播的路径变短，增加了接触传播、飞沫传播等传播途径的效率，从而使疾病更容易传播。

（三）发达的交通和贸易往来

发达的交通和国际交往，使人类的活动更加频繁，多种动物及其产品交易也大量增加，从而加速了人畜共患病的传播。

（四）副产品粪尿处理不当

很多病原体都能通过动物的粪尿向外界排出而污染环境，如果粪尿处理不当，孳生蚊虫，污染了水源、土壤、饲料、食物、蔬菜等，然后通过呼吸道、消化道或血液等途经而进行传播。

（五）落后和不良的文化生活习惯

在有些落后的地方，人们的居住和生活条件比较差，致使人们的生活区与家畜太近，不能保障干净卫生的饮水和食物，或者文化生活习惯比较落后，吃生肉或动物脏器等，都增加了人畜共患传染病的机会。

四、人畜共患病的诊断与防控

（一）人畜共患病的诊断

人畜共患病种类繁多，临床症状很多有相似之处或缺乏明显的特征，给诊断带来了一定的难度，但无论是什么病原体引起的疾病，都有一些不同之处。可以按照以下要点进行诊断：

1. 流行病学

可以通过问诊发病时间、既往病史、是否接触过什么动物或被咬伤、发病前到过什么区域、该区域是否有人畜共患疫病发生、是否有传染源、是否为发病季节等疾病发生的流行因素进行综合考虑。

2. 临床症状

疾病除了可能会有一些一般疾病都有的临床症状外，很多疾病都有各自独特的临床特点，可以根据病原体在宿主体内的部位、对宿主某些器官的损害而表现出来的行为、病理等方面的变化，结合临床基本的检查方法进行初步诊断。

3. 辅助检查

（1）血象检查　通过红白细胞等方面的计数，可以初步判断感染的类型、有无贫血等症状。

（2）生化检查　通过血清学检查，可以对肝脏、肾脏等器官的病变进行检查。

（3）血清学检查　可以通过血清抗体水平或前后两次抗体水平检查进行确诊。

（4）病原学检查　可以通过寻查或培养病原体、病原体抗原、PCR 等技术进行诊断。

（5）其他辅助检查　如应用 B 超诊断仪、X 光机、CT、磁共振等先进仪器设备，对某些特定的人畜共患病的某些部位组织器官进行检查，可为作出正确诊断提供参考。

4. 动物试验

必要时，可以利用可疑人畜共患病的病料，进行动物试验，通过观察接种动物是否复制出疾病及其临床表现来进行诊断。

（二）人畜共患病的防控

1. 切实做好卫生防疫工作

要坚持预防为主的方针，切实做好卫生防疫工作，科学地进行免疫注射，提高人体对某些人畜共患病的特异性免疫力。倡导科学文明的生活习惯，不吃生肉等不卫生的食品；坚持锻炼身体，增强体质；保持环境及人体的清洁卫生，与宠物等动物要保持一定的距离，与动物接触后要洗手；防止被疫蚊叮咬或被染病动物咬伤。

2. 加强动物保健工作

做好动物的保健工作，对人畜共患病的防控至关重要。要加强对动物的饲养管理，提高动物福利水平，保持动物生活环境的干燥卫生，注意保暖防寒，合理降低饲养密度，给动物饲喂含有全价营养的食品、饲料；科学合理地安排宠物或家畜的免疫注射，提高特异性免疫力；对病死动物及粪尿进行无害化处理。通常对粪尿进行堆积发酵处理，对病死动物进行深埋或焚烧处理。

3. 贯彻传染病防治法，严格检验检疫制度

严密监控各类严重的人畜共患病的发展变化，防患于未然。严格检疫出入境动物，防止从疫区引进动物及动物制品；严格检验各类肉类食品，防止人畜共患病肉制品流入市场；加强对宠物饲养的管理，禁止宠物随便进出公共场所。

4. 杜绝乱捕乱杀野生动物的行为

控制人口数量，保护自然环境，促进人类和自然界的和谐发展。

美国流行病学家卡尔文·施瓦布说过：世界只有一种医学。其意义表明：人类与动物也会患同一种疾病，因为人和动物有共同的生物学属性，是在共享同一个星球和同一个环境。所以，人类不仅要注意自身疾病的防治，而且也要关注动物的健康和疾病，关心它们的福利，因为如果后者不适，也常常会把疾病传染给人类。做好人畜共患病的防控，就要建立良好的动物防疫体系，抓好饲养源头动物的疫病防治工作，严防某些人畜共患病的发生。同时要加强兽医队伍建设，促进社会各界医务人员的协作，综合社会各方面的力量，提高防疫工作质量，确保公共卫生安全。

第十二章 动物影像学

一、X射线检查技术

X射线检查是当前人类医学广泛应用的传统影像学诊断技术，同样在动物疾病临床诊断中也发挥着重要作用。自1895年伦琴发现X射线以后，仅一年的时间X射线就被应用于医学并开始研究其设备。目前所用的X射线设备已达到相当高的水平。

现代的X射线机把X射线发生器、断层技术、光电倍增技术、影像储存装置、计算机、扫描技术等巧妙地结合起来，使X射线技术在医学中的应用越来越广泛，作用也越来越重要。X射线机的使用是多方面的，包括普通诊断用X射线机、各科专用X射线机及介入放射学X射线机等。因此，现在已经有各种型号和规格的X射线机供不同场合、不同对象和不同检查时使用。应用X射线摄片和透视两大技术，能够对人体或动物的呼吸系统、消化系统、循环系统、泌尿生殖系统、运动系统以及中枢神经系统的解剖形态和功能状态进行观察，已成为现代医学和动物医学中不可缺少的重要组成部分。

（一）X线的产生

X线是在真空条件下，由高速运行的成束自由电子流撞击钨或钼制成的阳极靶面时所产生。电子流撞击阳极靶面而受阻时99.8%的动能转变为热，仅0.2%转变为电磁波辐射，这种辐射就是X线。因此，它的产生必须具备3个条件：即自由活动的电子群、电子群以高速度运行和电子群运行过程中被突然阻止。这3个条件的发生，又必须具备两项基本设备，即X线管和高电压装置。X线管的阴极电子受阳极高电压的吸引而高速运动，撞击到X线具有穿透作用、荧光作用和感光作用，动物体不同组织的密度差异对X线呈不同程度的吸收作用，从而形成反映机体状况的黑白明暗、层次不同的X线影像。

（二）X线的特性

X线本身是一种电磁波，波长极短并且以光的速度直线传播，其波长范围为0.0006～50nm。用X线的波长为0.008～0.031nm（相当于40～150kV所产生的X线）。X线除具有可见光的基本特性外，主要有以下几种特性：

1. 穿透作用

X线波长很短，光子的能量很大，对物质具有很强的穿透能力，能透过可见光不能透过的物质。由于X线具有这种能穿透动物体的特殊性能，故可用来进行诊断。但穿透的程度与被穿透物质的原子质量及厚度有关，原子质量高或厚度大的物质则穿透弱，反之则穿透强。穿透程度又与X线的能量有关，X线的能量越高，即波长愈短，穿透力愈强，反之则弱。能量高低由管电压（kV）决定，管电压越高则波长越短，能量越高。在实际工作中，以 kV 的高低表示穿透力的强弱。

2. 荧光作用

X 线是肉眼所不能看见的，当它照射在某些荧光物质上，如铂氰化钡、硫化锌、镉和钨酸钙等时，则可发出微弱光线，即荧光。这是 X 线用于荧光透视检查的基础。

3. 摄影作用

摄影作用即感光作用，X 线与可见光一样，具有光化学效应，可使摄影胶片的感光乳剂中的溴化银感光，经化学显影定影后，变成黑色金属银的 X 线影像。由于这种作用，X 线又可用作摄影检查。

4. 电离作用

物质受 X 线照射时，都会产生电离作用，分解为正负离子。如气体被照射后，离解的正负离子，可用正负电极吸引，形成电离电流，通过测量电离电流量，就可计算出 X 线的量，这是 X 线测量的基础。X 线的电离作用，又是引起生物学作用的开端。

5. 生物学作用

X 线照射到机体而被吸收时，以其电离作用为起点，引起活的组织细胞和体液发生一系列理化性质改变，而使组织细胞受到一定程度的抑制、损害以至生理机能破坏。所受损害的程度与 X 线量成正比，微量照射，可不产生明显影响，但达到一定剂量，将可引起明显改变，过量照射可导致不能恢复的损害。不同的组织细胞，对 X 线的敏感性也有不同，有些肿瘤组织特别是低分化者，对 X 线最为敏感，X 线治疗就是以其生物学作用为根据的。同时因其有害作用，又必须注意对 X 线的防护。

X 线影像是 X 线束穿透路径不同密度与厚度的组织结构所产生的影像相互叠加的重叠图像。这一重叠图像既可使体内某些组织结构显示良好，但也使一些组织结构的投影减弱抵消，以致于难以或不能显示。X 线束从 X 线管呈锥状射向机体后，其图像有所放大，即 X 线球管离机体越近或机体距胶片距离越远，放大作用越强，其产生的伴影使图像清晰度下降。因 X 线呈锥形投射，处于中心射线部位的 X 线影像虽有放大，但仍保持原形，而处于边缘射线部位的 X 线影像，由于倾斜投射，既有放大，又有失真、歪曲。

（三）X 线诊断的应用原理

X 线能用于诊断，主要取决于 X 线的特殊性质、动物体的组织器官密度的差异和人工造影技术的应用。

1. X 线的特殊性质

X 线具有穿透作用、荧光作用和感光作用等特殊性质，它能够反映出体内组织器官的解剖形态、生理功能和病理变化，所以能用作诊断。

2. 动物体各组织器官的密度不同

动物体各组织器官的密度比重的不同，X 线对其穿透的程度存在差异，形成黑白明暗的层次不同 X 线影像。这种自然的密度差异称为天然对比。动物体组织器官的密度，大致可以分为以下四类。

（1）骨骼 骨骼是动物体中密度最高的组织，主要由钙和磷构成。骨骼组织的原子序数约为 11～12，X 线不易穿透，在 X 线照片上感光最弱，呈现透明的白色。在荧光屏上则荧光最暗而呈现黑色的阴影。

（2）软组织和体液　软组织和体液是体内密度中等的组织。软组织包括皮肤、肌肉、结缔组织、软骨、腺体和各种实质性器官。体液包括血液、淋巴液、脑脊液和尿液等。软组织的原子序数约为 $7\sim8$，其密度明显比骨骼低，X线较易穿透，在X线照片上感光比骨骼强，呈深灰色，在荧光屏上则较灰暗。

（3）脂肪组织　脂肪的原子序数约为 $6\sim7$，其X线的密度略低于软组织和体液，但又高于气体。在照片上脂肪呈灰黑色，在荧光屏上则较亮。

（4）气体　动物体的呼吸器官、副鼻窦和胃肠道都含有气体，其原子序数约为 $1\sim2$，X线最容易透过，在X线照片上呈最黑的阴影，在荧光屏上则最为明亮。

3. 人工造影术的应用

除骨骼、含气组织器官与周围组织有天然对比外，动物体内的大多数软组织和实质器官彼此密度差异不大，缺乏天然对比，其X线影像不易分辨。如果将高密度或低密度造影剂（对比剂）灌注器官的内腔或其周围，造成人工对比，从而显示器官内腔或外形轮廓，可扩大诊断范围和提高诊断效果。

（四）X线诊断的原则和程序

1. X线诊断的原则

在作X线诊断前，应了解病畜的病史、临床症状及其他临床检查结果，决定是否需要作X线检查，以证实临床诊断或帮助鉴别诊断。然后确定X线检查的部位和方法。要细致地观察X线影像，熟悉正常X线解剖，准确地分辨正常与病理，并恰当地解析影像所反应的病理变化，综合分析、推断它的性质。这样才有可能获得较正确的X线诊断。但X线诊断受时间、病变部位与密度、动物种类、技术条件及水平等限制。

2. X线诊断的程序

（1）全面系统观察、寻找发现病变　阅片时，首先应了解X线照片的质量，如摄影位置、X线照片对比度和清晰度，避免将技术质量造成的阴影误为病变阴影。按一定顺序或解剖的系统性进行全面浏览观察，避免遗漏一切异常的改变。

（2）深入分析病变、鉴别其病理性质　在阅片过程中，应注意区分正常与异常。因此，应熟悉正常解剖、变异情况以及它们的X线表现的基础。对发现的异常病变作进一步深入分析，以了解其病理性质，注意观察病变的部位与分布、大小与范围、形状与数目、边缘轮廓、密度与均匀性、器官本身的功能变化和病变的邻近器官组织的改变。

（3）结合临床资料、作出诊断　在兽医临床上，虽然某些疾病可显示其特征性X线征象，但许多疾病在X线上并无特异性表现。此外，许多疾病亦可呈现同样的X线表现，故X线诊断必须结合病史、临床症状、化验、治疗经过与效果等。如X线诊断与临床资料吻合，即可达到正确诊断；如X线诊断与临床资料有分歧，不必牵强附和，应进一步检查，再作决定。

（五）X线的防护

1. X线对人体的损害

微量照射可引起人体组织细胞的轻度损害，大量照射则细胞的机能受到抑制，甚至遭到破坏。人体的造血系统、生殖腺与眼球晶状体对射线较敏感，皮肤、肌肉、骨骼、结缔组织较迟钝。当受过量照射或微量长期累积至一定数量后，机体可出现慢性反应，如精神不振、倦怠、睡眠不佳、头痛、健忘、食欲不振或呕吐。白细胞与淋巴细胞减少，血小板降低甚至发生出血症候群，生殖功能障碍，不孕，晶状体浑浊。白内障、皮肤干燥、红斑、脱毛，严重者皮肤溃疡或癌变等。

2. 剂量单位与安全剂量

(1) 照射量　是指 X 线对空气的电离能量。照射量的国际单位为库伦/千克（C/kg）。沿用的专用单位为伦琴，用字母 R 表示。1 伦琴 = 1 000 毫伦（mR），1 毫伦 = 1 000 微伦（μR）。1R = 2.58×10^{-4} C/kg。

(2) 吸收剂量　是指单位质量被照射物质吸收的 X 线能量。吸收剂量的国际单位是焦耳/千克（J/kg）。又赋以专名戈瑞（Gy），1 戈瑞等于 1 千克受照射物质吸收 1 焦耳的辐射能量。同样亦有毫戈瑞（mGy）、微戈瑞（μGy）等，$1Gy = 10^3 mGy = 10^6 \mu Gy$。沿用的专用单位为拉德（rad）。1 拉德 = 1 000 毫拉德（mrad），1 毫拉德 = 1 000 微拉德（μrad）。1rad = 0.01Gy。

(3) 剂量当量　用于反映出不同电离辐射生物效应的大小，以及不同照射形式所致的危害程度，是专用于辐射防护中的物理量。剂量当量的国际单位也是焦耳/千克。为与吸收剂量相区别，赋予专名希沃特，简称希（Sv）。1 希 = 1 焦耳/千克，同样亦有毫希（mSv）、微希（μSv）等单位，$1Sv = 10^3 mSv = 10^6 \mu Sy$。沿用的专用单位雷姆（rem），雷姆也分为毫雷（mrem）、微雷（μrem）。1 雷姆 = 10^{-2} 焦耳/千克 = 10^{-2} 希。1Sv = 100rem。

(4) 安全剂量　是指人体受 X 线的直接或间接照射后无任何反应，也察觉不出任何损害时的 X 线照射量或剂量当量。按中国 1984 年《放射卫生防护基本标准》GB4792-84 规定放射工作人员全身均匀照射年允许剂量当量为 5rem（20mSv），其他单个器官或组织年允许剂量当量为 20rem（500mSv），晶状体年允许剂量当量为 15rem（150mSv），事故和一次应急照射不得大于 10rem，一生中不得大于 25rem。

3. 防护措施

对 X 线的防护，应包括防护从 X 线管发射的原发射线和照射物体后的散射线。采用屏蔽防护、缩短照射时间的增加与 X 线源的距离等防护措施。铅是制造防护设备的最好材料。所有防护材料性能均以防护要求的铅厚度，即铅当量计算其防护性能。

避免受原发射线直接照射，缩小和控制照射范围。透视时 X 线最大照射也不超过荧光屏，屏上铅玻璃的铅当量不得小于 1.7mm。荧光屏侧方和下方应配备有防护 X 线的金属屏或铅橡皮。摄影时使用遮线筒。对散射线的防护则使用防护椅、铅橡皮围裙、铅手套、铅玻璃眼镜等。熟练掌握透视技术，以缩短透视时间和减少放射量。有条件者，使用隔室透视。尽可能在远距离或控制室内进行曝光操作，或使用铅屏风遮挡。X 线室应有适当的面积和高度，使散射线因分散面广而强度减弱。坚持日常防护检查，工作人员定期体检。

二、超声成像

超声（ultrasound）是频率在 20 千赫兹（MHz）以上，即超过人耳听觉上限阈值的声波。超声成像是利用超声的物理特性和机体组织器官学参数的差异进行成像。

（一）超声诊断的物理基础

1. 超声波的发生和接收

物体振动可产生声波，振动频率超过 20MHz 时可产生超声波。能振动产生声音的物体称声源，能传播声音的物体称介质，在外力作用下能发生形态和体积变化的物体称为弹性介质，振动在弹性介质内传播称波动或波。超声和声波都是振动在弹性介质中的传播，是一种机械压力波。

超声的发生和接收是根据压电效应的原理，由超声诊断仪的换能器（transducer）——探头（probe）来完成。1880 年，法国物理学家居里兄弟（Cuire，P. D）发现了压电效应，故压电效应又称居里效应。压电效应可简单解释为机械压力和电能通过超声波的介导而相互发生能量转换。压电效应的发生必须借助具有良好压电性质的晶体物质，即压电晶片（piezoeletric wafer 或 piezoeletric crystals），如石英、钛酸钡、锆钛酸铅、硫酸锂等，最常见的是锆钛酸铅。

（1）超声波的发生　超声波的发生是通过超声诊断仪的换能器产生的。压电晶片置于换能器中，有主机发生变频交变电场，并使电场方向与压电晶体电轴方向一致，压电晶体就会在交变电场中沿一定方向发生强烈的拉伸和压缩——机械振动（电振荡所产生的效果），于是就产生了超声。在这一过程中，电能通过电振荡转变为机械能，继而转变为声能，因此，把这一过程称为负压电效应。交变电场频率大于 20MHz 所产生的声波即为超声波。

（2）超声波的接收　超声在介质中传播，遇到声阻抗相差较大的界面时即发生强烈反射。反射波被超声探头接收后，就会作用于探头内的压电晶体。

超声波是一种机械波，超声波作用于换能器中的压电晶体，使压电晶体发生压缩和拉伸，于是改变了压电晶片两端表面电荷（异名电荷），即声能转变为电能，超声波转变为电信号，这就是正压电效应。主机将这种高频变化的微弱电信号进行处理、放大，以波形、光点、声音等形式表示出来，产生影像（image）、波形或音响。

2. 超声波的传播和衰减

同其他物理波一样，超声波在介质中传播时亦发生透射、反射、绕射、散射、干涉及衰减等现象。

（1）透射　超声穿过某一介质或通过两种介质的界面而进入第二种介质内称为超声的透射（transmission）。除介质外，决定超声透射能力的主要因素是超声的频率和波长。超声频率越大，其穿透力越弱，探测的深度越浅；超声频率越小，波长越长，其穿透力越强，探测的深度越深。因此，临床上进行超声探查时，应根据探测组织器官的深度及所需的图像分辨力选择不同频率的探头。

（2）反射与折射　超声在传播过程中，如遇到两种不同声阻抗（acoustic impedance）物体所构成的声学界面时，一部分超声波会返回到前一种介质中，称作反射（reflection）；另一部分超声波在进入第二种介质时发生传播方向的改变，即折射（refraction）。声波反射的强弱主要取决于形成声学界面的两种介质的声阻抗差值，声阻抗差值越大，反射强度越大，反之则小。两种介质的声阻抗差值只需到 0.1%，即两种物质的密度差值只要达到0.1%，超声就可在其界面上形成反射，反射回来的超声称回声（echo）。反射强度通常以反射系数表示：反射系数 = 反射的超声能量/入射的超声能量。

空气的声阻抗值为 0.000428，软组织的声阻抗值为 1.5，二者声阻抗值相差约 4 000 倍，故其界面反射能力特别强。临床上在进行超声探测时，探头与动物体表之间一定不要留有空隙，以防声能在动物体表大量反射而没有足够的声能达到被探测部位。这就是超声探测时必须使用耦合剂（coupling medium）的原因。超声诊断的基本依据就是被探测部位回声状况。

（3）绕射　超声遇到小于其波长一半的物体时，会绕过障碍物的边缘继续向前传播，称绕射或衍射（diffraction）。实际上，当障碍物与超声的波长相等时，超声即可发生绕射，只是不明显。根据超声绕射规律，在临床检查时，应根据被探查目标的大小选择适当频率的探头，使超声波的波长比探查目标小得多，以便超声波在探查目标时不发生绕射，把比较小的病灶也检查出来，提高分辨力和显现力。

（4）超声的散射与衰减　超声在传播过程中除了透射、反射、折射和衍射外，还会发生散射（scatter）。散射是超声遇到物体或界面时沿不规则方向反射（非90°）或折射（非声阻抗差异所造成的）。超声在介质内传播时，会随着传播距离的增加而减弱，这种现象称为超声衰减（attenuation）。引起超声衰减的原因是：①超声束在不同声阻抗界面上发生的反射、折射及散射等，使主声束方向上的声能减弱。②超声在传播介质中，由于介质的黏滞性（内摩擦力）、导热系数和温度等的影响，使部分声能被吸收，从而使声能降低。声能的衰减与超声频率和传播距离有关。超声频率越高或传播距离越远，声能的衰减，特别是声能的吸收衰减越大；反之，声能衰减越小。动物体内血液对声能的吸收最小，其次是肌肉组织、纤维组织、软骨和骨骼。

（5）多普勒效应　当声源与反射物体之间出现相对运动时，反射物体所接收到的频率与声源所发出的频率不一致。当声源向着反射物体运动时，声音频率升高，反之降低，此种频率发生改变（频移）的现象称为多普勒效应（Doppler effect）。频移的大小取决于声源与反射物体间相对运动速度。速度越大，频移越大，反射物体所接收的声音频率增高的越多，声响越强；声源与反射物体反向运动时，反射物体所接收的声音频率比声源发射的频率要小，故反射物体所接收的声音比实际音响要小。D型超声诊断仪就是利用超声的多普勒效应把超声频移转变为不同的声响以检查动物体内的活动组织器官。

（6）超声的方向性　超声波与一般声波不同，由于其频率极高波长又短，远远小于换能器的直径，在传播是集中于一个方向，类似平面波，声场分布呈狭窄的圆柱状，声场宽度与换能器的压电晶片大小相接近，因而有明显的方向性，故而又称为超声的束射性。

3. 超声的分辨性能

（1）超声的显现力　超声的显现力（discoverable ability）是指超声能检测出物体大小的能力。能被检出物体的直径大小常作为超声显现力的大小。能被检出最小的物体直径越大，显现力越小；能被检出的物体直径越小，显现力越大。从理论上讲，超声的最大显现力是波长的一半，如5.0MHz的超声波长为3.0mm，其显现力为1.5mm。实际上，病灶要比超声波波长大数倍时才能发生明显的反射，故超声频率越高，波长越短，其显现力也越高，但穿透能力会降低。

（2）超声的分辨力　超声的分辨力（resolution of ultrasound）是超声能够区分两个物体间的最小距离。根据方向不同，将分辨力分为横向分辨力（lateral resolution）和纵向分辨力（depth resolution）。

①横向分辨力　横向分辨力是指超声能分辨与声束相垂直的界面上两物体（或病灶）间的最小距离，以mm计。

决定超声横向分辨力的因素是声束直径，声束直径小于两点间的距离时，就能区分这两个点。声束直径大于两点间的距离时，两个点在屏幕上就会变为一个点。

决定声束直径的主要因素是探头中的压电晶片界面的大小和超声发射的距离。压电晶片发射出的超声以近圆柱体的形式向前传递，这被称为超声波的束射性。随着传播距离的加大，声束的直径会因为声束的发散而加大，但近探头处声束直径略同于压电晶片的直径。如用聚焦探头，超声发出后，声束直径会逐渐变小，在焦点处变得最小，随后又增大。高频超声可以增加近场。因而，为提高横向分辨力，可使用高频聚焦探头。

②纵向分辨力　纵向分辨力是指声束能够分辨位于超声轴线上的两物体（或病灶）间的最小距离。决定纵向分辨力的因素是超声的脉冲宽度，脉冲宽度越小，分辨率越高，脉冲宽度越大，分辨率越低。超声的纵向分辨力约为脉冲宽度的一半。

脉冲宽度是超声在一个脉冲时间内所传播的距离，，即脉冲宽度 = 脉冲时间 × 超声速度。超声在动物体组织内传播速度约为 $1.5 \times 10^6 mm/s = 1.5 mm/\mu s$，假设 3 种频率探头脉冲持续时间分别为 $1\mu s$、$3.5\mu s$、$5\mu s$，其脉冲宽度则分别为 1.5mm、5.25mm、7.5mm，故其纵向分辨率分别为 0.75mm、2.625mm、3.75mm。决定脉冲时间的一个因素是超声频率，频率越高，脉冲时间越短，脉冲宽度越小，超声的纵向分辨率越大，反之，则越小。

③超声的穿透力　超声频率越高，其显现力和分辨力越强，显示的组织结构或病理结构越清晰；但频率越高，其衰减也越显著，透入的深度就会大为下降。即频率越高，穿透力越低；频率越低，穿透力越高。

脉冲宽度不仅决定纵向分辨力，也决定了超声能检测的最小深度。脉冲从某一组织或病灶反射后被换能器所接收，超声这一往返时间等于 2 倍的深度除以超声速度，即脉冲往返时间 = 2 × 深度 ÷ 声速。探测的组织或病灶与探头的距离应大于 1/2 脉冲宽度，才能被检出，小于 1/2 脉冲宽度的近场称为盲区。实际上，盲区深度比脉冲宽度的 1/2 要大数倍。盲区内的组织或病灶不能被检出。解决这一问题的主要方法有：①加大探头的频率；②在体表与探头之间增加垫块。

（二）超声诊断的类型

1. A 型（Amplitude Mode）超声诊断法

又称超声示波诊断法或幅度调制型超声诊断法，简称 A 型超声或 A 超。A 型超声诊断法是将超声回声信号以波的形式显现出来，纵坐标表示波幅的高度即回声的强度，横坐标表示回声往返时间即超声所探测的距离或深度。A 型超声诊断法现主要用于动物背膘的测定，妊娠检查和某些疾病诊断（如脑包虫病等）。

2. B 型（Brightness Mode）超声诊断法

又称超声断层显像法（ultrasonotomography）或辉度调制型超声诊断法，简称 B 型超声或 B 超。B 型超声诊断法是将回声信号以光点明暗，即灰阶（gray scale）的形式显示出来，光点的强弱反应回声界面反射和衰减超声的强弱。这些光点、光线和光面构成了被探测部位二维断层图像（dimension tomography）或切面图像，这种图像称为声像图（sonography）。B 型超声广泛地应用于动物各组织器官的疾病的诊断，如心血管系统疾病、肝胆疾病、肾及膀胱疾病、生殖系统疾病、脾脏病变、眼科疾病、内分泌腺病变及其他软组织病变的诊断，也广泛的应用于动物妊娠检查、背膘和眼肌面积的测定。

3. M 型（Motion Type）超声诊断法

又称超声光电扫描法，亦属辉度调制式，只是在声像图上加入了慢扫描锯齿波，使回声信号从左向右自行移动扫描。纵坐标为扫描时间（即超声传播时间），横坐标为光点慢扫描时间。当探头固定在一点扫描时，从光点移动可观察被扫描物体的深度及其活动状况，显示时间位置曲线图，如 M 型超声心动图。M 型超声主要应用于心血管系统的检查，可以动态地了解心血管系统形态结构和功能状况，并获取相应的心血管生理或病理的技术指标。

4. D 型（Doppler Mode）超声诊断法

即多普勒（doppler）法，简称 D 型，是应用多普勒效应原理设计的。当探头与反射界面之间有相对运动时，反射信号频率发生改变，即多普勒频移，用检波器将此频移检出，加工处理，即可获得多普勒信号音。D 型超声波诊断法主要用于检测体内运动器官的活动，如心血管活动、胎动及胃肠蠕动等，多适用于妊娠诊断等。

5. 多普勒彩色流体声像图（Doppler Color Flow）

最新相控阵多普勒能用色彩记录体液，如血液流速。并且在监视屏上以彩色二维灰阶声像图的形式表现出来。例如，黄色、橘黄色和红色表示液体向探头方向流动，黄白色代表流动速度快。液体的流向远离探头时表现为蓝色或绿色，高流速的液体表现为绿白色。

（三）声像图

机体结构是一个复杂的超声介质，各种器官与组织，包括病理组织在声阻抗和衰减系数上有差异。超声在不同的器官与组织之间产生反射与衰减，这是构成超声图像的基础。将接收到的回声，根据其强弱，用明暗不同的光点依次显示超声监视屏上，可显出机体的断面超声图像，称之为声像图。

1. 回声强度

回声强度是指声像图中光点的亮度或辉度。回声强度是由回声振幅的高低决定的，回声振幅越高，辉度越高，反之则低。回声强度可用灰阶衡量。与正常组织相比较，把回声强度分为以下四种：

（1）弱回声或低回声　指光点辉度低，有衰减现象。

（2）中等回声或等回声　指光点辉度等于正常组织的回声强度（辉度）。

（3）较强回声或回声增强　指辉度高于正常组织器官的回声强度（辉度）。

（4）强回声或高回声　明亮的回声光点，伴有声影或 2 次、多次回声。

2. 回声次数

回声次数是指回声量。

（1）无回声　即在正常灵敏度条件下无回声光点的现象，无回声区域又称作暗区。根据产生无回声的原因，把暗区分为以下 3 种：①液性暗区。超声不在液体中反射，加大灵敏度后暗区内仍不出现光点；如为浑浊的液体，加大灵敏度后出现少量光点。四壁光滑的液性病灶多出现 2 次回声且周边光滑、完整。②衰减暗区。由于声能在组织器官内被吸收而出现的暗区称为衰减暗区，加大灵敏度后可出现少数较暗的光点；严重衰减时，即使加大灵敏度也不会出现光点。③实质性暗区。均一的组织器官内因没有足够大的声学界面而无回声，出现实质性暗区；如加大灵敏度，则出现不等量的回声且分布均匀。

（2）稀疏回声　光点稀少且小，间距在 1.0mm 以上。

（3）较密回声　光点较多，间距 0.5 ~ 1.0mm 之间。

（4）密集回声　光点密集且明亮，间距 0.5mm 以下。

3. 回声形态

回声形态指声像图上光点形状。常见的有以下几种：

（1）光点　细而圆的点状回声。

（2）光斑　稍大的点状回声。

（3）光团　回声光点以团块状出现。

（4）光片 回声呈片状。

（5）光条 回声呈细而长的条带状。

（6）光带 回声为较宽的条带状。

（7）光环 回声呈环状，光环中间较暗或为暗区，如胎儿头部回声。有些器官或病灶内部出现回声称为内部回声。光环是周边回声的表现。

（8）光晕 光团周围形成暗区，如癌症结节周边回声。

（9）网状 多个环状回声聚集在一起构成筛状网，如脑包虫回声。

（10）云雾状 多见声学造影。

（11）声影（Acoustic Shadow） 由于声能在声学界面衰竭。反射、折射等而丧失，声能不能达到的区域（暗区），即特强回声下方的无回声区。有些脏器或肿块底边无回声，称底边缺如；如侧边无回声则称为侧边失落。

（12）声尾 或称蝌蚪尾征，指液性暗区下方的强回声，如囊肿。在特强声学界面上，超声波在肺泡壁上反复反射，声能很快衰减，称为多次重复回声（3次以上）。

（13）靶环征 以强回声为中心形成圆环状低回声带，如肝脏病灶组织的回声。

三、计算机体层成像、磁共振成像、放射性核素成像

计算机体层成像（X-ray computed tomography，CT）是用X线束对机体某一选定厚度的层面进行照射，由探测器接收透过该层面的X线量，转变为可见光后，由光电转换器转变为电信号，再经模/数转换器转为数字，输入计算机处理。通过计算机选定层面的X线衰减系数，再排列成矩阵，即数字矩阵。数字矩阵经数/模转换器转为CT图像。CT设备主要有扫描部分、计算机系统和图像显示系统。

第十三章　动物行为学知识

一、认识正常的行为

（一）什么是行为？

行为可以有多种定义方式，行为不仅包括动物做什么，还包括动物何时、如何、在哪里以及为什么做这种行为。行为是一系列行动，每个行动都有开始、中间以及结束，虽然每个行为可能和另一个行为重叠。应该根据行为发生的情景来考虑，而不应该孤立地看待，否则就会导致错误理解。

行为受到3个主要因素的影响：

（1）基因　一个动物从遗传继承而来的趋向或体质，表现出一种特定行为。

（2）学习　动物的过去经历以及从中学到的东西。

（3）环境　动物当时所处的特定情况。

当人们谈论动物行为时，他们通常是暗指不正常的行为。然而，许多对其他人构成问题的行为事实上并非不正常，只是对动物主人而言该行为是不为社会所接受的。就是说，行为本身是正常的，但主人也许不理解这一行为，不明白为什么会发生这一行为，或者在这种情况下无力处理他们宠物的行为。这些行为在发生的情景下对其主人可能是个问题，但对动物而言做出这一举动可能是正常的。

但是，有些时候，即使是正常的行为也会被认为是不正常的，比如说，在不当的时候做出该行为，或行为过火。

还有一组不正常的行为，在任何情景下都是不正常的。不正常行为定义为举动和行为紊乱，非正常行为也可能是不适应，也就是说，这些行为在行为学上并无有用的功能，或许实际上对动物本身也是有害的。

因此，当提供有关行为的意见时，诊断始终是至关重要的，应该始终从行为发生的情景来考虑该行为。例如，当犬在室内小便时，主要可能会认为这一行为是反常的，但是，如果犬的膀胱满了，出门的路又不通时，犬在室内小便也是正常的。此外，如果犬的主人从来没有教过犬哪里是适当的厕所区，此时犬在室内排泄，这一行为也可以被认为是正常的，事实上，这是一个管理问题。

但是，如果犬已经接受了足够的家庭训练，而当它独自在家里，即使可以出去，它仍然在室内排泄，这可能就是一个不正常行为。这也许是一个医学问题，比如，糖尿病等多尿症/烦渴，或是焦虑等引起的心理疾病。

应该将行为问题与问题行为区别开来。

猫撒尿和抓挠就是个很好的例子，因为猫在不恰当的情景下做这些行为，这些本来正常的行为对一些猫主人却成了问题。然而这两种都可能是行为问题，因为它们对主人可能不只是一个问题。

当行为本身正常但却不恰当时，处理方法应该是让主人了解动物自然的行为模式，这样一来，主人要么学会如何纠正这一行为，如何改变环境，或者学会按照个案接受这一行为。

（二）社会行为

犬和狼的社会行为有着显著的相似性。两种动物都居住在一个相对稳定和社会等级森严的组或群体。狼群有一个领导，通常是雄性，人们认为每个性别分别有一个等级。群体的大小各不相同，根据条件和季节而定，但可能由 2～15 个个体组成，群体通常由有亲属关系的动物组成。人们研究的野生犬并不总是生活在一个有亲属关系的群体中，一些研究发现，群体是稳定的。群体通常由 2～6 只犬组成，在优势等级的最上层是一只雄性犬。

犬和狼都表现出一种极富仪式意味的问候行为，包括摇尾巴、露出腹股沟及嗅肛门，并发展了复杂的有多种元素组成的视觉信号。视觉信号，比如尾巴和身体的位置，以及面部表情，是用来表明领导地位和竞争行为。群体的和谐和凝聚力是通过一个精细的姿态系统来维持的，这个系统能够尽可能减少公然侵犯。展示等级是为了将犬和狼之间的公然侵犯减至最少。

竞争性的冲撞的严重状态表现为，两种动物都会采取一种强硬的前趋姿势，耳朵和毛发向前竖起，这样可以给人身材高大的印象。顺从的动物会低下身体和尾巴，放平耳朵，毛发也不会竖起。狼和犬还表现出许多相似的面部表情，两种动物都用目光接触来控制社交距离。

（三）领地行为

两种动物都具有很强的领地性。用尿和粪便留下气味，是这两种动物通常用来表明等级、巩固社会顺序的方法。这种方法也用来标明领地。不过，与狼不同，犬特别喜欢用出声和吠叫来回应许多刺激。狼只有两种叫声，警告和威胁，而犬在不同的情况下会发出各种不同的叫声，比如当寻求关注时、防御、玩耍、问候和警告时，或是孤独的叫声。不过，犬比狼嚎叫的时候少。

也许正是这些领地保护和吠叫的性质，以及其作为早期警报系统的作用，吸引人们将犬作为伴侣。家养的宠物犬也生活在一个群体中，由人类的家庭成员组成社会阶层的一部分。事实上，"犬在人类社会的行为模式与狼在狼的社会的行为模式一样"。像人类一样，犬也有一个社会制度，这个制度是建立在服从基础上，有一个不稳定的或可变的等级。

二、犬品种的选育史

除了被选作伴侣外，约 3 000～4 000 年前，犬还被有选择性地繁殖用作特殊的用途，比如狩猎、放牧和打仗。但是，犬被大量有选择性地繁殖作为宠物只是在 19 世纪初才开始。从那以后，犬的品种迅猛增加，特别是在过去 600 年。它们开始有了各种不同的体形，从大型的猎犬到小型的家犬。直到 19 世纪前，人们养犬只是为了其用途（包括作伴）而非作为宠物。那时人养犬是因为它们能够打猎、放牧或打仗。

三、犬的成长阶段分类与感官

人们对犬成长的一些阶段已经有了认知，甚至对某些阶段已经作了大量研究。在每个阶段经历的影响都会对其后的行为产生一些影响。

（一）犬的成长阶段

由于狼和犬的行为和生理成长阶段非常相似，人们对这两种动物之间进行了许多比较和推断。但这并不意味着它们有着相同的成长阶段。主要区别在于，犬在约 6～14 个月时达到性成熟，而狼需要约 22 个月。此外，狼一年只有一次发情期，在春季，而犬每年有两次发情期，并且与季节无关。此外，研究还指出，由于驯化，犬会出现"幼体持续"，幼年的行为模式在成年家犬身上还很明显。

人们通常认为，犬有五个成长阶段，每个阶段都有其特征性的行为和生理变化。这些阶段是初生期、过渡期、社会期、青春期及成年期。但是，值得注意的一点是，初生期也是非常重要的。

1. 初生期（出生至 2 周）

初生期由出生开始，一直持续到约两周。在这段时期，小犬会呼噜和吃奶。同时也有简单的脊髓反射，比如伸肌交叉和马格纳斯反射。发声只是对身体的不舒服和分离才有的反应。由于幼犬出生时，神经发育不成熟，行动仅限于缓慢的爬行，眼睛和耳朵都是闭着的。需要刺激会阴才能大小便。

幼犬约 1/3 的时候用来进食，剩余的时间大部分用来睡觉。在这段时期，幼犬完全依赖母亲而生存。

2. 过渡期（2～3 周）

过渡期指出生后 2～3 周，在这段时期，身体和行为发生迅速的变化。幼犬开始吸收固体食物，眼睛和耳朵张开了，可以引起听觉的"惊异"反应。幼犬变得更加独立，开始学走路，还能向前向后爬。与同胞伙伴的互动，早期的玩闹争斗以及咆哮也可以观察到。幼犬开始离开窝去大小便，不再需要母亲刺激肛门与生殖器部位来排泄。

3. 社会期（3～12 周）

接下来就是社会期，从约 3 周持续至 10～12 周。这个阶段的到来根据个体、品种和经验因素而不尽相同。此时的幼犬更加独立，获得了控制膀胱的能力，通常这就是幼犬去寻找新家的时候。人们对这一阶段进行了大量的研究，因为似乎这一时期的经历对今后的行为有着深远的影响。在这一时期，让幼犬在无威胁的情况下尽可能多地接触不同的人、其他犬、事物及经历似乎是非常重要的。看起来，除非在 14 周以前发生一些社交活动，对人的退缩反应就会非常强烈，以至于基本上已经无法对幼犬进行训练了。早期的隔离似乎也会产生过度反应，将会影响恐惧反应、降低学习能力。

4. 青春期（12 周～性成熟）

人们认为青春期从 10～12 周开始至性成熟。虽然在这一时期犬的基本行为模式不会改变，但在动作技能方面还会有一些逐步的进展。雄性幼犬开始抬腿撒尿。有争论说，幼犬的学习能力在这一阶段的初期开始完全形成。

5. 成年期（6~14个月至死亡）

成年期的特点是性成熟的开端，这一阶段一直持续到生命周期的尽头。最近，人们把重点放在了老年犬身上，此时可能会发生与年龄有关的行为变化。

性成熟通常发生在6~14个月时，根据个体和品种有所差异。通常，犬的体形越大，性成熟开始越晚。但巴仙吉犬例外，性成熟后每六个月发情一次。

人们认为社会成熟发生在18~36个月大时，常常有许多行为问题相连，比如与攻击或焦虑相关的问题。

6. 老年期

人们现在已经开始认识老年犬身上出现的行为变化，并对此作了更多的研究。这一时期开始的年龄不同，根据犬的体形和品种而定。其特征是身体和生理变化的来临，这一阶段持续到生命周期的结束。

可能出现以下行为变化以及身体信号：食欲或饮水增加或减少，小便次数或量的增加，尿失禁（滴尿，尿床），大便连贯性或频率的改变，皮肤和被毛变化，肿块，口臭或吐泡泡，身体僵硬或疼痛，气喘、咳嗽，体重变化（增加或减少），战栗或发抖。

此外，犬的心理能力似乎会随着年龄的增长而降低，行为变化可能是由于认知功能紊乱。这些变化可能包括：对刺激的反应下降，混乱，迷失方向，虚弱，与主人互动减少，更加敏感易怒，睡眠和醒来的周期变化，比以前爱叫，忘记受过的家庭训练或其他过去学过的行为，接受命令、辨别人、地方或其他动物的能力改变或减弱，忍受孤独的能力下降。

如果出现认知功能紊乱，脑部多巴胺的损耗会引起许多的行为变化。

（二）感官

如果不知道犬是如何认知它们生活的世界，就很难知道犬或猫在特定情况下会做出何种行为。我们需要从它们的角度来看世界，才可能纠正它们的行为。感知影响动物相互之间、与我们及其他物种交流的方式。犬的感官：

1. 视觉

能够分辨颜色，像红绿色盲的人一样看世界；对移动物体非常敏感；对细节或近处的景色看不清楚；夜晚视力很好。

2. 听力

比人类精确4倍，能够听见更高的频率，能听见超声。

3. 嗅觉

主要感官比人类强1 000倍，能够分辨数千种不同的气味，能够分辨浓度非常低的气味。

4. 味觉

发育不好；对蔗糖接受度高；食物是否美味取决于气味、口感而不是味道；喜欢吃牛肉多于猪肉多于羊肉；爱吃肉多于谷类；喜欢罐头食品＞煮熟的肉块＞碎生肉＞生肉块；在白天进食。

5. 触觉

发育充分。

（三）犬的交流

当犬交流时，它们同时使用多种方式，这样可以将潜在的问题减至最少。

1. 视力

直视的目光接触，回避直视，观察对方的身体语言，观察人类的身体语言。

2. 声音

表明情绪状态：吠叫，呜呜哀鸣，嚎叫，咆哮等。

3. 气味

用气味作记号。信息素是传递信号的化学物质，分泌信息素可以对同种动物传递信息；尿；粪便；肛门腺；皮肤。

4. 身体语言

表明情绪状态，如恐惧、兴奋、受惊，进攻；尾巴；身体姿态；面部表情。

四、动物如何学习

与动物打交道的关键是从动物的角度来看世界，这就需要理解学习理论。虽然这在训练过程中非常有用，但在试图纠正有问题的动物行为时更是基本的知识。

（一）基本理论学习

虽然驯化物种都有五种基本的功能，即看（视觉）、听（听觉）、闻（嗅觉）、尝（味觉）和触摸（触觉），但它们的感官能力并不相同，更不用说与人类的感官能力相同了。因此，动物对世界的感知是不同的，这将会显著地影响动物交流的方式，不仅是它们彼此间（同种）的交流，而且也包括与其他物种的交流（非同种）。在每个情况下都应该仔细考虑此点，并认识到动物是不会说话的交流者。

学习理论的原理是来自对行为所进行的实验研究。学习，也叫作制约，可以定义为任何反应方面出现的相对永久的变化，产生该变化的原因是经历。但是，并非所有行为变化都是由于学习而发生的。有些行为变化，比如渴时饮水，就是由于动机的变化。

行为是由其结果控制的。如果结果是"好的"，那该行为就更有可能被重复，与此相反，如果结果是"坏的"，该行为就不太可能被重复。这也称为"效果律"，即行为是由其结果而修订的。当动物接受训练时，我们实际上是在操作其经历。

（二）学习种类

人们认知和研究过的学习方法有许多种。不过，用以纠正犬和猫的行为的普遍使用的两条原理是经典制约和操作制约。

1. 经典制约

也称为巴甫洛夫制约，最初是由巴甫洛夫在 20 世纪初研究的。据说，当某个中性刺激物（条件刺激物，CS）与一个具有生物意义的事件（非条件刺激物，UCS）反复同时出现时，就会发生制约，结果，当 CS 单独出现时，就会产生一个反应（条件反应，CR）。

比如，"好犬"这个词本来是中性的，这个词对犬毫无意义。但是，当这个词与具有生物意义的事件（如给一点吃食或拍拍犬的头）一起出现时，通过巴甫洛夫制约，这个词就可能成为一个 CS。举例中所说的条件反应可能会是摇尾巴。

2. 操作制约

是完成犬的训练的主要方法。操作制约教给动物做出一个自动反应，以便获得鼓励或奖励。给予积极的奖励，比如食物，能增加某一特定反应被重复的机会。这样犬就学会了行为是由其结果控制的。同样的，动物会做出某一行为以获得第二次奖励，或刺激，而这个鼓励或刺激总是与主强化刺激物同时出现（比如说，"好犬"这个词，总是伴随着食物奖励）。

某一行为是否会被重复要看结果的本质而定。因此，如果结果是令人愉快的，比如一点食物，那么该行为就更可能被重复。应用这一方法论就可以让动物形成新的行为，比如用口头或视觉命令犬"坐下"或"别动"。

我们研究了各种参数，看这些参数对通过操作制约来获得或保持一个反应的能力的影响。比如，做出反应后必须立即给予奖励，这样才有效果。还可以通过部分强化时间表来维持某种行为，即按照时间表对特定反应给予间歇性的奖励。

因此，要教会一种新的行为，比如"坐下"，需要通过一个影响过程来训练小犬。开始的时候，对小犬的任何接近"坐下"的行为都要给予奖励，逐渐地过渡到只强化与期望的反应非常接近的行为反应。一旦小犬看到食物，就能可靠地作出反应，命令就与需要的反应伴随发生了。当小犬学会该行为后，就可以使用一个可变的强化日程，对小犬的反应每隔3~4次才给予奖品，但应该总是表扬它，这样学会的行为才可能坚持。奖品，或者正强化，可以是任何动物想要的东西，比如食品、出去散步、游戏，或者与主人玩耍。

强化有两种，主强化和次强化。动物已经进化到了能够本能地意识到，主强化要么是"好"或"坏"，就是说动物不需要学习就知道食物和交配之类的主强化是"好的"，因为这些是生存要素，它们也知道缺水是"坏的"。而像拍拍头或"好孩子"等词之类的次强化的价值，动物就必须通过学习才知道。

主强化刺激下的学习比较快。但是，次强化能够加强训练。因此，在许多情况下，我们使用食物作为奖品，因为大多数犬都喜欢食物。但是如果我们再给一个轻拍，或给予口头鼓励如"好犬"等，其效果会得到增强，因为能够加强反应。

概要地说，学习可以分成两大类型：操作制约：培训时，教给动物作出某个反应以获得一个奖品。例如，如果最后结果是令人期待的，"坐下"之类的反应就可能会重复，因此结果决定反应；经典制约：指不自觉反应，比如流口水，与一个中性刺激物伴随发生，而与奖品不相联系。

（三）强化和惩罚的几个概念

1. 正强化

就是一个奖品（某种令人期待的东西），在做出反应后立即给予，能够增加同样行为反应再次出现的可能性。比如说，如果发出"坐下"的命令，犬能够坐下，我们给它一点美味的食物作为奖励，那下次发出同样命令后，这只犬就很可能再次坐下。

如果希望达到更好的效果，奖品应该：

①迅速给予。

②连贯。

③有吸引力。

2. 负强化

负强化常常与惩罚混为一谈。这是某种不愉快或令人讨厌的东西，当做出反应后马上拿开时，就会增加那种回应再次出现的可能性。比如，当犬停止拉脖链时松开绳，就会告诉犬，跟着走不像拉着脖链走路那么痛苦。

3. 主强化

主强化是指动物逐渐发育而寻求的任何刺激物（奖品），即本能地知道那是"好的"。或缺少那个可能是"坏的"。比如说食物、水和交配。

4. 次强化

动物必须学习知道次强化是与主强化相连的。因此，"好犬"等词或拍拍头就成了次强化。

5. 正惩罚

正强化或负强化能增加前述的反应再次出现的可能性，而惩罚的目的是为了达到相反的效果。惩罚会减少前述反应再次出现的可能性。

正惩罚是一个令人厌恶的刺激物或事件的补充，比如，朝犬大喊大叫或拿掌掴它可以被认为是一个惩罚，如果这能导致行为的减少。

要想达到最好的效果，惩罚必须是：

①迅速。

②连贯。

③足够令人讨厌。

6. 负惩罚

收回一个令人愉快的刺激物或事件从而导致某种行为的减少，这就是一个负惩罚。比如，在犬做出一个不可接受的行为后，立即把它关进一个处罚室，如果这样能导致那种行为的减少，那这就是一个负惩罚。

无论是强化还是惩罚，时机掌握都是至关重要的。反应和惩罚或强化相隔的时间必须极短，少于半秒才能让动物把二者联系起来。反应做出 5s 后才进行强化，事实上就会使学习时间增加一倍。

简要地讲，强化（正、负）能增加一个反应再次出现的可能性；惩罚（正、负）能减少一个反应再次出现的可能性。强化和惩罚都可以是正的或负的，都需要在动物做出反应后立即实施，这样动物才能把二者联系起来。

第十四章 动物疫苗基本知识

免疫接种是激发动物机体产生特异性抵抗力，使易感动物转化为不易感动物的一种手段。有组织有计划地进行免疫接种是预防和控制动物传染病的重要措施之一，在某些传染病如牛瘟、犬瘟、猪瘟等病的预防中更具关键性的作用。根据免疫接种进行的时机不同，可分为预防接种和紧急接种两类。

一、预防接种

（一）基本概念

在经常发生某些传染病的地区，或有某些传染病潜在的地区，或受到邻近地区某些传染病经常威胁的地区，为了防患于未然，在平时有计划地给健康动物进行的接种，称为预防接种。预防接种通常使用疫苗、菌苗、类毒素等生物制剂作抗原激发免疫。用于人工自动免疫的生物制剂可统称为疫苗，包括用细菌、支原体、螺旋体制成的菌苗，用病毒制成的疫苗和用细菌外毒素制成的类毒素。根据所用生物制剂的品种不同，采用皮下、皮内、肌肉注射或皮肤刺种、点眼、滴鼻、喷雾、口服等不同的接种方法。接种后经一定时间（数天至3周），可获得数月至一年以上的免疫力。

预防接种应当有周密的计划。为了做到有的放矢的预防接种，应当对当地各种传染病的发生和流行情况进行调查了解。弄清楚过去曾经发生过哪些传染病，在什么季节流行。针对所掌握的情况，拟定每年的接种计划。例如，有些地区为了预防猪瘟、猪丹毒、猪肺疫等传染病，要求每年全面地定期接种两次疫苗，尽可能做到头头接种。在两次间隔期间，每月或每半月检查一次，对新生小猪或新从外地引进的猪只，进行及时补种，以提高防疫密度。

有时也进行计划外的预防接种。例如输入或运出动物时，为了避免在运输途中或到达目的地后暴发某些传染病而进行的预防接种。一般可进行抗原主动免疫（接种疫苗、菌苗、类毒素等），若时间紧迫，也可用免疫血清进行被动免疫，后者可立即产生免疫力，但维持的时间短，仅半个月左右。

若在某一地区过去从未发生过某种传染病，也没有从别处传过来的可能时，则没有必要进行该传染病的预防接种。

预防接种前，应对被接种的动物进行详细的检查和调查了解，特别注意其健康状况、年龄大小、是否正在怀孕或泌乳，以及饲养状况的好坏等情况。成年的、体质健壮或饲养管理条件较好的动物，接种后会产生较坚强的免疫力。反之，幼年的、体质弱的、有慢性病或饲养管理条件不好的动物，接种后产生的抵抗力就差些，也可能引起较明显的接种反应。怀孕动物特别是临产前的动物，在接种时由于驱赶、捕捉等影响或者由于疫苗引起的反应，有时会发生流产或早产，或者可能影响胎儿的发育，泌乳期的动物预防接种后，有时会暂时减少产奶量。所以，对那些年幼的、体质弱的、有慢性病的和怀孕后期的母畜，如果不是已经受到传染的威胁，最好暂时不接种。对那些饲养管理不好的动物，在进行预防接种的同时，必须创造条件，改善饲养管理。

接种前，应当注意了解当地有无疫病流行，如发现疫情，则首先安排对该病的紧急防疫。如无特殊疫病流行则按原计划进行预防接种。一方面要做好宣传发动工作；另一方面准备疫苗、器材、消毒器材和其他必要的用具。接种时要做到消毒认真，计量部位准确。接种后，要向畜主说明饲养管理，使机体产生较好的免疫力，减少接种后的反应。

（二）应注意预防接种反应

预防接种发生反应的原因复杂。生物制品对机体来说，都是异物，经接种后总有反应过程，但反应的性质和强度不同。有时会出现不良反应或剧烈反应。所谓不良反应是指经预防接种后引起了持久的或不可逆的组织器官损害或功能障碍而致的后遗症。可以分为3类：

正常反应：是指由于制品本身的特性而引起的反应，其性质与反应强度随制品而异。如某些制品有一定毒性，接种后可以引起一定的局部或全身反应。有些制品是一些菌苗或疫苗，接种后实际是一次轻度感染，也会发生某种局部或全身反应。

严重反应：与正常反应性质相同，但程度较重或发生反应的动物数超过正常比例。引起严重反应的原因有，生物制品质量差，或使用方法不当，如接种剂量过大，接种技术不正确、接种途径错误；或个别动物对某种生物制品过敏等。

合并症：是指与正常反应性质不同的反应。主要包括：超敏感（血清病、过敏休克、变态反应等），扩散为全身感染和诱发潜伏感染。

（三）几种疫苗联合使用

同一地区，同种动物，在同一季节可能有两种以上的疫病流行，因此，可以同时接种两种或两种以上的疫苗（多联多价制剂或联合免疫）。一般认为，当同时给动物接种两种以上的疫苗时，这些疫苗可以同时刺激机体产生多种抗体。一方面它们可能彼此无关，另一方面可能彼此发生影响。影响结果，可能是彼此相互促进，有利于抗体产生，也可能相互抑制，使抗体的产生受到阻碍。同时，还应考虑动物机体对疫苗刺激的反应有一定限度。同时注入种类过多，机体不能忍受过多刺激时，不仅可能引起较剧烈的反应，而且还可能减弱机体产生抗体的机能，从而减低预防接种的效果。究竟哪些疫苗可以同时接种，哪些不能还必须通过试验来证明。

（四）合理的免疫程序

免疫接种须按合理的免疫程序进行。一个地区、一个畜群可能发生的传染病不止一种，而可以用来预防这些传染病的疫（菌）苗的性质也不尽相同，免疫期长短不一。因此需要用多种疫苗来预防不同的病，也需要根据各种疫（菌）苗的免疫特性来合理地制定预防接种的次数和间隔时间，这就是免疫程序。

免疫过的怀孕母畜所产仔畜体内在一定时间内有母源抗体存在，对建立自动免疫有一定影响，因此对幼龄动物免疫接种往往不能获得满意效果。

目前国际上还没有一个可供统一使用的疫（菌）苗免疫程序，各国都在实践中总结经验，制定出合乎本地区的免疫程序，而且还在不断研究改进中。

二、紧急接种

紧急接种是在发生传染病时，为了迅速控制和扑灭疫病的流行，而对疫区和受威胁区尚未发病的动物进行的应急性免疫接种。从理论上讲，紧急接种以使用免疫血清较为安全有效。但因血清用量大，价格高，免疫期短，且在大批动物接种时供不应求，因此实践中除非珍贵动物，一般很少使用。多年来的实践证明，在疫区内使用某些疫（菌）苗进行紧急预防接种切实可行。例如在发生猪瘟时已经广泛应用疫苗作紧急接种，取得较好的效果。

在疫区应用疫苗作紧急接种时，必须对所有受到威胁的动物进行详细观察和检查，仅能对正常无病的动物以疫苗进行紧急接种。而病畜及可能已经受感染的潜伏期病畜，必须在严格消毒的情况下立即隔离，不能再接种疫苗。由于外表正常的动物中可能混有一部分潜伏期患畜，这一部分患畜在接种疫苗后不能得到保护，反而促使它更快发病，因此，在紧急接种后一段时间内，畜群发病反而有增多可能。但由于这些急性传染病的潜伏期较短，而疫苗接种后又很快就能产生抵抗力，因此，发病率不久即可下降，最终使流行很快停息。

紧急接种是在疫区及周围的受威胁区进行，受威胁区的大小视疫病的性质而定。某些流行性强大的传染病，如口蹄疫等，则在疫区周围 5～10km 以上。这种紧急接种，其目的是建立"免疫带"以保卫疫区，就地扑灭疫情，但这一措施必须与疫区的封锁、隔离消毒等综合措施相配合，才能取得较好的效果。

第二部分

宠物疾病临床诊断及用药

第一章　临床诊断

一、临床检查的基本方法

技能1　临床听诊技术

【目的与要求】通过练习掌握心音、呼吸音、胃肠音听诊部位、方法、应用范围和注意事项

【准备材料】保定器具、听诊器等

【培训内容与步骤】

听诊：是指用听觉去感知动物机体在生理或病理过程中所产生的声响的一种临床检查方法，在兽医临床上应用较为广泛。

（一）听诊方法

主要有直接听诊和间接听诊。间接听诊是最常用的听诊方法。间接听诊即借助听诊器听诊。

听诊主要用于对心血管系统、呼吸系统和消化系统功能的检查，如心音、呼吸音、胃肠蠕动音的听诊。听诊最好在安静的环境中进行。

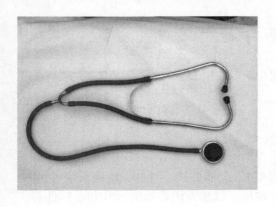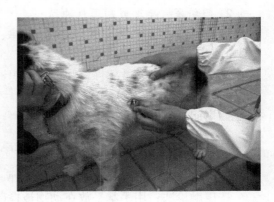

（二）听诊主要应用范围

1. 心血管系统

听取心搏或脉搏的声音，了解其频率、强度、性质、节律、杂音，注意心包击水音和心包摩擦音。

2. 呼吸系统

听取鼻、喉、气管等呼吸道及肺实质的呼吸音，了解其频率、节律、强度、性质、杂音

及胸膜异常音（如摩擦音等）。

3. 消化系统

听取胃肠蠕动音，了解其频率、强度、性质等。

4. 生殖系统

听取胎动音、胎心音等。

（三）听诊注意事项

1. 使动物安定后，在安静的环境中听诊。

2. 听诊器的耳插向前与耳孔紧密接触，不留缝隙。

3. 听头与动物被听部位紧密接触，但不可滑动、不可用力按压。

4. 听诊器的传导装置不可与任何物体接触、摩擦，防止外界摩擦音等干扰。

5. 听诊时应集中注意力听取并辨别各种听诊音，观察动物的各种行为表现。

6. 对一个目标的听诊应持续 2～3min。

7. 听诊要有针对性，是在问诊之后有目的地进行的。

技能 2　临床触诊技术

【目的与要求】通过练习掌握小动物腹部触诊的部位、方法、应用范围和注意事项。

【准备材料】保定器具等。

【培训内容与步骤】

触诊：是在问诊和视诊的基础上，重点对可疑的患病部位或组织器官进行触压，也是临床判定患部及病性的一个很重要的检查法。

（一）触诊检查的内容

1. 体表状况

如感觉感知动物体表的温度、湿度，皮肤及皮下组织的质地、弹性、硬度，浅表淋巴结及局部病变的位置、大小、形态、性质、硬度及疼痛反应等。

2. 组织器官生理或病理性冲动

如心搏动或脉搏的强度、频率、节律、性质等。

3. 腹部状况

腹壁的紧张度、敏感性，腹腔内组织器官的大小、硬度、移动性等。

4. 感觉功能

如疼痛反射等。

（二）触诊的具体方法

用手背感觉感知体表的温度、湿度。

用手指轻压或揉捏：如检查皮肤浮肿（指压留痕）、皮肤肿块、气肿、疼痛反应等。

按压触诊法：用手掌平放在动物被检部位适度按压，以感觉内容物的性状和敏感性等。

冲击触诊法：用拳或手掌连续冲击动物被检部位 2～3 次，以感觉深部组织器官的性状或状况。此法宜用于大的宠物。

切入触诊法：用一个或几个并拢的手指沿一定部位或方向向深部组织器官切入，如检查肝脏、肾脏、脾脏、胃及妊娠检查等。在小动物，多用两手从腹部两侧相对触摸，感知腹腔内组织器官的部位、大小、硬度、游动性等。

（三）注意事项

1. 触诊必须要接触动物，动物保定要确实以保证人和动物的安全。

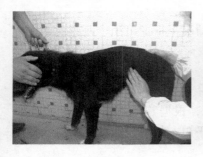 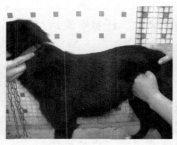 

|按压触诊|冲击触诊|切入触诊|

2. 触诊的原则是：范围由大到小，用力先轻后重，顺序由浅入深。

二、一般检查

技能 1　体表检查技术

【目的与要求】

1. 练习被毛、皮肤、浅表淋巴结的检查方法，并掌握正常与异常状态的判定标准。

2. 结合兽医院临床病例认识有关症状及异常变化。

【准备材料】保定用具等器具。

【培训内容与步骤】

（一）被毛检查

检查表被状态，主要应注意其被毛、皮肤、皮下组织的变化以及表在的外科病变的有无及特点。健康犬猫的被毛平整、有光泽，皮肤富有弹性。

被毛检查　主要通过视诊观察被毛的光泽、长度、色泽、卷曲、脱落等。要区分正常换毛与疾病引起的脱毛。

被毛蓬乱而无光泽或大面积脱毛常为营养不良的标志。

局限性脱毛处应注意皮肤病或外寄生虫病。

此外，当饲养管理不当，或长期饲料配合不合理，可能出现卷毛、无光泽和色泽变化，并可影响皮肤的健康。

（二）皮肤的检查

主要通过视诊和触诊进行。

1. 颜色

白色皮肤部分，颜色的变化容易辨识；有色素的皮肤，则应参照可视黏膜的颜色变化。白色皮肤的犬猫（或有白色斑片状被毛和皮肤），其皮色改变可表现为苍白、黄染、发绀及潮红与出血斑点。

2. 温度

可用手掌或手背触诊动物躯干、股内等部位而判定，为确定躯体末梢部位皮温分布的均匀性，可触诊鼻端、耳根及四肢的末梢部位。

病畜可表现为全身性皮温增高、局限性皮温增高、皮温降低或皮温分布不均（耳鼻发凉，肢梢冷感）。

3. 湿度

通过视诊和触诊进行。犬猫的鼻镜、汗腺不发达，正常情况下很少出汗，但鼻镜处正常时较湿润。常见于鼻镜干燥甚至发生龟裂。

4. 弹性

检查皮肤的弹性，通常可于犬猫背部。

检查方法：用手将皮肤捏成皱褶并轻轻拉起，然后放开，根据其皱褶恢复的速度而判定。皮肤弹性良好的动物，拉起、放开后，皱褶很快恢复、平展；如恢复很慢，是皮肤弹性降低的标志，老龄动物的皮肤弹性减退，是自然现象。

（三）皮下组织的肿胀

发现皮下或体表有肿胀时，应注意肿胀部位的大小、形状，并触诊判定其内容物性状、硬度、温度、移动性及敏感性等。

常见的肿胀类型及其特征有：

大面积的弥散性肿胀伴有局部的热、痛及明显的全身反应（如发热等），应考虑蜂窝织炎的可能，尤多发于四肢，常因创伤感染而继发。

皮下浮肿多发于胸、腹下的大面积肿胀或阴囊与四肢末端的肿胀。一般局部无热、痛反应，多提示为皮下浮肿，触诊呈生面团样硬度且指压后留有指压痕为其特征。依发生原因可分为营养性、肾性及心性浮肿。营养性浮肿常见于重度贫血，高度的衰竭（低蛋白血症）；肾性浮肿多源于肾炎或肾病；心性浮肿则由于心脏衰弱、末梢循环障碍进而发生淤血的结果。

技能 2　眼结膜检查技术

【目的与要求】通过练习掌握眼结膜色泽和分泌物的检查的方法、注意事项和临床意义。

【准备材料】保定用具等器具。

【培训内容与步骤】

凡是肉眼能看到或借助简单器械可观察到的黏膜，均称可视黏膜，如眼结膜、鼻腔、口腔、阴道等部位的黏膜。临床上经常要检查的是眼结膜颜色和分泌物的性状。

（一）眼结膜检查的方法

并无固定的方法，将上下眼睑打开进行检查即可。

眼结膜检查

（二）眼结膜检查的项目

1. 眼睑及分泌物

一般老龄、衰弱的动物有少量分泌物。

2. 眼结膜的颜色

正常时，健康犬猫的可视黏膜湿润，有光泽，呈淡红色，猫的比犬的要深些。眼结膜颜色的改变，不仅可反映其局部的病变，并可推断全身的循环状态及血液某些成分的改变，在诊断和预后的判定上均有一定的意义。常见的病理性眼结膜颜色表现为潮红、苍白、发绀、黄染等。

（三）注意事项

1. 检查时头部保定要可靠，以防损伤眼睛或动物咬伤检查者。

2. 观察眼结膜的颜色，宜在自然光线下，且避免阳光直射。

3. 观察时注意两眼对比，必要时可与其他部位的可视黏膜进行对照。

技能3　体温测定技术

【目的与要求】通过练习掌握体温的检查方法、注意事项和临床意义。

【准备材料】保定用具、体温计、酒精棉、石蜡油等。

【培训内容与步骤】

体温的测定：临床体温测定以犬的直肠内温度为准，健康成年犬体温为 $37.5 \sim 39℃$，幼犬为 $38.5 \sim 39.2℃$。健康成年猫的体温为 $38.0 \sim 39.0℃$，幼猫为 $38.5 \sim 39.5℃$。犬的股内侧温度略低于直肠温度。通常早晨低，晚上高，日差为 $0.2 \sim 0.5℃$。当外界炎热以及犬采食、运动、兴奋、紧张时，体温略有升高。犬直肠炎、频繁下痢或肛门松弛时，直肠测温有一定误差。

测温使用的兽用体温计是一种特制的玻璃棒状温度计，其内径细小，水银柱上升后不易下降，而保持在实测体温的相应刻度处，便于读数。

（一）检查方法

测温时，先将体温计靠手腕活动来甩动，使其中的水银柱降至35℃以下。然后涂以滑润剂备用。

在确切保定的情况下，术者站在左侧，用左手提起尾巴置于臀部固定，右手拇指和食指持体温计，先以体温计接触肛门部皮肤，以免动物惊慌骚动。然后将体温计以回转的动作稍斜向前上方缓缓插入直肠内。将固定在体温计后端的夹子夹住尾部的被毛，将尾放下。经 $3 \sim 5min$，取出体温计，用酒精棉球擦去黏附的粪污物后，观察水银柱上升的刻度数，即实测体温。测温完毕，甩动降下水银柱并用消毒棉擦拭，以备再用。

（二）注意事项：

1. 新购进的体温计在使用前应该进行矫正（一般放在 $35 \sim 40℃$ 的温水中，与已矫正过的体温计相比较，即可了解其灵敏度）。

2. 对就诊病畜待适当休息后再行测温，测温时应确保人和动物安全。

3. 体温计插入的深度要适当，以免损伤直肠黏膜。

4. 当直肠蓄粪时，应促使排出后再行测温。

5. 在肛门弛缓、直肠黏膜炎及其他直肠损害时，为保证测温的准确性，对母畜可在阴道内测温（较直肠温度低 $0.2 \sim 0.5℃$）或股内侧测温（较直肠略低）。

体温测定

技能 4　脉搏测定技术

【目的与要求】通过练习掌握脉搏的检查方法、注意事项和临床意义。

【准备材料】保定用具等。

【培训内容与步骤】

脉搏的测定：测定每一分钟脉搏的次数，以次/min 为单位。

健康成年犬的脉搏数为 70～120 次/min，猫为 120～140 次/min，幼年犬比成年犬的脉搏数略多。

（一）检查方法

用触诊法检查脉搏数，即用食指，中指及无名指的末端置于动物的浅在动脉上，先轻感触而后逐渐施压，便可发现其搏动。

脉搏测定

犬、猫的脉搏，多在后肢股内侧的股动脉处检查，也可在前肢内侧的正中动脉。触诊时，令畜主将动物保定好，最好采取自然站立姿势，待安静后，用食指、中指和无名指，置于动脉处，反复用轻、中、重的力量按压，体会脉搏的性质。

（二）注意事项

1. 检测脉搏时，待动物安静后进行。

2. 妥善保定动物，注意人畜安全，当脉搏过弱而不感于手时，可听取心音次数判断病情。

三、心血管系统的检查

技能 1　心脏听诊检查技术

【目的与要求】

1. 练习心脏的临床检查方法。要求初步掌握心脏的视诊、触诊、叩诊和听诊的部位、方法及正常状态，区别第一心音与第二心音。

2. 检查临床病例或听取异常心音录音的播放。要求初步掌握心杂音及重要的异常心音。

【准备材料】听诊器、秒表、叩诊锤、叩诊板、保定用具等器具。

【培训内容与步骤】

心脏听诊

（一）正常心音

先由助手提举其左前肢，充分暴露心区。通常于左侧肘头后上方心区部听取，必要时在右侧心区听诊，加以对比。在心区的任何一点，都可以听到两个心音，但由于心音是沿着血流的方向传导到前胸部的一定部位，那么在这个部位听诊时，心音最为清楚，该部位就是心音的最强听取点。在临床上，通常利用心音的最强听取点来确定某一心音增强或减弱，并判断心杂音产生的部位。

犬的心音最强听取点二尖瓣口第一心音：左侧第 5 肋间，胸廓下 1/3 的中央水平心脏听诊线上；三尖瓣口第一心音：右侧第 4 肋间，肋软骨固着部上方；主动脉口第二心音：左侧第 4 肋间，肩关节水平线直下方；肺动脉口第二心音：左侧第 3 肋间，靠胸骨的边缘处。

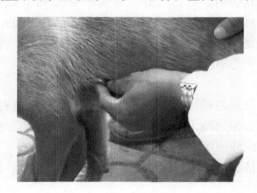

宠物的心音清亮，且第一心音与第二心音音调、强度、间隔及持续时间均大致相等。

区别第一与第二心音，除根据上述心音特点外，第一心音产生于心室收缩期，与心搏动、动脉脉搏同时出现；第二心音产生于心室舒张期，与心搏动、动脉脉搏出现时间不一致。

（二）心音的病理变化

对心音是否发生异常，要从频率、强度、性质及节律各方面加以考虑。可表现为心率过快或徐缓、心音浑浊、心音增强或减弱、心音分裂或出现心杂音、心律不齐等。

四、呼吸系统检查

技能 1　鼻的检查技术

【目的与要求】

1. 掌握鼻及其分泌物的检查方法。

2. 结合兽医院临床病例认识有关症状及异常变化。

【准备材料】鼻镜、保定用具等。

【培训内容与步骤】

（一）呼出气的检查

主要检查呼出气流的强度、温度及气味 3 项。

健康犬猫呼气时两鼻孔气流相等、温度一致、呼出气无特殊臭味。

（二）呼出气强弱的检查

在冬季可观察呼出气流的长短，其他季节可将手背放在动物鼻孔前面，以感觉呼出气流的强弱。

（三）呼出气温度的检查

可把手背放在动物鼻孔前边以感觉呼出气的温度。异常变化见于呼出气温度增高和温度降低。

（四）呼出气气味的检查

在肺或呼吸道内腐败化脓时，呼出气有恶臭味；嗅到呼出气有臭味时，要仔细追查原因，闭口有臭味是真正来源于呼出气。如由齿槽或牙齿疾病引起的，口腔有病变。如由鼻道引起，常只有一个鼻孔有臭味；如两个鼻孔都有臭味，多为喉、气管或肺有病变。如由腭窦或骨疾患引起，颜面常肿大变形。

（五）鼻液的检查

检查鼻液首先应注意鼻液的量，其次注意其性状、颜色、混杂物及单侧或双侧等。

犬猫的鼻端有特殊的分泌结构，健康者常呈湿润状，热性病和代谢紊乱时鼻端干燥有热感，正常情况下在睡觉和刚睡醒时鼻尖也干燥，要注意区别。

健康动物一般不见鼻液流出，冬季可能会有少量浆液性鼻液。检查时，首先要观察动物有无鼻液。

病理情况可见：浆液性鼻液，为无色透明如水样；黏性鼻液，为黏稠蛋清样或灰白色不透明，内含多量黏液（白细胞和脱落上皮细胞），呈牵丝状；脓性鼻液，为黏稠、浑浊、不透明，呈黄色、灰黄色或黄绿色，内含许多白细胞和黏液；血性鼻液，混有血液。出血部位不同鼻液颜色也不同，鼻出血鲜红呈滴状或线状；肺出血则两侧鲜红，含小气泡；胃出血呈暗红色。

（六）鼻黏膜的检查

犬猫鼻腔较为狭窄，检查时应用鼻镜较为合适。

正常鼻黏膜为蔷薇红色或淡青红色，常湿润光泽，黏膜表面有小点状凹陷时，颜色常浓淡不匀。

检查时，应注意鼻黏膜颜色、有无肿胀、疱疹、破损、溃疡及其状态。

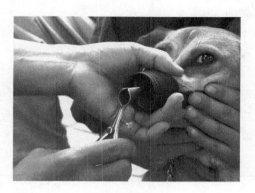

鼻黏膜检查

（七）颜面附属窦的检查

检查颜面附属窦时，应注意颜面的形状、窦内有无其他物质及其性质等。必要时可用穿刺检查内容物。

技能2　肺脏听诊技术

【目的与要求】

1. 练习胸部及肺脏的检查方法，要求初步掌握肺脏的听诊的部位、方法及正常状态，并区别其病理性听诊音。

2. 结合兽医院临床病例认识有关症状及异常变化。

【准备材料】听诊器、秒表、保定用具等器具。

【培训内容与步骤】

（一）听诊法

肺听诊区与叩诊区大致相同。听诊时，多用间接听诊法。听诊时宜先从肺部的中1/3部开始，由前向后逐渐听取，其次是上1/3，最后是下1/3。每个部位听2~3次呼吸音，再变换位置，直到肺的全部。如发现异常呼吸音，为了确定其性质，应将该处与临近部位进行比较，必要时要与对侧相应部位对照听取。

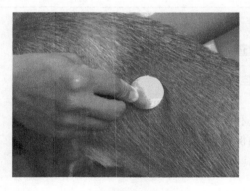

图肺部听诊

（二）正常呼吸音

1. 肺泡呼吸音

类似柔和的"夫"音，一般在健康动物的肺区内可以听到。肺泡呼吸音在吸气时较明显，时间也长。在呼气初期能听到，在呼气的末期不能听到。犬和猫的肺泡呼吸音同其他动物相比较，声音显著强而高朗。

肺泡呼吸音在肺区中 1/3 比较明显，上部较弱，而在肘后、肩后及肺的边缘部则很微弱，甚至不易听到。

2. 支气管呼吸音

是一种类似将舌抬高呼出气时而发出的"赫"音。支气管呼吸音的特征为吸气时较弱而短，呼气时较强而长，声音粗糙而高。犬，在其整个肺部都能听到明显的支气管呼吸音。

（三）病理呼吸音　如表：

犬猫常见病理性呼吸音及其临床意义

	呼吸音	特点	原因	临床意义
肺泡呼吸音	普遍性增强	左右肺区均出现重读的"夫"音	呼吸中枢兴奋性增强	发热、代谢亢进、非肺部疾病引起的呼吸困难等
	局部增强	局部肺泡呼吸音增强	病变区弱、周围代偿性增强	肺炎、慢性肺泡气肿、渗出性胸膜炎等
	减弱或消失	肺泡呼吸音减弱	病变区渗出或实变，肺弹性减弱	肺炎、慢性肺泡气肿等病变区
病理性支气管音	肺门区以外出现明显的"赫"音	肺实变	肺炎（实变）	
干啰音	口哨声、飞箭声、鼾声；呼气时最明显	支气管狭窄，分泌物黏稠	支气管炎	
湿啰音	水泡破裂音；吸气时明显	大量稀薄液体	支气管炎和肺炎渗出期；肺水肿；肺出血	
捻发音	均匀一致的水泡音只在吸气时可闻	肺泡内有黏稠分泌物	肺炎	
胸膜摩擦音	皮革摩擦、踏雪的声音	纤维素渗出	胸膜炎初期和后期	
胸腔拍水音	液体震荡声	胸腔积液	胸腔积水、胸膜炎中期	

五、消化系统的检查

技能1　犬开口及口腔检查技术

【目的与要求】

1. 练习犬开口的方法和注意事项。

2. 结合兽医院临床病例认识有关症状及异常变化。

【准备材料】保定用具、开口器等。

【培训内容与步骤】

口腔的检查　口腔检查项目主要有流涎，气味，口唇，黏膜的温度、湿度、颜色和完整性（有无损伤和发疹），舌及牙齿的变化。一般用视诊，触诊，嗅诊等方法进行。

对病畜进行口腔检查，应根据临床需要，采用徒手开口法或借助一些特制的开口器进行。

徒手开口法：检查者以左手握住犬的两侧口角内压，右手下拉下颌，打开口腔。

开口器开口法：由助手紧握两耳进行保定，检查者将开口器平直伸入口内，待开口器前端达到口角时，将把柄用力下压，即可打开口腔进行检查或处置。

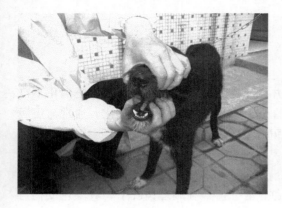

徒手开口

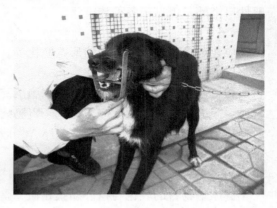

开口器开口

（一）流涎

口腔中的分泌物或唾液流出口外，称为流涎。健康动物口腔稍湿润，无流涎现象。在病理情况下为大量流涎，可见于各种类型口炎等。

（二）口腔气味

健康动物一般无特殊臭味，仅在采食后，可留有某种食物的气味。病理状态下如出现甘臭味（见于口炎和肠炎）和腐败臭味（见于齿槽骨膜炎）。

（三）口唇

1. 口唇下垂

有时口唇不能闭合，可见于面神经麻痹，某些中毒，狂犬病，唇舌损伤和炎症，下颌骨骨折等。

2. 双唇紧闭

是由于口唇紧张性增高所引起，见于脑膜炎和破伤风等。

3. 唇部肿胀

见于口黏膜的深层炎症。

（四）口腔黏膜

应注意其颜色，温度，湿度及完整性破坏等。

1. 颜色

健康动物口腔黏膜颜色淡红而有光泽。在病理情况下，口黏膜的颜色也有潮红、苍白，发绀，黄染以及呈现出血斑等变化，与眼结膜颜色变化的临诊意义大致相同。

口黏膜极度苍白或高度发绀，提示预后不良。

2. 温度

由助手打开口腔后，术者可将手指伸入口腔中感知。口腔温度与体温的临诊意义基本一致，如仅口温升高而体温不高，多为口炎的表现。

3. 湿度

健康动物口腔湿度中等。口腔过分湿润，是唾液分泌过多或吞咽障碍的结果，见于口炎、咽炎、唾液腺炎、狂犬病及破伤风等。口腔干燥，见于热性病、脱水、肠阻塞等。

4. 完整性

口黏膜出现红肿，发疹，结节，水泡，脓疱，溃疡，表面坏死，上皮脱落等，除见于一般性口炎外，也见于各种传染病。

（五）舌

应注意舌苔，舌色及舌的形态变化等。

1. 舌苔

舌苔是一层脱落不全的舌上皮细胞沉淀物，并混有唾液、饲料残渣等，是胃肠消化不良时所引起的一种保护性反应，可见于胃肠病和热性病。舌苔厚薄，颜色等变化，通常与疾病的轻重和病程的长短有关。舌苔黄厚，一般表示病情重或病程长；舌苔薄白，一般表示病情轻或病程短。

2. 舌色

健康动物舌的颜色与口腔黏膜相似，呈粉红色且有光泽。在病理情况下，其颜色变化与眼结膜及口腔黏膜颜色变化的临诊意义大致相同。

3. 形态变化

舌形态的病理变化主要有以下表现。

（1）舌麻痹　舌垂于口角外并失去活动能力，见于各种类型脑炎后期或食物中毒（如霉玉米中毒及肉毒梭菌中毒病），同时常伴有咀嚼及吞咽障碍等。

（2）舌体咬伤　因中枢神经机能扰乱如狂犬病、脑炎等而引起。

（六）牙齿

牙齿病患常为造成消化不良，消瘦的原因之一。检查有无锐齿，过长齿，赘生齿，波状齿、龋齿及牙齿松动，脱落或损坏等。

注意事项：犬开口时注意安全，防止被犬咬伤。

技能 2　肠管检查技术

【目的与要求】

1. 练习犬肠管检查的方法。

2. 结合兽医院临床病例认识有关症状及异常变化。

【准备材料】保定用具、听诊器等。

【培训内容与步骤】

（一）肠管检查

（1）肠管触诊　对于检查肠便秘、肠套叠、肠扭转、肠内异物等具有重要意义，犬以肠套叠和肠内异物较多见。肠秘结，触摸到肠道内有一串坚实或坚硬的粪块。肠内异物，可以摸到肠管内的坚实异物团块，前段肠道臌气。肠扭转，可以发现局部的触痛和臌气的肠管，有时可以摸到扭转的肠管或扭转的肠系膜。肠套叠，可以触摸到一段质地如鲜香肠样有弹性、弯曲的圆柱形肠段，触压剧痛，有时可以摸到套入部的圆形末端及鞘部的卷折之处。

（2）肠管听诊　根据胃肠音的强弱、频率、持续时间和音质，可以判定胃肠的运动机能和内容物的性状。健康犬猫肠音似捻发音。病理性肠音包括：肠音增强、肠音减弱、肠音消失、肠音不整和金属性肠音。

（3）肠管叩诊　叩诊腹壁的相应部位，可根据叩诊音响的性质，推断靠近腹壁较大肠管（结肠）的内容物性状，如呈鼓音，则为肠腔积气；如呈浊鼓音，为气体与液体混同存在；如呈连片的浊音区，可提示为该段结肠阻塞。

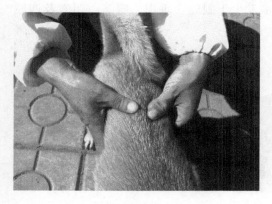

肠管触诊

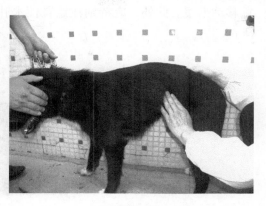

肠管触诊

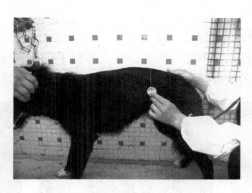

肠管听诊

（二）直肠检查

检查肛门、肛门腺及会阴部时，应戴手套并涂以润滑剂。里急后重，大便困难，多为直肠和肛门疾患的症状。将手指伸入肛门可检查直肠或经直肠触诊深部器官，如直肠内粪便的颜色、硬度和数量，直肠的宽窄，骨盆的大小，骨盆骨折，肛门腺癌，直肠内肿瘤，膀胱、子宫以及雄性前列腺的情况等。

六、泌尿生殖系统检查

技能1　肾脏、膀胱检查技术

【目的与要求】

1. 练习肾脏和膀胱检查方法。

2. 结合兽医院临床病例认识有关症状及异常变化。

【准备材料】保定用具等。

【培训内容与步骤】

（一）肾脏检查

1. 视诊检查

临床检查中，当发现排尿异常、排尿困难及尿液的性状发生改变时，应重视泌尿器官，特别是肾脏的检查。如某些肾脏疾病（急性肾炎，化脓性肾炎等）时，由于肾脏的敏感性增高，肾区疼痛明显，病畜除出现排尿障碍外，常表现腰脊僵硬，拱起，运步小心，后肢向前移动迟缓。此外，应特别注意肾性水肿，通常多发生于眼睑、垂肉、腹下、阴囊及四肢下部。

腰背拱起

2. 触诊检查

可通过体表进行腹部深部触诊。

肾脏外部触诊时，可使犬猫取站立姿势，检查者两手拇指放与犬猫腰部，其余手指由两侧肋弓后方与髋结节之间的腰椎横突下方，由左右两侧同时施压并前后滑动，进行触诊。

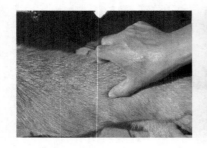

按压触诊

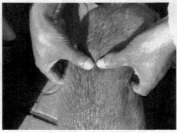

切入触诊

切入触诊

采集尿液，进行尿液化验可为肾脏病诊断提供重要线索。

（二）膀胱检查

内部触诊，助手提举病犬的前躯，检查者用一只手的食指带上指套伸入直肠，另一只手触摸腹壁后部，内外结合地进行膀胱触诊。

外部触诊，使动物取仰卧姿势，用一手在腹中线处由前向后触压，也可用两手分别由腹部两侧，逐渐向体中线压迫，以感知膀胱。小动物膀胱充满时，在下腹壁耻骨前缘触到一个有弹性的光滑球形体，过度充满时可达脐部。

七、神经系统检查

【目的与要求】

1. 练习神经系统检查方法。

2. 结合兽医院临床病例认识有关症状及异常变化。

【准备材料】保定用具等器具。

【培训内容与步骤】

（一）头颅和脊柱检查

脑和脊髓位于颅腔和椎管内，直接检查尚有困难。在临床上只有通过视诊，触诊及头颅

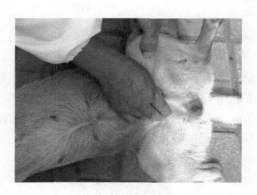

膀胱外部触诊

局部叩诊的方法对头颅和脊柱进行检查，以推断脑和脊髓可能发生的病理变化以及病变发生的部位。

1. 头颅检查

注意头颅的形态和大小，发育是否与躯体各部相协调对称，温度，硬度等变化。

2. 脊柱检查

注意观察脊柱是否弯曲（如上弯、下弯和侧弯），脊柱弯曲多因其周围支配脊柱的肌肉紧张性不协调所致，见于脑膜炎、脊髓炎和破伤风等，也见于骨质代谢障碍性疾病（如骨软病）。此时可呈现角弓反张，腹弓反张和侧弓反张，由于后头挛缩或斜颈，甚至引起强迫性后退或转圈运动。但应排除创伤骨折、药物中毒及风湿病等引起的脊柱弯曲，压疼及僵硬异常等症状。

（二）感觉机能检查

1. 浅感觉

浅感觉包括皮肤的触觉，痛觉，温觉和对电刺激的感觉。在动物主要检查其痛觉和触觉。检查时应在动物安静的状态下或由饲管人员保定，为避免视觉的干扰，用布将动物的眼睛遮住，用针头或尖锐物以不同力量先从臀部开始，沿脊柱两侧逐渐向前刺激，直到颈部和头部。对四肢的检查从最下部开始，作环形刺激直至脊柱。必要时应作对比检查或多次检查。注意观察动物的反应。健康动物针刺时，出现相应部位的被毛颤动，皮肤或肌肉收缩，竖耳，回头或啃咬动作。

2. 深感觉或称本体感觉

指皮下深部的肌肉，关节，骨骼，腱和韧带等的感觉。检查时应人为地将动物肢体改变自然姿势而观察其反应。健康动物在除去外力后，立即恢复到原状。如深部感觉障碍时则较长时间保持人为姿势而不变。提示大脑或脊髓受损害。如慢性脑积水，脑炎，脊髓损伤，严重肝病等。

3. 感觉器官的检查

通过感觉器官检查，有助于发现神经系统的病理过程。但应与非神经系统病变引起的感觉器官异常相区别。

（1）视觉器官

检查时应注意眼睑肿胀、角膜完整性（角膜浑浊、创伤等）、眼球突出或凹陷等变化。对神经系统疾病诊断有意义的项目如下。

（2）听觉器官

内耳损害所引起的听觉障碍，在内科疾病诊断上具有一定意义。

（3）嗅觉器官

犬，猫的嗅觉高度发达。用动物熟悉物件的气味，或有芳香气味的物质，让动物闻嗅，但应防止被看见，以观察其反应。健康动物则寻食，出现咀嚼动作，唾液分泌增加。对犬则检查其对一定气味的辨识方向。当嗅神经，嗅球，嗅传导径和大脑皮层受害时，则嗅觉减弱或消失。但应排除鼻黏膜疾病引起的嗅觉障碍。

超声诊断技术

一、超声诊断的基础

超声成像技术是一种无组织损伤、无放射危害的临床诊断方法，是兽医影像技术的主要内容之一。自 Lindahl 等（1966）将超声检查（D 型）用于绵羊的妊娠诊断之后，A 型（超声示波法）、D 型（超声多普勒法）、M 型（超声光点扫描）和 B 型（切面显像法）超声诊断仪相继在兽医领域中得到了广泛的应用。超声波检查是利用超声向机体器官内部发射并接受其回声讯号，根据信号来进行诊断疾病的方法。目前国内 B 超诊断技术在小动物（犬、猫）临床诊断中广泛应用。

（一）B 型超声波的工作原理

将超声波回声信号以光点明暗，即灰阶的形式显示出来，回声信号强，光点就亮，回声信号弱，光点就暗，由点到线到面构成一同被扫描部位组织或脏器的二维断层图像，根据被检查动物的超声与正常图像的差异，来诊断疾病。

（二）B 型超声诊断仪的组成及使用

B 型超声波诊断仪主要包括两个部分：主机和探头。主机是电子仪器系统部分，由显示器、基本电路和记录部件组成。探头是发射和接收超声，进行电声、信号转换的部件。除主机探头外，许多 B 型超声波还配有照相机、录像机、影像打印仪、鼠标、键盘等。有的还可连接计算机，运行专门的软件，可以将超声图像作处理、储存、检索及自动分析等。

（三）宠物超声波检查的特点

1. 动物种类繁多

由于各种动物解剖生理的差异，其检查体位、姿势均各不相同，尤其是要准确了解有关脏器在体表上的投影位置及其深度变化，由此才能识别不同动物、不同探测部位的正常超声影像。

2. 动物皮肤有被毛

由于各种动物体表均有被毛覆盖，毛丛中存在有大量空气，致使超声难以透过。为此，在超声实际检查中，除体表被毛生长稀少部位（软腹壁处）外，均需剪毛或剃毛。

3. 动物需要保定

人为的保定措施，是动物超声诊断不可缺少的辅助条件。由于动物种类、个体情况、探测部位和方式的不同，其繁简程度不一。

（四）操作

检查时，按不同检查目的，采用不同的保定方式。先在体表投影部位剪毛，并于探头部涂以耦合剂，如液体石蜡、蓖麻油、凡士林等。

1. 探测方法

直接探测法　间接探测法

（1）直接探测法　最为常用，在被探测的脏器或病变部位，充分暴露体表，涂上耦合剂，使探头与体表皮肤密切接触，探头可借助耦合剂的滑润性进行不同角度不同方向的扫查。

（2）间接探测法　适用于体表器官或体表病变部位的探测，用特制塑料袋，内盛蒸馏水或生理盐水（排出多余的气体，盛水后的袋张力不必过大），将盛水袋的两面涂上耦合剂后置于要检查的部位，探头在水袋上进行滑动扫查，如对眼、乳房、甲状腺和体表病变部位的探测。

2. 探测前准备

3. 体位

超声探测的体位因探测部位需要不同，可采取各种体位。

（1）仰卧位

（2）侧卧位　左侧卧位（30°、45°、60°、90°）相当于 X 线摄影的左前斜位，它有利于通过右上腹、右肋间和右侧腹进行扫查。左侧卧位（30°，45°）是超声心动图检查最常用的体位。

右侧卧位（30°、45°、60°、90°）相当于 X 线摄影的右前斜位，更有利于通过左上腹、左肋间和左侧腹进行扫查。

（3）俯卧位　便于将超声探头置于患侧背面进行扫查。

（4）其他　可根据具体需要加以选择，有半卧位、坐位、站立位、膝胸卧位等。

4. 常用的几种探测手法

超声显像探测手法对于诊断结果甚为重要，操作过程注意使探头与被检查的界面取得垂直，否则会使反射波不能被接收，造成诊断上的错误，通常采用以下 3 种探测手法。

（1）顺序连续平行切面法　在选定某一成像平面后，将探头沿该平面平行移动，作多个平行切面，切可从各个连续的声像图中观察分析脏器内部结构及病灶的整体情况，这种方法可为顺序横切面，纵切面和各种斜切面。

（2）立体扇形切面法　在选定某一成像平面后，不移动探头在体表的位置，而以顺序改变探头与体表的角度（或侧动探头）时，可在一个立体扇形范围内得到各个顺序的声像图，以观察分析脏器及病灶的整体情况。

（3）十字交叉中心定位法　以两个互相垂直放置的探头成像平面获得两幅相互垂直的声像图。当两幅声像图中所显示的病灶正好在图形中心时，体表上两次探头成像平面交叉点即可用来代表病灶中心投影参考点。此法可用于病灶定位或作超声穿刺指导，但在进行穿刺时，尚需注意进针角度以免穿刺偏离。

（五）图像的描述及术语

1. 回声强度

与正常组织相比较，把回声强度分为以下 4 种。

（1）弱回声或低回声。指光点辉度低，有衰竭现象。

（2）中等回声或等回声。指光点辉度等于正常组织的回声强度（辉度）。

（3）较强回声或回声增强：指辉度高于正常组织器官的回声强度（辉度）。

（4）强回声或高回声。明亮的回声光点，伴有声影或二次、多次回声。

2. 回声次数

回声次数是指回声量。

（1）无回声　即在正常灵敏度条件下无回声光点的现象，无回声区域又称作暗区。

（2）稀疏回声　光点稀少且小，间距在 1.0mm 以上。

（3）较密回声　光点较多，间距 0.5 ~ 1.0mm。

（4）密集回声　光点密集且明亮，间距 0.5mm 以下。

3. 回声形态

回声形态指声像图上光点形状。常见的有以下几种：

（1）光点　细雨圆的点状回声。

（2）光斑　稍大的点状回声。

（3）光团　回声光点以团块状出现。

（4）光片　回声呈片状。

（5）光条　回声呈细而长的条带状。

（6）光带　回声为较宽的条带状。

（7）光环　回声呈环状，光环中间较暗或为暗区，如胎儿头部回声。有些器官或病灶内部出现回声称为内部回声。光环是周边回声的表现。

（8）光晕　光团周围形成暗区，如癌症结节周边回声。

（9）网状　多个环状回声聚集在一起构成筛状网，如脑包虫回声。

（10）云雾状　多见于声学造影。

（11）声影　由于声能在声学界面衰竭、反射、折射等而丧失，声能不能达到的区域（暗区），即特强回声下方的无回声区。有些脏器或肿块底边无回声，称底边缺如；如侧边无回声则称为侧边失落。

（12）声尾　或称蝌蚪尾，指液性暗区下方的强回声，如囊肿。在特强声学界面上，超声波在肺泡壁上反复反射，声能很快衰减，称为多次重复回声（3 次以上）。

（13）靶环征　以强回声为中心形成圆环状低回声带，如肝脏病灶组织的回声。

（六）超声诊断的应用

1. 超声检查在畜牧生产中的应用

（1）背膘和眼肌面积的测定。

（2）超声诊断在动物繁殖上的应用。

2. 在兽医上的应用

（1）心脏和血管超声检查及声像图。

（2）肝脏和胆囊超声检查及声像图。

（3）肾脏、膀胱和肾上腺超声检查及声像图。

（4）卵巢声像图。

（5）其他。

二、不同器官组织声像图特点与图像分析

（一）技能一　肝脏的超声检查

1. 准备

腹部的胸廓部剪毛，清洁皮肤，并涂耦合剂。

2. 频率

常用探头工作频率为 3.5 ~ 4MHz，也可采用 5MHz。

3. 体位

仰卧、左侧卧、右前斜位、坐位或站立位。

4. 检查部位

腹腔的胸廓部分，剑状软骨附近。

5. 探查方法

滑行扫查或扇形扫查。

6. 肝脏正常声像图

正常肝脏的外形近似楔形，右侧厚而大，向左侧逐渐缩小变形，延至左叶外侧边缘处形如三角形的锐角。在纵切面声像图上，肝的形态略呈三角形，后缘近膈顶端圆厚，呈半弧形的钝角，近下缘处扁薄。肝实质内呈分布均匀，辉度一致的点状回声和各种管道的断面。

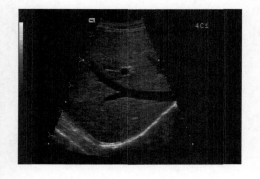
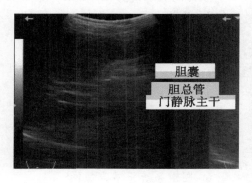

7. 病变声像图

（1）肝囊肿声像图特点　为无回声，远场回声增强。

（2）肝脓肿声像图特点　切面呈圆形、椭圆形或近似圆形。从多方向切面观察，常呈圆球形或半球形病灶。常无后壁回声增强。

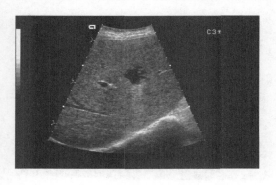
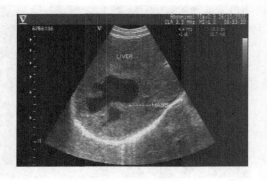

（3）肝硬化声像图特点　肝脏体积缩小，失去正常形态，边缘变钝。肝表面常高低不平，有的呈锯齿状或凹凸状。肝实质回声显著增强不均匀，可布满短线状，短弧线状强回声，鳞状或苔藓样改变或网状，粗大结节状。伴有腹水。

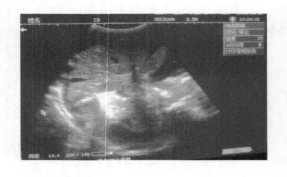 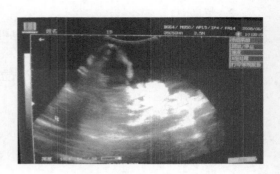

（二）技能二　胆道系统超声检查

1. 准备

腹部的胸廓部剪毛，清洁皮肤，并涂耦合剂。

2. 频率

常用探头工作频率为3.5~4MHz，也可采用5MHz。

3. 体位

仰卧、站立、右前斜位。

4. 检查部位

腹部的胸廓部

5. 探查方法

滑行扫查或扇形扫查。

6. 胆道系统正常声像图

通常可分为肝内及肝外两部分。肝内部分由毛细胆管、小叶间胆管以及逐渐汇合而成的左右肝管组成；肝外部分肝总管、胆囊管、胆总管以及胆囊组成。

7. 病变声像图

（1）胆结石声像图　胆囊腔内出现稳定的强回声团，伴有声影，重力移动阳性。

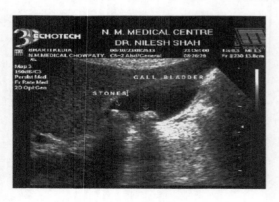 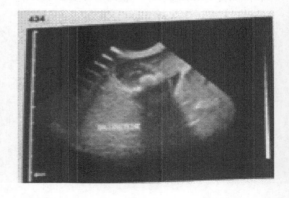

（2）胆囊炎声像图　胆囊肿大，轮廓线模糊，外壁线不规则，可呈圆或椭圆形。胆囊壁弥漫性增厚，呈强回声带，其间出现弱回声带"双边影"。

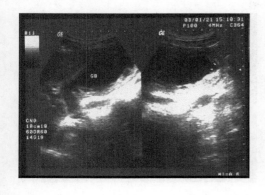
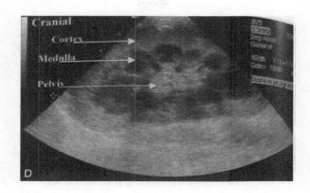

（三）技能三　肾脏声像图

1. 准备

剪去右侧最后两个肋骨、左侧最后肋骨后的被毛，清洁皮肤，并涂耦合剂。

2. 频率

常用探头工作频率为 5MHz，也可采用 7.5MHz。

3. 体位

侧卧、仰卧、俯卧。

4. 检查部位

左右最后两个肋骨后区域。

5. 探查方法

滑行扫查或扇形扫查。

6. 肾脏正常声像图

蚕豆型，回声质地细呈轻微的颗粒样，髓质为低回声，甚至无回声。肾盂为强回声。

（1）肾积水声像图　肾盂明显扩张，根据病变的严重程度可见到不同大小的无回声区域。扩张的输尿管呈无回声的管状结构，从肾盂向后到膀胱。

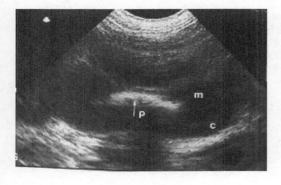
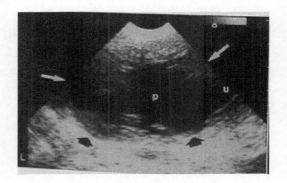

c 皮质；p 肾盂；　　　　　　　　肾盂（p）扩张，输尿管

m 髓质　　　　　　　　　（u）也扩张。髓质增大，皮质仅

有个很薄的轮廓

（2）肾囊肿声像图　肾囊肿时表现为肾组织内无回声、边缘光滑的圆形缺损，后壁回声增强。如果囊肿靠近肾周边，就会影响肾脏的轮廓。

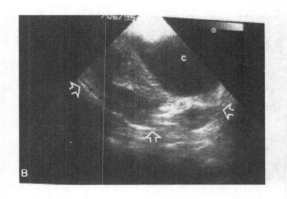
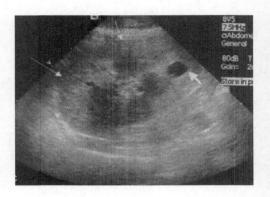

（3）肾结石声像图　结石表现为肾内的强回声团。一般位于肾脏的中央。偶尔可见单个大的结石，同肾盂的形状类似。

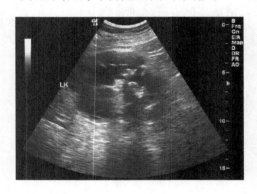
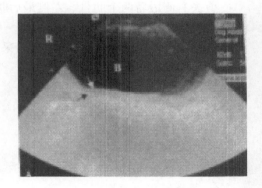

（四）技能四　膀胱声像图

1. 准备

腹后部剪毛，清洁皮肤，并涂耦合剂。

2. 频率

常用探头工作频率为5MHz，也可采用7.5MHz。

3. 体位

仰卧、站立。

4. 检查部位

后腹部的耻骨前缘。

5. 探查方法

滑行扫查或扇形扫查。

6. 膀胱正常声像图

膀胱充满为无回声的尿液，膀胱壁回声强且光滑。

7. 病变声像图

（1）膀胱炎声像图　膀胱壁广泛性增厚，前腹侧最明显，膀胱壁为强回声，甚至在膀胱扩张时黏膜的边缘也不规则，毛躁。

（2）膀胱结石声像图　常表现为膀胱腔内的强回声点或团块，声影很明显，结石会移向膀胱的最低处，在冲击触诊腹壁或移动动物时其位置会改变。如果同时有炎症，结石可能

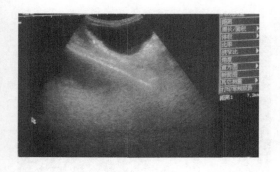
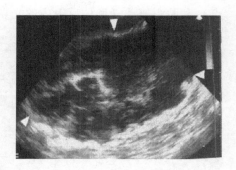

会黏在膀胱壁上。可能会看到膀胱的最低处有沉积。当变动体位后重新沉积或向云一样移动，并重新沉积排列，表面呈水平状。

（3）膀胱肿瘤声像图　一般为低回声或等回声。由于膀胱壁的局限性病灶使得膀胱腔的边缘通常不规则，也可能表现为突入膀胱腔的乳头状或息肉样延伸。

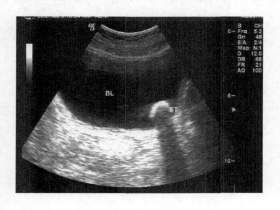
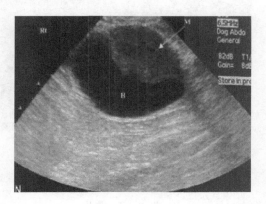

（五）技能五　子宫妊娠声像图

1. 准备

保定动物，盆腔区剪毛，清洁皮肤，并涂耦合剂。

2. 频率

3.5MHz 或 5.0MHz。

3. 体位

仰卧、站立、侧卧。

4. 检查部位

犬、猫等小动物在耻骨前缘和乳腺两侧。

5. 探查方法

滑行扫查或扇形扫查。

6. 声像图特征

子宫为致密的、主要为低回声的结构，有个回声稍增强的子宫腔，并有个薄的强回声的浆膜缘。由于缺乏蠕动和腔内气体，可将其与肠道区分开。可看到两层子宫壁，内层低回声，外层强回声。发情期子宫增大，并出现放射性强回声线。妊娠早期诊断的主要依据是在子宫内检测到早期的胚囊（子宫内似球状暗区）、胚斑、胎体反射（胚囊暗区内的弱反射光点）和胎心搏动（胎体反射内的光点闪烁）。

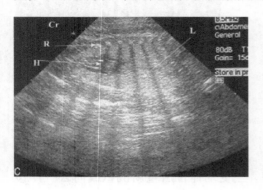
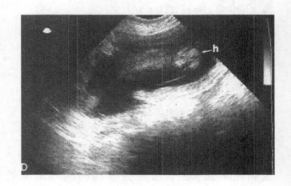
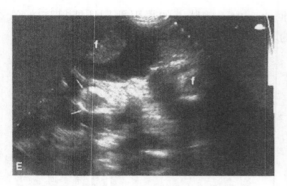

42 天时胎儿的颅骨可产生强回声
影像，这通过切面扫查可清楚看到（箭头）。
在影像中还可清楚地看到其他两个
胎儿。f，胎儿

（六）技能六　子宫积脓声像图

1. 准备

保定动物，被检部位剪毛，清洁皮肤，并涂耦合剂。

2. 频率

3.5MHz 或 5.0MHz。

3. 体位

仰卧、站立、侧卧。

4. 检查部位

犬、猫等小动物在耻骨前缘和乳腺两侧。

5. 探查方法

滑行扫查或扇形扫查。

6. 子宫积脓声像图

在闭合性子宫积脓，子宫为后腹部一系列大的环形组织，壁薄。扩张的子宫袢互相为邻，相互接触的部分边缘平滑。子宫腔主要为无回声，内有回声各异的絮片。在开放性子宫积脓，子宫不大，并可能被认为是肠袢。然而子宫没有蠕动和肠内无气体，子宫紧邻膀胱背侧。其切面表现为无回声的环形组织。无胎囊。通常不可能区分开子宫积脓和其他类型的液体积脓。充满液体的结肠与子宫积脓类似，因此需要进行仔细的检查。由于子宫壁脆弱，不推荐进行细针穿刺，因为这样可能导致子宫破裂。

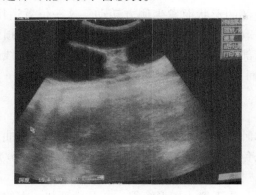

三、X 线的透视检查方法

透视是利用 X 射线的荧光作用，在荧光屏上显示出被照物体的影像，从而进行观察的一种方法。一般透视必须在暗室内进行，透视前必须对视力进行暗适应。如采用影像增强电视系统，则影像亮度明显增强，效果较好，并可在明室内进行透视。

（一）应用范围

主要用于胸部及腹部的侦察性检查，也用于骨折、脱位的辅助复位，以及异物定位和摘除手术。对骨关节疾病，一般不采用透视检查。

（二）透视技术

1. 透视检查的条件

管电流通常用 2～3mA；管电压在小动物为 50～70kV，大动物为 60～85kV；焦点至荧光屏的距离，小动物 50～75cm，大动物 75～100cm；曝光时间为 3～5s，间歇 2～3s，断续地进行，一般每次胸部透视约需 1min。

2. 透视检查的程序

预先了解透视目的或临床初步意见，在被检动物确实保定后，将荧光屏贴近被检部位，并与 X 射线中心相垂直，以免影像放大和失真。

先对被检部位做全面浏览观察，注意有无异常。当发现可疑病变时，则缩小光门做重点深入观察，并与对称部位比较。记录检查结果，必要时进一步做摄影检查。

（三）注意事项

进行 X 射线透视检查前，检查者应戴上红色护目镜 10～15min，做眼睛暗适应。除去动物体表被检部位的泥沙污物、敷料油膏和含碘、铋、汞等大原子序数药物。注意对 X 射线的防护，如穿戴铅橡皮围裙与手套，或使用防护椅。全面系统检查，避免遗漏。调节光门，使照射野小于荧光屏的范围。熟练掌握技术，在正确诊断的前提下，缩短透视时间，不做无必要的曝光观察。病畜必须做适当保定，以确保人员、动物和设备的安全。

四、X 线摄影检查方法

（一）头颈部的投照

1. 头颅部投照

头颅的投照可采用背腹位、腹背位和侧位 3 种方法。背腹位检查时，将患畜伏卧，头部置于上面备有泡沫垫的暗盒上，使下颌与胶片平行，中心线通过两眼连线的中点。腹背位使病畜处于仰卧位，背躺在一"V"形槽上，颈下置海绵垫，并以带子套在上颌犬齿后方，向前牵引，则可防止由于头部的形状而发生侧方转动，这一位置适用于麻醉或镇静情况下进行。侧位的投照，将患畜取横卧姿势，病侧靠近暗盒，但病侧有损伤时，则病侧向上，头与颈下置楔形泡沫垫，使鼻部稍抬高而下颌与暗盒相互平行，中心线通过耳、眼连线中点的垂线与颧弓水平线相交处而达胶片，光束的范围不超过头与第一、第二颈椎。投照条件：64kV、8mAs、100cm。

2. 颈部的投照

颈部背腹位　患畜仰卧，勿使颈过度伸展，以免引起颈椎屈曲。鼻竖直，头颈部抵以沙袋，颈下垫以泡沫块，以免体位移动。根据检查需要中心线以15°角前倾斜，通过第一颈椎或第3~4颈椎而达胶片。投照条件69kV、12mAs、100cm。

颈部侧位　患畜侧卧，头下置一楔形海绵，在颈中部垫一海绵卷或块，后者可抬高颈中部，使中部颈棘突与桌面或暗盒平行。X线照射野要求包括头颅的后部与第一胸椎。中心线根据需要可通过第一颈椎，第三、第四颈椎之间，或第一胸椎处。投照条件：60kV、12mAs、100cm。

（二）四肢骨骼与关节的投照

1. 前肢

肩胛骨　采用侧位、尾头位，将患肢用力向上推，使肩胛骨移位至脊椎上方，操作时在肘关节下方握病肢，在肘关节伸展情况下，用力把肩关节推向背侧，直至肩胛骨突出在胸椎上方棘突背侧。同时将上方的健肢向后腹侧牵引，这就使胸部稍有转动和肩胛骨游离在体躯背侧。也可将下侧病肢向腹侧牵引，上侧健肢屈曲地推向头部。

头尾位投照，患畜仰卧，尽可能将前肢向前牵引至伸展状态，然后用带子拴住，后肢向后拴住。面将躯体略向健侧转动，使前肢与肩胛骨离开胸廓，摄影时可不产生重叠。摄影条件：55kV、8mAs、100cm。

臂骨　臂骨侧位投照，患畜取横卧位，病肢在下，使病肢稍伸展，将上方健肢向后牵引，并拴住。中心线垂直地对准臂骨中央。投照范围要求包括上下两关节端。

头尾位投照时，患畜仰卧，将病肢向后牵引，直至臂骨与胶片平行，并稍稍地向外牵；使臂骨不与躯体靠拢，中心线对准臂骨中央。投照条件：55kV、8mAs、100cm。

肘关节　肘关节侧位，患畜横卧，病肢在下并使病肢肘关节处于正常稍屈曲的状态。上方健肢向后牵引，肘突只有在高度屈曲肘关节时才能显现。头尾位投照，取伏卧姿势，病肢稍前伸，注意避免病肘向外转动，如在肘下垫以泡沫垫则有助于防止移位，头应转向健侧，中心线通过臂桡关节而达于胶片。摄影条件：60kV、8mAs、100cm。

腕关节　腕关节投照可采用侧位、背掌位和斜位。侧位投照，患畜侧卧，病肢向下，腕关节通常稍屈曲，泡沫垫放在肘关节下，以防腕关节的转动，上方健肢向后牵引，以减少重叠。背掌位投照，患畜伏卧，病肢腕部置于暗盒上，头转向健侧，为防止患肢发生转动，可在肘关节下放一软垫。斜位投照时，将患肢向内或向外侧转动，直至腕关节于胶片呈45°角。摄影条件：52kV、5mAs、100cm。

掌骨和指（趾）骨　通常采用背掌位和侧位，背掌位时，患畜伏卧，病肢平放于暗盒上，中心线对准掌骨中部。侧位投照时，患畜病侧横卧，病肢向前牵引，置于暗盒上，在肘关节下方置一沙袋以保持病肢的位置，其上方健肢向后牵引并用带子拴住，中心线对准掌骨的中部。摄影条件：50kV、5mAs、100cm。

2. 后肢

骰骨　可采用侧位和头尾位。头尾位投照，患畜仰卧，将两后肢向后牵引，使股骨与胶片平行，膝关节向内转动，前躯置于槽形海绵垫中，以防止体躯发生转动，中心线对准病肢股骨中点。侧位投照时，患畜病侧横卧，上方健肢外展，屈曲且用带子系住固定于后侧，病肢跗关节下方置软垫，在系部用带子系住，中心线垂直对准病肢的中点。摄影条件：64kV、12mAs、100cm。

膝关节　采用头尾位时，患畜仰卧，两后肢向后牵引，保持伸展状态，将膝关节向内转，中心线通过膝关节间隙。侧位时，患畜侧卧，病肢在下，将上侧健肢外展和屈曲，并用带子系住拉向后侧。检查膝关节时可中度屈曲，但不可转动。以软垫置于跗关节下支持患肢，并使胫骨长轴与胶片保持平行，可在跗关节上方压一沙袋以保持患肢这种位置。中心线穿过关节间隙。摄影条件：58kv、8mAs、100cm。

跗关节　跗关节的背跖位，将患畜仰卧，向后牵引两后肢，要肯定跗关节使正确处于前后位的位置，通过向内转动膝关节使髌骨位于两股骨之间，病肢应在充分伸展下用带子系住，在膝关节下方置以软垫有助于保持这种姿势，中心线穿过跗关节而达胶片。侧位投照时，将患畜横卧，病肢在下，向后牵引病肢，屈曲膝关节，将跗关节置于暗盒中心，并在其脚爪上压一沙袋，以保持这种姿势，上方健肢向前牵引并用带子系住，中心线对准跗关节。摄影条件：54kv、8mAs、100cm。

（三）胸腹部的投照

1. 胸部

根据患畜的大小，选用28.32cm×35.40cm或合适的胶片。胸部背腹投照条件：60kV、10mAs、100cm。胸侧位投照条件：55kV、10mAs、100cm。用滤线器则加10kV或把mAs增加1.5~2倍。胸部的投照可采取伏卧背腹、仰卧腹背位、横卧侧位、驻立侧位、直立腹背位和直立侧位等。

伏卧胸部背腹位　在该位置时心脏在胸腔内近乎正常的悬吊姿势，可估计心脏的大小。患畜伏卧，头低下，颈上方置一沙袋，使头与颈一起靠在桌面上。把肘关节与肩胛骨一起向前外牵引，可使前肺野能清楚地显示。

仰卧胸部腹背位　患畜仰卧，后躯垫以"V"形槽，防止体躯发生转动。两前肢前伸，并使肘关节向内转，胸骨与胸壁两侧保持等距离。中心线垂直地通过胸中部的中线达于胶片，曝光的强度应足以透过心脏与纵隔。照片的前方应包括肩关节，后方为第11或12肋。在充分吸气时进行投照。位置正确的照片，胸骨与胸棘突应叠合，两侧胸廓应对称。胸部腹背位的投照可较好地显示后肺野。

横卧胸部侧位　患畜侧卧，两前肢前伸以减少臂三头肌与前肺野重叠。颈部适度的伸展以防胸部气管的偏斜。胸下置楔形海绵垫，使胸骨、胸椎棘突与台面之间为等距离，前肢与后肢上各加一沙袋，以保持位置不变动。中心线通过肩胛骨后缘，相当于第4肋间中央，而垂直于胶片。照片的两端应包括胸骨柄和第12肋后缘。在充分吸气时进行曝光。正确的胸部侧位照片上，在中心线处的肋骨缘应迭合和左与右肋软骨结合，处在相同的水平上。

驻立胸部侧位　这种投照用于检查胸腔内积液或游离的气体以及囊肿性肺损害的积液是有价值的。患畜驻立于摄片架旁，尽可能让要检查的一侧胸壁紧靠暗盒。将前肢向前牵引，以便肩胛骨不在胸壁上引起重叠。中心线水平地通过第4肋间中央而达胶片。曝光前如患畜表现不安则需人工控制，用手辅助以保持两前肢前伸的姿势。

直立胸部腹背位　犬一般不采用悬吊式，而由两个助手各提举患犬的一条前肢，使其直立，两后肢着地负重，背紧靠摄片架的暗盒。中心线水平地通过第 5～6 胸椎之间而与胶片相垂直。必须注意不让工作人员受到中心线的直接照射。这个位置投照，在横膈下可看到腹腔内的游离气体。

直立胸部侧位　将患畜引至摄影架旁，助手将其两前肢提举，仅两后肢着地负重，并使患病一侧胸部紧靠暗盒，中心线水平地通过第 4 肋间中央而垂直于胶片，这个位置的照片能清楚地显示胸腔积液、囊肿性肺的损害。但对胸腔内的游离气体因肩胛骨阴影的重叠而难以显现。

2. 腹部

腹部的软组织厚度较大，一般需要用滤线器摄影，有时还需配合造影，投照条件：80kV、12mAs、100cm、8：1 滤线器，投照时后肢向后牵引，可避免股部肌肉与后腹腔的内脏相重叠。

腹部侧（卧）位　患畜左或右侧横卧。右侧卧时在胃底部可见到气体，左侧卧在幽门窦可见到胃的气体。使病畜处于正常的较舒服的位置，两前肢前伸和两后肢稍拽向后。中心线对准最后肋的稍后方或拟检查的部位。

驻立腹部侧位　患畜自然站立，如不愿站立，则需人为的扶持，使腹侧壁紧靠摄影暗盒，中心线水平地通过腹中部。如用聚焦滤线器，中心线必须与滤线器表面相垂直。投照时让患畜在这种位置先驻立 10min，以便腹腔游离气体向上积聚，即使仅有少量游离气体亦可做出诊断。如积液多还需增加曝光量。

腹部背腹位　患畜伏卧，令两后肢的膝关节屈曲、外展并与身体两侧相平行。防止后肢压在腹下而引起与腹腔的内腔重叠。长尾犬要把尾拴住。背腹位的照片前后应包括横膈和髋关节。应注意避免引起腹壁紧张使腹腔内脏受压迫而使诊断困难。在呼气结束时进行曝光，中心线垂直于背中线，相当于第 3 腰椎处而达胶片。背腹位的缺点是会引起傩位弯曲和腹部受压迫，因此也可选用腹背位，患畜仰卧，前躯垫以槽形泡沫垫，以保持稳定又与躯体两侧相对称，后肢伸展，用带子拴住或压以沙袋。照片的大小应能包括横膈与骨盆。中心线垂直地通过腹中线，相当于胸骨切迹与耻骨联合之间连线的中点。

（四）胸、腰椎及骨盆

1. 胸椎腹背位

患畜仰卧于薄的泡沫垫上，头和颈保持伸展，前肢向前牵引，后躯靠槽形泡沫垫，防止躯体转动和保持矢状面与台面相垂直。第 6 颈椎至第 3 胸椎这一段，投照的要求与颈部投照相类似，但中心线投照的角度要增加到 20°，因此中心线以 20° 角射向胸部中线与两肩胛骨，后缘连线交点而达胶片。在第 3 到第 11 胸椎这一段，中心线垂直于胸中部的中线上。曝光量必须足以穿透心与纵膈。投照条件：69～73kV、12mAs、100cm。用滤线器时 mAs 量要加 1.5～2 倍。

2. 腰椎腹背位

患畜仰卧于一薄的泡沫垫，前躯靠"V"形槽泡沫而稳定不转动，前肢前伸，后肢向后牵引，但过度伸展会使腰椎发生屈曲。矢状面要保持与台面相垂直，深胸的大，其肝区与盆腔相对比较厚和致密，因此前面的椎体必须增加曝光量才看得清楚。中心线垂直于胸骨切迹，恰好是胸、腰脊椎结合处，一般可观察第 11 胸椎至第 3 腰椎。中心线垂直于胸骨切迹和耻骨前缘连线的中点，则可观察全部腰椎。

3. 横卧胸椎侧位

第6颈椎至第3胸椎这一段侧位的投照位置与前述颈椎侧位相同，但前肢必须向后牵引，否则肩胛骨可与拟检查的部位发生重叠而影响检查。第3胸稚至第11胸椎这一段侧位的投照，患畜横卧，在胸骨和胸椎棘突下方衬以合适的泡沫垫，使椎体平行，腿伸展，上加沙袋以保持姿势不变，中心线对准前肢肌群后方的椎体。必须在呼气结束后作一次短的曝光，以免发生呼吸引起的模糊。投照条件：60～70kV，12mAs、100cm。

4. 横卧腰椎侧位

患畜侧卧，在胸骨和腰椎棘突处下方垫以泡沫垫使脊椎与胶片相平行，四肢上加沙袋以保持位置不随便变动。中心线通过第13胸椎检查胸、腰椎结合处，中心线通过第3腰椎可全面检查腰椎棘突。中心线也可对准疑有病变的部位，这样可使照片图像更清晰。投照条件应高于胸椎侧位。

5. 骨盆的腹背位

患畜仰卧，前躯卧于槽形海棉垫内，使身体两侧相对称，人为地将后肢伸展，并使后肢与盒面相平行，将膝关节向内转。并用绷带固定，则髌骨位于股骨髁之间和骨盆的长轴与会面相平行。骨盆偏斜，会造成诊断困难。为了诊断腕关节发育不全，要保持上述正确的位置，有时需用手来保定，此时工作人员必须注意防护。中心线对准耻骨联合前缘。照片的范围应包括骨盆与股骨。如果患畜因损伤等不愿伸展后肢，也可使两后肢屈曲、外展，并将沙袋压在肘关节上以保持位置不变动。必须注意保持两侧对称和骨盆的长轴不得倾斜，后者可藉在腰棘突下放置软垫而解除。中心线投照的位置同上。投照条件：67kV、12mAs、100cm。

6. 骨盆侧位

患畜侧卧，适当厚度的泡沫垫置于两个膝关节之间，使股骨平行于暗盒，此外腰棘突下方与胸骨下放置海绵垫可防止体位的移动。中心线通过髋臼而达胶片。摄影条件为67kV、12mAs、100cm。

五、X线摄影程序

（一）装卸X线胶片

预先取好与X线胶片尺寸一致的暗盒置于工作台上，松开固定弹簧。在配有安全红灯的暗室环境下打开暗盒，从已启封的X线胶片盒内取出一张胶片，将胶片放入暗盒内，然后紧闭暗盒送往拍照。接着将拍照过的暗盒送回暗室，在暗室中将暗盒开启，轻拍暗盒使X线胶片脱离增感屏，以手指捏住胶片一角轻轻提出。切忌用手指在暗盒内挖取胶片或用手指触及胶片中心部分，以免胶片或增感屏受到污损。将胶片取出后送自动冲片机冲洗，或将胶片夹在洗片架上人工冲洗。

（二）确定摄影条件

为使X线照片有良好的清晰度与对比度，必须选用适当的摄影条件，即管电压峰值（kV）、管电流（mA）、焦点胶片距和曝光时间。kV表示X线的穿透力，摄影时根据被检部位的厚度选择，厚者用较高的kV，薄者用较低的kV。

通常先获得对一定厚度部位的最佳摄影kV，然后以此为基准，按被检部位厚度变化调整。当厚度增减1cm时，管电压相应增减2kV。较厚密部位需用80kV以上时，厚径每增减1cm，要增减3kV。需用95kV以上时，厚径每增减1cm，要增减4kV。

当需用 kV 已无可调范围时，则运用 kV 与毫安秒转换规律，调整毫安秒的值，即通过增大 X 线输出量使胶片获得良好的曝光。焦点胶片距（简称焦片距）是 X 线球管阳极焦点面至胶片的距离。焦片距过近，影像放大，使胶片清晰度下降；焦片距愈远，影像愈清晰，但 X 线强度减弱，必须延长曝光时间，结果可能因动物在曝光中骚动使胶片模糊。所以，通常选择焦片距在 75～100cm 为宜。曝光时间是指管电流通过 X 线管的时间，以 S 表示。常以 mAS 即 mA 与 S 的乘积计算 X 线的量，例如 25（mA）×2（S）=50（mAS）。也可变换为 50（mA）×1（S）=50（mAS）或 100（mA）×0.5（S）=50（mAS）。mAS 决定照片的感光度，感光度过高、过低分别造成照片过黑、过白。临床上应从 X 线机实际性能出发，在保持一定的 mA 秒情况下，宜尽量选择短的曝光时间，以减少动物骚动而致影像模糊不清。若拍摄心、肺、胃、肠等活动的器官，应选择比骨骼、关节等相对静止部位更短的曝光时间。

（三）操作 X 线机

X 线机是一种精密医用设备，应严格遵守其使用说明和操作规程，妥善维护，才能经久耐用。操作机器前，应检查控制台面上的各种仪表、调节器。开关是否处于零位。操作时打开电源开关，扭动电压调节旋钮使指针指向 220V，让机器预热一定时间。根据摄影部位厚度选择合适的摄影条件，即 kV、mA 和曝光时间。摆好动物被摄位置后，再检查机器各个调节是否正确，然后按动曝光限时器。X 线机使用完毕后，将各调节器调至最低位，关闭机器电源，断开线路电源。

（四）冲洗胶片

有自动洗片机冲洗和人工冲洗两种方法。使用自动冲片机冲洗，可在 2min 内获得已干燥的 X 线照片。人工冲洗需要经过显影——漂洗——定影——水洗——干燥几个步骤，其中显影——漂洗——定影均须在装有安全红灯的暗室环境下进行。为方便人工冲洗过程，一般将显影桶、漂洗桶和定影桶并列放在一起。有的诊所面积小，采用不锈钢材料定做一体化洗片桶，既节约空间，也十分方便。显影时间一般为 5～8min，最适显影温度为 18～20℃。如难以把握显影适度，可在显影 2～3min，登记后送交临床医生阅片诊断。临床工作中根据诊断疾病需要，一般多在胶片定影数分钟后取出先行阅片作出诊断，然后接着进行定影——水洗——干燥等过程。

六、X 线的特殊造影检查方法

（一）非选择性心脏造影

它是通过大的外周静脉注射大剂量含水的碘剂，同时进行连续多次曝光。它可对体循环系统和肺循环系统的主要血管和心脏房室进行评估和诊断。非选择性心脏造影术可用于检查房室的大小和形态；区别几种主要的猫原发性心肌症；区别心脏扩大和心包渗出或肿物；评估心脏瓣膜狭窄或关闭不全等；区分体循环和肺循环主要脉管系统的先天性和后天性异常；辨别心脏的充塞性疾病，例如血栓和肿瘤等。

（二）胸膜腔、腹膜腔 X 线造影

它可使肺叶之间间隙更好地显影，定位肺脏病变；评估胸腔壁或腹腔壁的轮廓和完整性以及横膈膜肿物、破裂和先天性缺陷；也可提高腹膜脏面的分辨力。注意：如果腔内有渗出物应先清楚渗出，否则将稀释造影剂。

（三）脊髓 X 线造影

它是在蛛网膜下腔注人造影剂使脊髓轮廓和蛛网膜下腔显影的一种方法。适用于临床暗示为脊髓或椎管疾病，在平片检查时呈阴性或模糊的结果，或在外科手术前对脊髓或椎管病变进行准确定位时的病例。

（四）硬脑膜外 X 线造影

即在硬膜外腔注入碘化造影剂的一种方法，适用于评估普通平片上显示不明显的第 5 腰椎（马尾综合病症）以后的压迫性损伤或肿物。

（五）食道 X 线造影

口服阳性造影剂，评估咽喉和食道的形态，同时评估口、咽、环咽和食道段的功能。适用于临床有咽和食道疾病的征象的病例，如窒息、恶心、吞咽困难、反胃以及进食后立即发生咳嗽或呕吐等现象；反复发生、无法解释的吸入性肺炎；喉或咽的外科手术前以及已知患有食道机动性疾病（巨食道）时评估吞咽功能；确定在普通平片上咽和食道内是否存在可疑异物和狭窄，或有否存留的气体、液体、血液，局部或区域性的扩张等；测定在颈部和胸部疾病（外伤，炎症，肿瘤）时食道紊乱程度；对食道近端和远端括约肌及食道裂口的评估等。

正常时造影剂稍微覆盖咽部，在咽喉管和梨状凹处无明显的造影剂蓄积，也无造影剂进入鼻咽部或通过喉部，食道轻微覆盖造影剂，在犬可看到 6～12 条平行排列的竖条纹，在猫食道 X 线照片上可见到食道远端有一个垂直的有条纹的"箭尾状"现象，在颈部远端和胸廓近端食道可见到少量造影剂蓄积，但在吞咽下一个食团时被迅速清除。在短颅品种中胸廓入口处的食道冗余属正常，造影剂不应在此蓄积，伸展颈部可消除食道冗余，它同真正的食道憩室有区别。

（六）上段胃肠道 X 线造影

即将液体阳性造影剂灌入胃内，通过连续 X 线照片观察其通过胃和小肠的过程。它适用于评估胃肠道黏膜特性、囊腔开放度和运动性的病例，如长期呕吐、腹泻或者体重减轻者，或者怀疑有溃疡或血凝块（黑粪症），或者怀疑梗阻或异物弹片检查中未见到；也适用于确定胃肠道的病变位置，如横膈膜破裂、体壁疝等；还可用于评估胃肠道上腹部内肿块的作用，如属转移还是运动性改变等。正常时造影剂在胃部应表现为较平滑的伸展，这种情况在胃底部更多些，而幽门部较少见，小肠有一黏膜的结构，光滑或似伞状，小肠在肠系膜上随意地移动，并且不断地改变位置和直径。

（七）钡剂灌肠/结肠空气造影

它是用阳性造影剂（钡灌肠剂）、阴性造影剂（结肠空气造影）或者双重造影来评价大肠腔及其黏膜。这种方法适用于有大肠疾病的症状时；或证明腹腔团块，如肠套叠和肿瘤；检查穿孔或瘘管。正常时结肠光滑，无小囊，升结肠、横结肠和降结肠及盲肠应该充满造影剂。犬的盲肠呈盘曲状，而猫的盲肠小而尖，和结肠连在一起。

（八）静脉尿路造影

它是通过向体表静脉注入水样的碘化造影剂，随后通过尿道排出体外。通过连续的 X 线片进行显示。造影剂能增强肾的血管分布，肾实质和集合管及接下来的输尿管和膀胱的显影。静脉尿路造影可提供形态学的信息及对肾和输尿管功能的粗略估测。可评估肾、输尿管和膀胱的大小、形状和位置；检测肾盂异常现象，如肾盂积水、肿块或者结石；调查血尿、脓尿或大小便失禁的原因；决定腹腔内和腹膜后的肿块或腹部创伤对尿道功能的影响，以及手术前后对肾和输尿管功能的粗略评估等。

（九）膀胱尿道 X 线造影

出现排尿困难、频尿、血尿、脓尿和尿失禁症状，或周期性的下尿道感染、前列腺肥大和其他后腹部肿块，或膀胱形状、透明度或者位置异常等症状时，怀疑下泌尿道疾病，一般对其进行 X 线造影。对于那些在 X 线平片中未见到膀胱或证明膀胱未闭合时常采用阳性造影；而评估膀胱壁厚度，提高内腔结构的可见性，如石块和肿块或在尿路造影期间，对异位尿道的评估时常采用膀胱充气造影；要获得黏膜的细微结构或提供最好的关于膀胱内腔和其囊壁损害的信息，如肿块和石块常采用双重膀胱造影；估测排尿困难、尿失禁和血尿症的原因，或监测结石、肿块、狭窄、破裂和异位的输尿管等，常进行逆行尿道造影。正常犬膀胱呈梨形，带有一个光滑的逐渐变细的膀胱三角。

当膀胱充盈后占据大部分腹部，排空后则定位于骨盆内，有些品种如德国短毛猎犬有一个"骨盆膀胱"，它有时和尿失禁相关联。膨胀时膀胱应该是光滑的，厚薄均一，约 1mm。雌性尿道直径相对一致且壁光滑。雄性的尿道由前列腺、膜质和阴茎构成，正常的宽阔点是前列腺尿道、膜质尿道和近侧的阴茎尿道部分，正常的狭窄点仅仅是后端到前列腺部分，在坐骨弓处和阴茎骨内。猫的膀胱呈圆形或卵圆形，位于腹部，光滑，薄壁，厚约 0.5 ~ 1mm。猫的尿道长，雌性尿道的直径均一，雄性尿道，从膀胱三角的末梢开始逐渐变细。

（十）关节造影

关节内注射阴性或阳性造影剂，以更好地展示关节面、关节囊和滑液囊的情况。通过造影可提高关节软骨缺陷的可视度，或者普通 X 线片不能见到的关节疾病的可视度，也能更好地定位骨碎片和异物在关节内或关节外的位置。正常的关节面光滑、明显。关节囊的大小和轮廓依被检查的关节不同而变化。血凝块、软骨碎片、关节肿块、绒毛结节性的肿块或肿瘤可以导致造影剂填充性缺陷。因关节囊破裂、滑液疝（造影剂残留于疝囊内）或滑液瘘管（在传递性组织结构中可以看见造影剂，如腱鞘膜）可导致造影剂泄漏，超出关节囊的正常范围。

化验与分析

实训 1　血液常规检查

【目的与要求】

【准备材料】保定用具等器具。

【培训内容与步骤】

一、血液样品采集与处理

（一）血液样品的采集

根据检验需要决定采血量。采血时可选用静脉采血和心脏采血。

静脉采血：选用部位有颈静脉、前臂头静脉、后肢隐外静脉、隐内静脉等。少量采血时可在耳、唇、足垫等处针刺取数滴。采血时，将宠物侧卧保定，局部剪毛消毒，宠物主人或助手握住采血部的上方，或用血带结扎，待静脉血管怒张显露后，用 5 ~ 7 号针头或小儿头皮针，以与皮肤呈 45°角刺入皮下，刺入血管后再沿血管方向平行推入 0.5 ~ 1cm，连接干燥消毒的注射器抽出血液。

 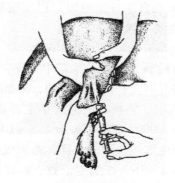 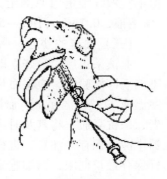

前臂头静脉采血 　　　　　小隐静脉采血 　　　　　颈静脉采血

心脏采血：必要时，可在胸右侧第 4 或第 5 肋间的胸骨之上，肘突水平线上，进行心穿刺。采血时用长约 5cm 的乳胶管连接在注射器上，手持针头，垂直进针，边刺边回抽注射器活塞，将血采出。

如需采集颈静脉血，取侧卧位，局部剪毛消毒。将颈部拉直，头尽量后仰。用左手拇指压住近心端颈静脉入胸部位的皮肤，使颈静脉怒张，右手持接有 6 (1/2) 号针头的注射器，针头沿血管平行方向远心端刺入血管。静脉在皮下易滑动，针刺时除用左手固定好血管外，刺入要准确，取血后注意压迫止血。

（二）血液的抗凝

1. 乙二胺四乙酸（EDTA）

为常用抗凝剂之一，常用其钠盐（EDTA-Na$_2$-H$_2$O）或钾盐（EDTA-K$_2$-2H$_2$O），EDTA 能与血液中钙离子结合成螯合物，而使 Ca^{2+} 失去凝血作用，从而阻止血液凝固。适用于多项血液学检查，对血细胞形态影响不大，可防止血小板聚集，在室温下数小时内，对血红蛋白、血小板记数、血片染色均无不良影响。通常配成 10% 溶液，每 2 滴可使 5mL 血液不凝固。但不能用于输血。

2. 草酸钾

优点为溶解度大，抗凝作用强。缺点为能使红细胞缩小，不适用于红细胞压积的测定。用量：取草酸钾结晶少许（约 10mg）置于试管或小瓶中，采血 5mL，轻轻混匀即可。或用 10% 草酸钾液 0.1mL，分装于小瓶中，置烘箱（温度控制在 45℃ 左右，不得超过 80℃）干燥后备用，可使 5mL 血液不凝固。

3. 草酸铵与草酸钾合剂

草酸铵能使红细胞膨胀，故常常将其与草酸钾配合成合剂使用。配方为：草酸铵 6g、草酸钾 4g、蒸馏水 1 000mL，每 5mL 血液用 2 滴即可抗凝。也可取此液 0.1mL，分装于小瓶内，在 45℃ 烘箱中烘干备用，可使 5mL 血液不凝固。但草酸盐抗凝血不能用于输血。

4. 枸橼酸钠（又称柠檬酸钠）

常用于血沉测定和输血时的抗凝剂，不适用于血液化学检验。配成 3.8% 溶液，与要采血量 1∶10 比例加入。

5. 肝素

肝素是生理性抗凝剂，广泛存在于肺、肝、脾等几乎所有组织和血管周围肥大细胞和嗜碱性粒细胞的颗粒中。优点是抗凝作用强，不影响红细胞的大小，对血液化学分析干扰少。

但不宜做纤维蛋白原测定，其抗凝血涂片染色时，白细胞的着染性较差。常配成0.5%~1%溶液，0.1mL可使3~5mL血液不凝固。

（三）血样的处理

血液采集后，最好立即进行检验，或放入冰箱中保存，夏天在室温放置不得超过24h。不能立即检验的，应将血片涂好并固定，需用血清的，采血时不加抗凝剂，采血后血液置于室温或37℃恒温箱中，血液凝固后，将析出的血清移至容器内冷藏或冷冻保存。需用血浆者，采抗凝血，将其及时离心（2 000~3 000转/分）5~10min，吸取血浆于密封小瓶等容器中冷冻保存。注意，进行血液电解质检测的血样，血清或血浆不应混入血细胞或溶血。血样保存最长期限，白细胞记数为2~3h，红细胞记数、血红蛋白测定为24h，红细胞沉降率为3h，红细胞压积测定为24h，血小板记数为1h。

（四）血液涂片制备和细胞染色

1. 血液涂片制备

血涂片用显微镜检查是血液细胞学检查的基本方法，良好的血片和染色是血液形态学检查的前提。一张良好的血片，厚薄要适宜，头体尾要明显，细胞分布要均匀，血膜边缘要整齐，并留有一定的空隙。制备涂片时，血滴愈大，角度愈大，推片速度愈快则血膜愈厚，反之血涂片愈薄。血涂片太薄，50%的白细胞集中于边缘或尾部，血涂片过厚、细胞重叠缩小，均不利于白细胞分类计数。引起血液涂片分布不均的主要原因有：推片边缘不整齐，用力不均匀，载玻片不清洁。

选取一边缘光滑平整的载玻片作为推片，用左手的拇指与食指中指夹持一洁净载玻片，取被检血液一滴，置于其右端，右手持推片置于血滴前方，并轻轻向后移动推片，使与血滴接触，待血液扩散开后，再以30~40°角度向前匀速同力推进涂抹，即形成一血膜，迅速自然风干。所涂血片，血液分布均匀，厚度适当，对光观察呈霓虹色，血膜位于玻片中央，两端留有适当空隙，以便注明畜别、编号及日期，即可染。

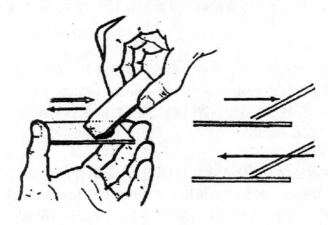

涂制血片方法

2. 细胞染色

为了观察细胞内部结构，识别各种细胞及其异常变化，血涂片必须进行染色。血涂片的染色目前常用瑞氏染色法和姬姆萨染色法。

（1）瑞氏染色法　瑞氏染料是由酸性染料伊红和碱性染料亚甲蓝组成的复合染料。染色是染料透入被染物并存留其内部的一种过程，此过程既有物理的吸附作用，又有化学的亲和作用。各种细胞成分化学性质不同，对各种染料的亲和力也不一样。因此，染色后在同一血片上，可以看到各种不同的色彩。例如血红蛋白、嗜酸性颗粒为碱性蛋白质，与酸性染料伊红结合，染成红色，称为嗜酸性物质；细胞核蛋白和淋巴细胞胞质为酸性，与碱性染料美蓝或天青结合，染成紫蓝色或蓝色，称为嗜碱性物质；中性颗粒呈等电状态，与伊红和美蓝均可结合，染成淡紫红色，称为中性物质。

瑞氏染色液的配制：瑞氏染粉0.1g，甲醇60.0mL。

将染粉置于研钵中，加入少量甲醇研磨，使其溶解，然后将已溶解的染液倒入洁净的棕色瓶，剩下未溶的染料再加入少量甲醇研磨，如此连续操作，直至染料全部溶解为止。将染液在室温中保存一周，每日振摇一次，之后，过滤，即可应用。配制好的瑞氏染液放置时间越久，其染色效果越好。

染色：先用玻璃铅笔在血片的血膜两端各划一线，以防染液外溢，将血片平放于水平支架上；滴加瑞氏染液于血片上，直至将血膜盖满为止；待染色1~2min后，再加入等量磷酸盐缓冲液（pH值6.4），并轻轻摇动或用口吹气，使染色液与缓冲液混合均匀，再染色3~5min；最后用水冲洗血片，待自然干燥或用吸水纸吸干后镜检。如所得血片呈樱红色者为佳。

（2）姬姆萨氏染色法 姬姆萨氏染液由天青、伊红组成。姬姆萨氏染色原理和结果与瑞氏染色基本相同，但对细胞核和寄生虫（如疟原虫等）着色较好，结构显示更清晰，而胞质和中性颗粒则染色较差。

姬姆萨氏染色液的配制：姬姆萨氏染粉0.5g，中性甘油33.0mL，中性甲醇33.0mL。

先将染粉置于清洁的研钵中，加入少量甘油，充分研磨，然后加入所余甘油，在50~60℃水溶液中保温1~2h，并用玻棒搅拌，使染粉溶解，最后加入甲醇，混合后装入棕色瓶中，保存一周后滤过即成原液。染色时取原液0.5~1.0mL，加pH值6.8磷酸盐缓冲液10.0mL，即成应用液。

染色：先将血片用甲醇固定3~5min，然后置于新配姬姆萨应用液中，染色30~60min，取出血片，水洗，吸干，镜检。染色良好的血片应呈玫瑰紫色。

（3）瑞—姬氏复合染色法 瑞—姬氏复合染色液的配制：瑞氏染粉5.0g，姬姆萨染粉0.5g，甲醇500mL。

将两种染粉置于研钵中，加入少量甲醇研磨，倾入棕色瓶中，用剩余甲醇再研磨，最后一并装入瓶中，保存一周后过滤即成。

染色：先向血片的血膜上滴加染液，经0.5~1min后，加等量缓冲液，混匀，再染5~10min，水洗，吸干，镜检。

二、血液常规检验

$$核指数 = \frac{中幼细胞 + 晚幼细胞 + 杆状细胞}{分叶细胞}$$

核指数大于0.1，称为核左移，表示未成熟的嗜中性白细胞比例增多；反之，小于0.1则称为核右移，系分叶型白细胞比值增多的结果。核指数的严重左移或右移，反映病情的危重或机体的高度衰竭。如果白细胞总数增多同时核左移，表示机体处于积极防御阶段，而白细胞总数减少时核左移，则标志着机体的抵抗力降低。分叶核的百分比增大或核的分叶增多称为核右移，可见于重度贫血或严重的化脓性疾病。

嗜中性白细胞减少，见于病毒性疾病及各种疾病的重危期，也可见于造血机能抑制或衰竭。

嗜酸性粒细胞增多，见于某些变态反应性疾病（如过敏反应）、寄生虫病、湿疹、疥癣等皮肤病以及注射血清之后和某些恶性肿瘤等。

嗜酸性粒细胞减少，见于毒血症、尿毒症、严重创伤、中毒、饥饿及过劳等。

淋巴细胞增多，见于某些慢性传染病，急性传染病的恢复期，某些病毒性疾病及血孢子虫病等。

淋巴细胞减少，见于内源性皮质类固醇释放增多时，如感染、肝、肾、胰和消化衰竭，消化道阻塞，休克，外科手术，肾上腺皮质机能亢进，淋巴外渗和放射线照射时。

单核细胞增多，见于糖皮质激素增加、慢性炎症、内脏出血、溶血性疾病、化脓性疾病、免疫介导性疾病、肉芽肿等。单核细胞减少无临床意义。

附：

血常规检查的意义

一、白细胞总数（犬 6 000～17 000/微升）

上升
1. 细菌感染：葡萄球菌、链球菌、肺炎双球菌、大肠杆菌等
2. 各种炎症：肺炎、胃肠炎、心包炎、肾炎、子宫炎等
3. 各种中毒：代谢性中毒、尿毒症、酸中毒、化学物质中毒
4. 恶性肿瘤

下降
1. 病毒性感染：猫瘟、犬瘟、犬传染性肝炎、猫传染性腹膜炎等
2. 血孢子虫病：立克次氏体及弓形虫等
3. 细菌性感染：早期一过性下降；严重细菌感染末期
4. 休克
5. 再生障碍性贫血：长期使用磺胺、氯霉素等
6. 各种疾病濒死期

二、淋巴细胞总数（犬 530～4 800/微升　占淋巴细胞 12%～30%）

上升
见于病毒感染及胞内感染（结核、布病、血孢子虫病等）
下降
同时嗜中性白细胞上升，以后淋巴细胞由少变多提示预后良好

三、单核细胞总数（100~1 800/微升 3%~10%）

上升：真菌、原生动物、布病、结核

下降：不具有诊断意义，常见于急性传染病的初期和垂危期。

四、中性粒细胞（3 000~12 000/微升 60%~75%）

上升：急性感染性疾病（各种炎症）、大手术、外伤、烫伤、酸中毒等

下降：病毒感染、再生障碍性贫血、缺铁性贫血等

五、嗜酸性粒细胞（0~1 900/微升 1%~10%）

上升：变态反应（过敏）、寄生虫病、皮肤病、注射血清后、患某些恶性肿瘤

下降：毒血症、尿毒症、严重创伤、中毒、饥饿、过劳等

六、红细胞总数（5.6~8.7×10^6/微升）

上升：

相对上升：见于呕吐、腹泻、多尿、多汗、胃肠炎、便秘、烧伤等

绝对上升：

原发性：肾癌、肝细胞癌、雄性激素分泌细胞瘤、肾囊肿

继发性：缺氧、高原、CO 中毒、代谢机能不全的心脏病及慢性肺病

下降：贫血——失血、溶血、营养性（铁、铜、VB_{12}、叶酸、烟酸缺乏等）贫血、再生障碍性贫血：见于感染、恶性肿瘤、细胞毒性骨髓损伤、骨髓营养不良性衰竭、慢性肝病、慢性肾病、肾上腺素功能低下、甲状腺功能低下。

七、血红蛋白（14~20/dl）：诊断意义同红细胞

八、红细胞压积（PCV、比容）

红细胞占全血容积的百分比。犬正常值 40%~59%。诊断意义同红细胞。

九、血小板总数（45~440/微升）

上升：多为暂时性，见于急慢性出血、贫血、肺炎、传染性胸膜肺炎

下降：真菌毒素中毒、蕨类植物中毒、放射病、急性白血病、免疫性血小板减少性紫癜、感染和伴有弥漫性血管内凝血过程的各种疾病。

实训 2　宠物生化分析项目及临床意义

肝功能：白蛋白（ALB）、总蛋白（TP）、总胆红素（TB）、总胆汁酸（TBA）、直接胆红素（DB）、谷草转氨酶（AST）、谷丙转氨酶（ALT）、r-谷氨酰转移（r-GT）、胆碱酯酶（CHE）、碱性磷酸酶（AKP）

肾功能：尿素氮（BUN）、肌酐（Cr）、尿酸（UA）、血钾（K）、血钙（Ca）、钠（Na）、无机磷（P）

心：谷草转氨酶（AST）、乳酸脱氢酶（LDH）、血钾（K）、血钙（Ca）、肌酸激酶

（CK-NAC）

血糖血脂：葡萄糖（GLU-OX）、甘油三脂（TG）、酮体、胆固醇（CHOL）、果酸胺（FMN）、高密度脂蛋白胆固醇（HDC-C）、低密度脂蛋白胆固醇（LDC-C）

电解质：钠（Na）、氯（Cl）、碳酸氢盐、镁（Mg）、无机磷（P）、钙（Ca）

胰腺：淀粉酶（AMY）、胰脂肪酶（LIPA）

内分泌：碱性磷酸酶（AKP）、肌酸激酶（CK-NAC）、葡萄糖（GLU-OX）、胆固醇（CHOL）、钙（Ca）、磷（P）、钠（Na）、钾（K）、镁（Mg）

（一）总蛋白（TP）

临床意义：增高：呕吐、腹泻、休克、多发性骨髓瘤

降低：营养不良、消耗增加、肝功能障碍、大出血、肾病

（二）白蛋白（ALB）

临床意义：增高：严重失水、血浆浓缩

降低：急性大出血、严重烫伤、慢性合成白蛋白功能障碍、妊娠

（三）谷草转氨酶（AST）

临床意义：增高：心肌梗塞、肺栓塞、心肌炎、心动过速、肝胆疾病、感染、胰腺炎、脾肾或肠系膜梗死

（四）谷丙转氨酶（ALT）

临床意义：增高：急性药物中毒性肝炎、病毒性肝炎、肝癌、肝硬化、慢性肝炎、阻塞性黄疸、胆管炎

（五）碱性磷酸酶（AKP）

临床意义：增高：骨折愈合期、转移性骨瘤、阻塞性黄疸、急性肝炎或肝癌、甲亢、佝偻病

降低：重症慢性肾炎、甲状腺机能不全、贫血

（六）肌酸激酶（CK-NAC）

临床意义：增高：心肌梗塞、皮肌炎、营养不良、肌肉损伤、甲状腺机能减弱

（七）乳酸脱氢酶（LDH）

临床意义：增高：心肌梗塞、白血病、癌肿、肌营养不良、胰腺炎、肺梗死、巨幼细胞性贫血、肝细胞损伤、肝癌

（八）淀粉酶（AMY）

临床意义：增高：急性胰腺炎、急性胆囊炎、胆道感染、糖尿病酮症酸中毒

（九）r-谷氨酰转移酶（r-GT）

临床意义：增高：肝癌、阻塞性黄疸、胰腺疾病、肝损害

（十）葡萄糖（GLU-OX）

临床意义：增高：生理性高血糖：餐后　病理性高血糖：糖尿病、颅外伤、颅内出血、脑膜炎

降低：生理性低血糖：饥饿　病理性高血糖：胰岛 B 细胞增生或瘤，垂体前叶功能减退、肾上腺功能减退、严重肝病

（十一）总胆红素（TB）

临床意义：增高：溶血性黄疸、肝细胞性黄疸、阻塞性黄疸

（十二） 直接胆红素（DB）

临床意义：同上

（十三） 尿素氮（BUN）

临床意义：增高：急性肾小球肾炎、肾病晚期、肾衰、慢性肾炎、中毒性肾炎、前列腺肿大、尿路结石、尿路狭窄、膀胱肿瘤

降低：严重的肝病

（十四） 肌酐（Cr）

临床意义：晚期肾脏病

（十五） 胆固醇（CHOL）

临床意义：增高：甲状腺素血症、糖尿病

降低：甲亢、营养不良、慢性消耗性疾病

（十六） 甲状腺素

临床意义：增高：甲亢、高 TBG 血症、急性甲状腺炎、急性肝炎、肥胖病

降低：甲减、低 TBG 血症、全垂体功能减退症、下丘脑垂体病变

（十七） 钙（Ca）

临床意义：增高：甲亢、维 D 过多症、多发性骨髓瘤

降低：甲状腺功能减退、假性甲状腺功能减退、慢性肾炎、尿毒症、佝偻病、软骨病

（十八） 磷（P）

临床意义：增高：肾功能不全，甲状旁腺功能低下，淋巴细胞白血病，骨质疏松症，骨折愈合期

降低：呼吸性碱中毒，甲状腺功能亢进，溶血性贫血，糖尿病酮症酸中毒，肾衰，长期腹泻，吸收不良

（十九） 氯（Cl）

临床意义：增高：高钠血症，高钠血性代谢酸中毒 降低：呕吐、腹泻

（二十） 钠（Na）

临床意义：增高：高渗性脱水、中枢性尿崩症、库兴式综合征

降低：呕吐、腹泻、幽门梗阻、肾盂肾炎、肾小管损伤、大面积烧伤、体液从创口大量流失、肾病综合征的低蛋白血症、肝硬化腹水

（二十一） 钾（K）

临床意义：增高：肾上腺皮质减退症、急慢性肾衰、休克、补钾过多

降低：腹泻、呕吐、肾上腺皮质功能亢进，利尿剂、胰岛素的应用

（二十二） 镁（Mg）

临床意义增高：急慢性肾衰、甲状腺功能减退症、甲状旁腺功能减退症、多发性骨髓瘤、严重脱水症

降低：长期禁食、吸收不良、长期丢失胃肠液，慢性肾炎多尿期或长期利尿剂治疗者

实训 3 尿常规检查

检查内容包括尿的颜色、透明度、酸碱度、红细胞、白细胞、上皮细胞、管型、蛋白质、比重及尿糖定性。

【目的与要求】

1. 练习尿常规检查方法，掌握其临床意义。

2. 结合兽医院临床病例认识有关症状及异常变化。

【准备材料】保定用具等器具。

【培训内容与步骤】

一、尿液分析仪组成

尿液分析仪通常由机械系统、光学系统、电路系统 3 部分组成。

二、尿液分析仪试剂带

三、尿液分析仪检测原理

尿液中相应的化学成分使尿多联试带上各种含特殊试剂的膜块发生颜色变化，颜色深浅与尿液中相应物质的浓度成正比；将多联试带置于尿液分析仪比色进样槽，各膜块依次受到仪器光源照射并产生不同的反射光，仪器接收不同强度的光信号后将其转换为相应的电信号，再经微处理器由公式计算出各测试项目的反射率，然后与标准曲线比较后校正为测定值，最后以定性或半定量方式自动打印出结果。

尿液分析仪测试原理的本质是光的吸收和反射。试剂块颜色的深浅对光的吸收、反射是不一样的。颜色越深，吸收光量值越大，反射光量值越小，反射率越小；反之，颜色越浅，吸收光量值越小，反射光量值越大，反射率也越大。换言之，特定试剂块颜色的深浅与尿样中特定化学成分浓度成正比。

尽管不同厂家的尿液分析仪对光的判读形式不一样，但不同强度的反射光都需经光电转换器件转换为电信号进行处理却是一致的。

四、操作步骤

1. 每天检测标本前，用标准试带进行测试，附合要求后再进行工作。

2. 将尿液编号后倒入相应编号的离心管中。

3. 用干棉签擦干试带槽。

4. 取一尿干化学试纸条，将其完全浸入尿中，取出后在滤纸上沥干。

5. 将试纸条放入尿分析仪的移动台面。

6. 按下操作键开始检测。

7. 清除检测后的尿试纸条。

五、临床意义

仪器查十个项目：GLU（葡萄糖）、BIL（胆红素）、KET（酮体）、SG（比重）、Ph（酸碱度）、PRO（蛋白质）、URO（尿胆原）、NIT（亚硝酸盐）、BLO（潜血）、LEU（白细胞）。结果主要以 Negative（阴性）、Positive（阳性）、Trace（少量）和数字及 1 +、2 +、3 + 表示。Negative（阴性）和某些数字表正常结果，而 Trace（少量）、1 +、2 +、3 + 及 Positive（阳性）表异常结果。

附：

尿液常规十项检查的化验单

1. 尿糖（U-Glu）

正常参考值：阴性

临床意义：阳性，见于糖尿病、甲状腺机能亢进、垂体前叶机能亢进、嗜细胞瘤、胰腺炎、胰腺癌、严重肾功能不全等。此外，颅脑外伤、脑血管意外、急性心肌梗塞等，也可出现应激性糖尿；过多食入高糖物后，也可产生一过性血糖升高，使尿糖阳性。

2. 尿酮体（U-Ket）

正常参考值：阴性

临床意义：阳性，见于糖尿病酮症、妊娠呕吐、子痫、腹泻、中毒、伤寒、麻疹、猩红热、肺炎、败血症、急性风湿热、急性粟粒性肺结、惊厥等。此外，饥饿、分娩后摄入过多的脂肪和蛋白质等也可出现阳性。

3. 尿胆原（URO 或 UBG）

正常参考值：弱阳性。

临床意义：阳性，见于溶血性黄疸、肝病等。阴性，见于梗阻性黄疸。

4. 尿比重（SG）

正常参考值：1.015 ~ 1.030

临床意义：增高，见于急性肾炎、糖尿病、高热、呕吐、腹泻及心力衰竭等。降低，见于慢性肾炎、慢性肾盂肾炎、急慢性肾功衰竭及尿崩症等。

5. 尿蛋白（R-PRO）

正常参考值：阴性。

临床意义：阳性，见于各种急慢性肾小球肾炎、急性肾盂肾炎、多发性骨髓瘤、肾移植术后等。此外，药物，汞、钋等中毒引起肾小管上皮细胞损伤也可见阳性。

6. 红细胞（U-BLO）

正常参考值：显微镜法，阴性或 <2 个/HP。仪器法，阴性。

临床意义：阳性或增多，见于泌尿系统结石、感染、肿瘤、急慢性肾炎、血小板减少性紫癜、血友病等。

7. 尿白细胞（U-LEU）

正常参考值：<5 个/HP。

临床意义：增高：见于急性肾炎、肾盂肾炎、膀胱炎、尿道炎、尿道结核等。

8. 尿酸碱度（U-pH）

正常参考值：4.5 ~ 8.0，均值为 6.5。

临床意义：降低，见于酸中毒、痛风、糖尿病、发烧、白血病等。此外，应用氯化铵等药物时也可降低。增高，见于碱中毒、输血后、严重呕吐、膀胱炎等。

9. 尿胆红素（U-BIL）

正常参考值：阴性。

临床意义：阳性，见于胆石症、胆道肿瘤、胆道蛔虫、胰头癌等引起的梗阻性黄疸和肝癌、肝硬化、急慢性肝炎、肝细胞坏死等导致的肝细胞性黄疸。

10. 尿亚硝酸盐（NIT）

正常参考值：阴性。

临床意义：阳性，见于膀胱炎、肾盂肾炎等。

实训 4　犬螨病真菌诊断技术

【目的与要求】通过练习掌握皮肤刮屑检查皮肤寄生虫尤其螨病的检查方法、注意事项和临床意义。

【准备材料】伍德氏灯、手术刀、剪毛剪、10% 氢氧化钾溶液或煤油、酒精灯、载玻片、显微镜、培养皿、保定用具等。

【培训内容与步骤】

1. 患部先剪毛，在病变部皮肤与健康皮肤交界处（最好是在新的丘疹出现部位）用消毒手术刀或凸刃小刀（最好钝头），使刀刃与皮肤表面垂直，刮取皮屑，表层皮屑作真菌检测，局部微出血的皮屑作螨虫检查。

2. 将皮屑置载玻片上，加一滴 10% 氢氧化钾溶液或煤油，再盖上一张载玻片，两片轻轻按压，使病料散开，再分开载玻片，也可轻微加热 10~20s，在显微镜下观察发现真菌的菌丝或孢子可诊断为真菌感染；发现螨虫虫体或虫卵即可确诊为螨虫感染。

3. 在可见光下先观察局部脱毛及出血结痂情况，局部是否用过外用药有没有其他人为的颜色改变，进入暗室在伍德氏灯下观察局部是否有苹果绿、红色及褐色荧光。

【注意事项】

1. 陈旧病灶和初期较轻病灶不易检出，需要多处取病料反复检查。

2. 在野外采集病料时，可在刀刃上涂一些水或抗生素软膏，被刮下的皮屑黏附在刀刃上，可避免被风吹散。

实训 5　预排卵的显微镜检验技术和阴道涂片的制作

【原理】

母狗进入发情期，阴道上皮细胞出现角质化。发情前期，角质化的上皮细胞具有固缩核，红细胞多（有血的原因），白细胞少；发情期，上皮细胞的固缩核减少或消失，红细胞多，白细胞消失；排卵后，白细胞多，上皮细胞退化变形；发情后期，白细胞多，上皮细胞非角质化，角质化基本没有或消失。

因此，当用 400 倍左右的显微镜观察的时候，没有白细胞，多数上皮细胞的细胞核已经没有了，只要可见不多的上皮细胞有细胞核的时候，基本上就到了预排卵期了。也就是说，检验后的 1~2d 就可以配种了。

通常情况，母犬排卵后，成熟卵子在体内的存活的时间为 4~8d，保持有效受精能力大约为 60~108h。

【阴道涂片的制作步骤】

1. 用干净的载玻片阴道口取样，用另一片载玻片推平样品。

2. 点燃酒精灯，用火焰烘烤载玻片样品的另一面，使之干燥固定。

3. 用染色剂染色 1~2min，可用的染色剂有结晶紫和美蓝。

4. 用细小流水冲去染色剂。

5. 用棉纸吸取过多水分，并清洁样品背面，使之透光性更好。

6. 盖上盖玻片，放在显微镜下观察。

7. 先用低倍镜头找到目标，然后换成高倍镜仔细观察。

附：

发情鉴定：

a. 外部观察法：母犬的精神食欲，阴户变化。

b. 公犬试情寻找最佳配种时间。

c. 阴道涂片检查法。

异常发情：

d. 初情期推迟：原因不清，可能因下丘脑、垂体或性腺的异常所致，也与饲养有关。

e. 安静发情：没有发情行为。不知觉怀孕，不表现发情症状。可以用雌激素和促性腺激素治疗。

f. 发情不出血：有其他发情变化，不出血或出血少，阴户轻微肿胀，这是激素分泌不足的结果。可用雌激素或三合激素治疗。

g. 频繁发情：间隔时间短，连续多次频繁发情，累配难孕，临床少见。

h. 假发情：母犬具一定的发情特征，但表现不明显，不合乎发情周期规律，多数犬不接受交配。

i. 延长发情：发情时间延长，30d 内能接受公犬交配，难排卵。病因复杂可能由于促性腺激素的缺乏，同时可能有卵泡囊肿的存在。

j. 休情期延长：发情周期的第 4 期时间延长，多见于肥胖犬，常与雌激素不足有关。

雌犬的发情鉴定

发情鉴定就是鉴定母犬是否发情及所处的发情阶段。通过判断母犬发情是否正常，以便发现问题，并及时解决。通过发情鉴定，判断母犬的发情阶段，以便确定配种日期，从而达到提高受胎率的目的。

鉴定母犬的发情可根据多项指标。因为母犬发情时有外部特征，也有内部特征。既有行为学上的变化，也有生理生化指标的变化。外部特征是现象，内部特征，特别是卵巢、卵泡发育变化及其他生理指标的变化情况才是本质。因此，在做发情鉴定时，既要观察外部表现，又要注意本质的变化，还要联系影响及干扰的因素来综合地考虑、分析，才能获得较准确的判断。

【外部观察法】

通过观察母犬的行为表现和阴道排泄物来确定母犬是否发情。在发情到来数周，通常都表现出某些征兆，食欲和外观都有所变化。如果有机会，它们均喜欢与公犬接近。当附近有公犬时，有些母犬会自然地厌恶与其他母犬为伴，对阉割母犬的这种厌恶尤其明显。发情前期的可见征兆出现以前数日，大多数母犬变得无精打采、态度冷淡。偶尔，处女犬可能拒食，有的表现惊厥。当发情前期的外部征状变为明显时即行停止。

发情前期的特征是外生殖器官肿胀，自阴门流出血样分泌物，并持续 2 ~ 4d。当血液的流出增多时，阴门及前庭均变大，触摸时感到肿胀，母犬的性情变得不安和兴奋，有时不停地吠叫，并显得不听指挥和管教。饮水量增加，排尿次数增加，尤其见到公犬后频频排尿。这种排尿强烈地吸引着公犬。如不加管制，便会出走并引诱公犬，但拒绝交配。从发情前期开始，大多数母犬在 7～12d 可接受公犬变配。这表明，已进入了发情期。

此时血样排出物将逐渐减少，并且站定等待交配。姿势是尾根抬起，尾巴水平地倾向一边。没经验的母犬，于允许交配之前，常常在短时间的戏弄之间做出几次交配姿势，而有经验的母犬，通常并不经多余的戏要与玩弄即接受交配。有些"骄傲"的母犬，还具有选择公犬的倾向。有些母犬可能做出交配姿势，但直到生殖道的肿胀及敏感性消退之前，却不允许交配。

发情期过后，对公犬的亲合性即可降低，外生殖器官变得软瘪。可以看到少量的黑褐色排出物。母犬变得愈来愈恬静、温顺。

【阴道检查法】

阴道涂片（vaginal smear method） 取一部分阴道存留物——阴道上皮的脱落细胞和分泌物进行显微涂片检查，以了解动物发情状态的方法，称为阴道涂片法，也称为涂片检查。阴道内存留物与动情周期表现相关变化的动物有鼠、小白鼠、松鼠、豚鼠、狗、猫等，故本法可用于检查卵巢的内分泌机能，特别是动情素的分泌状态。猪、牛、猴、人等，周期性变化不太明显。鼠的 4～5d 为周期的阴道存留物的变化如下图所示，这里排卵是在动情前期之间进行。如果在此期间与雄性交配而妊娠时，则阴道存留物将一直保持动情间期状态，而失去周期性。

动情前期	动情期	动情后期	动情间期
14h	1.5d	7～8h	2d●

鼠阴道存留物的变化
从左至右，为有核上皮细胞、角质化细胞、角质化
细胞和白细胞、有核上皮细胞和白细胞

实训6　粪便检查

粪便显微镜检查时，主要检查消化产物、体细胞、寄生虫、植物细胞和菌类等。

1. 消化产物

脂肪：无色透明或呈淡黄色，由于表面张力作用，通常呈球形。有时，样品中液体成分发生流动时，较大的脂滴流经过狭窄的通道，可发生变形。应与气泡相鉴别。镜下，气泡不易变形且折射率较大，边缘清晰。

动物摄入普通饮食时，粪便不见或者少见脂肪滴。如见到大量脂滴，多属病态，有时，动物摄入脂肪过多，消化吸收不完全，粪检也可见较多脂滴。另外，应注意动物之前是否使用过油类泻剂。肌肉纤维在低倍镜下似蜡样，呈较鲜明的黄色，形状不定，消化较充分时，内部结构较均匀，消化不充分时，在高倍镜下可见内部未消化的肌丝和横纹。肉食兽粪便中有时可见。摄入过多或消化不良时，可大量出现。

淀粉：颗粒细小，呈球形，有时数个淀粉球聚集成团。经碘染色呈棕黑色或蓝紫色。摄

入过多或消化不良时大量出现。部分植物细胞内也含大量淀粉成分，经碘染色后呈蓝紫色。

2. 体细胞

红细胞：红细胞抵抗力弱，在肠道中易被消化、腐败而破坏。粪便中正常形态的红细胞可见于后部肠道近期出血，如异物损伤、感染性大肠炎导致的出血等。前部肠道出血，粪便中红细胞形态常变形，破坏严重。

白细胞：粪便中的白细胞或脓细胞来自肠壁的渗出，常混杂于大量黏液中，聚集成团。低倍镜观察，又未经碘染色，有时不易发现。大量白细胞或脓细胞的存在，提示剧烈的肠炎。

上皮细胞：大而扁平，来自肠壁。肠炎时常与白细胞、脓细胞同时大量存在。

3. 寄生虫

球虫：原虫，卵囊呈卵圆形，无色，壁薄而光滑，单层，内有 2 个到多个孢子囊；大小为（35～42）um×（27～33）um，寄生在肠道黏膜上皮内。镜检时，常可在脱落的黏膜及黏液内大量发现。寄生虫感染猫、狗、兔等，引起腹泻、肠道出血。球虫感染的腹泻常伴有较明显的腹痛。

贾第虫：原虫，虫体有滋养体和包囊两种形态。滋养体腹背位观，呈梨形，轴对称，前部呈圆形，尾部逐渐变尖；侧面观，背部隆起，腹面扁平；长 9～20um，宽 5～10um，腹面有两个吸盘，有 2 个核、4 对鞭毛，靠尾部的鞭毛较明显。包囊呈椭圆形，内部常见 2 到 4 个核。在生理盐水稀释的样品中，可靠鞭毛运动。可感染猪、狗、猫、鼠等，致腹泻，在低倍镜下有时可察觉到其运动，应以高倍镜观察鉴别。

滴虫：原虫，虫体呈立体的纺锤形或梨形，不似贾第虫的一侧扁平；常有 4～6 根鞭毛，分别向头尾两侧伸出；体型大小与贾第虫相仿或稍小，通常没有包囊阶段，在生理盐水稀释的样品中运动活跃，但由于其折射率与背景的折射率相似，观察、发现较困难，需在高倍镜下仔细鉴别。常感染猪、狗等，致腹泻。滴虫感染的腹泻，粪便内常见白细胞大量渗出。

蛔虫：粪便镜检常见其虫卵，蛔虫卵呈球形或椭球形，卵壳厚，多层，外层粗糙，表面凹凸不平，原无色，常被粪便内胆色素染为黄色或棕绿色，卵壳内为球形细颗粒的胚细胞，极少含有粗大颗粒，有时因卵壳颇厚而不易辨其内部构造。有时见动物吐出或随粪便排出虫体，虫体长 5～18mm，白色，线状。

钩虫：钩虫卵呈椭圆形，卵壳为明显的一层，极薄而透明，无色，内含多个卵胞，卵壳与卵胞间清澈透明。虫体白色，线状，附着于肠道黏膜上，引起肠炎、出血。

绦虫：卵囊体积较大，形态特征明显，易于鉴别。成熟的孕节常随粪便排出体外，白色，形状如一小段扁的面条；孕节干燥后状如白芝麻，常挂于肛门周围。

吸虫：吸虫卵是肠道寄生虫中最小的虫卵之一，形状稍似椭球形，但一端稍细，另一端稍钝圆，较细的一端有卵盖；卵壳较厚，淡棕黄色，外表不很光滑，吸虫的虫体半透明，形似蚂蟥，两端均有吸盘。

4. 植物细胞

无论杂食或草食宠物，均有较多机会摄入植物，粪便中常有植物细胞。很多的植物细胞形态特殊，易与寄生虫的虫体或虫卵混淆，当注意鉴别之。

纤毛：存在于植物叶片表面，呈线状，中空，基部钝，末梢尖；表面光滑或有突起。注意避免误为线虫虫体。

木栓细胞：常呈蜂窝状排列，亦有个别脱落的单个细胞。细胞常呈多边形，壁较厚，内有颗粒。注意与寄生虫卵区别。寄生虫卵外壁均圆滑，不呈多边形。

植物导管：植物的导管系统多呈螺旋形盘曲，脱落后状似弹簧，断裂的导管有时呈环状。

花粉：外观多呈较光滑的球形，颜色多样，其形状最易与寄生虫卵相混淆。但花粉的平均直径较寄生虫卵小。有些植物细胞内还含有草酸钙晶体及淀粉等。

5. 菌类

正常粪便中含大量细菌。粪便中的细菌形态、种类多样，不能单纯从形态上进行鉴别。虽然对粪便中细菌的形态观察不能为诊断提供确切的依据，但某些种类细菌的形态较有特点，其数量的变化可引起对细菌性肠炎的怀疑。

粪便中常有少量真菌。消化道内有害真菌数量过多时，可引起胃肠炎。值得注意的是，如兔等草食宠物，由于其消化的需要，肠道内常有较大量的真菌存在，仍属正常现象。另外，动物服用酵母菌等微生物制剂后，肠道内也可见相应的真菌。

第二章　临床操作

项目一　犬的接近与保定技术

【目的与要求】了解犬的习性，学会如何接近犬，并在此基础上熟练掌握和运用犬的常用保定法。

【准备材料】保定绳、口笼、保定钳、伊丽莎白氏项圈、手术台、输液台、速眠新。

【培训内容与步骤】

一、犬的接近

二、犬的保定技术

语言保定、畜主保定。

 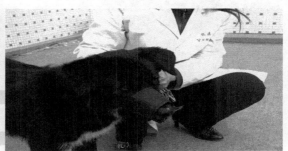

保定用口笼　　　　　　　　　　　　　口笼保定

（一）口笼保定法

犬口笼是用牛皮革或帆布制成。可根据动物个体大小选用适宜的口笼给犬套上，将其带子绕过耳后扣牢。此法主要用于大型品种犬。

（二）保定钳保定法

术者持保定钳夹持犬颈部，强行将犬按倒在地，并由助手按住犬四肢。本法多用于未驯服或凶猛犬的检查和简单治疗。也可用于捕犬。

（三）扎口保定法

为防止人被犬咬伤，尤其对性情急躁、有损伤疼痛的犬，应采用扎口保定。

1. 长嘴犬的扎口保定法

用绷带或细的软绳，在其中间绕两次，打一活结圈，套在嘴后颜面部，在下颌间隙系紧。然后，将绷带两游离端沿下颌拉向耳后，在颈背侧枕部收紧打结。这种方法保定可靠，

保定钳保定

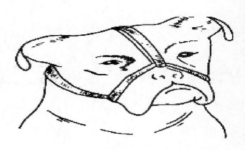

扎口保定

一般不易被犬抓挠松脱。

2. 短嘴犬扎口保定法

用绷带或细的软绳，在其 1/3 处打活结圈，套在嘴后颜面，于下颌间隙处收紧，其两游离端向后拉至耳后枕部打一结，并将其中一长的游离绷带经额部引至鼻背侧穿过绷带圈，再返转至耳后与另一游离端收紧打结。

扎口保定

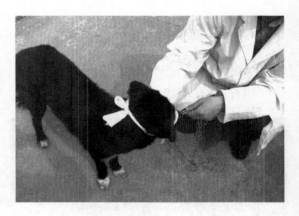

扎口保定

（四）站立保定法

在很多情况下，站立保定有助于体检和治疗。

1. 地面站立保定法

犬站立于地面时，保定者先给犬戴上口笼，而后蹲于犬右侧，右手抓住犬颈圈，左手托住犬腹部。此法适用于大型品种犬的保定。

2. 诊疗台站立保定法

犬一般应在诊疗台上诊疗，但有的犬因胆怯，不愿站立，影响操作。保定者先给犬戴上口笼，而后站在犬一侧，一手臂托住胸前部，另一手臂搂住臀部，使犬靠近保定者胸前。

（五）手术台保定法

犬手术保定有侧卧、仰卧和腹卧保定 3 种。保定前，动物应进行麻醉。根据手术需要，选择不同体位的保定方法。保定时，用保定带将四肢固定在手术台上。

（六）捆绑四肢保定法

分别握住犬的前后肢进行捆绑，将一侧前臂部和小腿部捆牢后，再将另侧前后肢合并一起捆绑固定。本法适用于横卧保定。

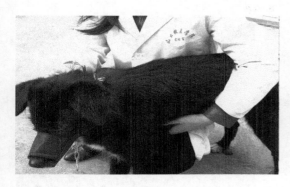
站立保定

站立保定

手术台保定

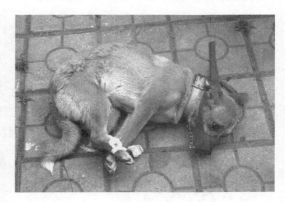
捆绑四肢保定

（七）握耳保定法

对于性情不温顺或狂暴型的犬，可以从后部紧紧握住双耳，同时尽量防止后躯滑脱，应结合口笼保定更为安全。

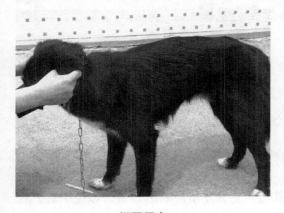
握耳保定

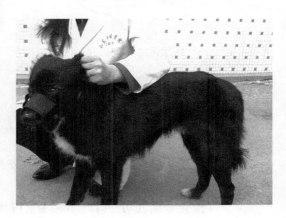
握耳保定

（八）提举后肢保定法

术者在畜主的帮助下，先给犬戴上口笼，然后用两手握住两后肢，倒立提起后肢，并用腿夹住颈部。

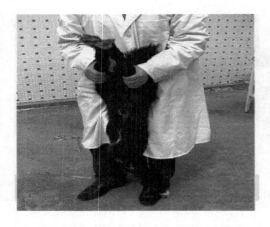

提举后肢保定

提举后肢保定

（九）伊丽莎白氏项圈保定法

（十）怀抱保定

保定者站在犬一侧，两只手臂分别放在犬胸前部和股后部将犬抱起，然后一只手将犬头颈部紧贴自己胸部，另一只手抓住犬两前肢限制其活动。此法适用于对小型犬和幼龄大、中型犬进行听诊等检查，并常用于皮下或肌肉注射。

项圈保定

怀抱保定

（十一）化学保定法

【注意事项】

（一）首先向主人了解动物的习性，是否咬人、抓人及有无特别敏感部位不愿让人接触。

（二）观察其反应，当其怒目圆睁、呲牙咧嘴，甚至发出"呜呜"的呼声时，应特别小心。

（三）检查者接近动物时，不能手拿棍棒或其他闪亮和发出声响的器械，以免引起其惊恐不安。检查人员在接近犬时禁止一哄而上，应避免粗暴的恐吓和突然的动作以及其他可能引起犬防御性反应的各种刺激。检查者着装应符合兽医卫生和公共卫生要求。

项目二　药物疗法

【目的与要求】掌握经口投药法的技巧。

【准备材料】开口器、胃导管、小勺、洗耳球或注射器、丸剂投药器。

【培训内容与步骤】

一、经口投药法

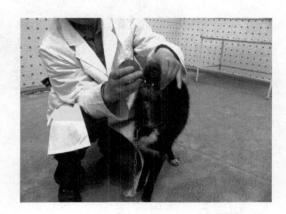

1. 拌食投药

2. 灌服投药

就是强行将药物经口灌入犬的胃内。因此，不论病犬有无食欲，只要药物剂量不多，又没有明显刺激性，都可以采用此法。灌服前，先将药物中加入少量水，调制成泥膏状或稀糊状。灌药时，将犬站立保定，助手（或犬主）用两手分别抓住犬的上下颌，将其上下分开，术者用圆钝头的竹片刮取泥膏状药物，直接将药涂于犬的舌根部；

投服少量的水剂药物（粉剂或研碎的片剂加适量水而制成的溶液、混悬液）以及中药的煎剂等。投药时将犬站立保定，助手（或犬主）用两手分别抓住犬的上下颌，将其上下分开。右手持勺、洗耳球或注射器将药灌入。注意一次灌入量不宜过多；每次灌入后，待药液完全咽下后再重复灌入，以防误咽。

3. 胃导管投药

此法适用于投入大量水剂、油剂或可溶于水的流质药液。方法简单，安全可靠，不浪费药液。投药时对犬施以坐姿保定。用开口器打开口腔，选择大小适宜的胃导管（幼犬用直径 0.5～0.6cm，大型犬用直径 1.0～1.5cm 的胶管或塑料管，也可用人用 14 号导尿管代替），用胃导管测量犬鼻端到第 8 肋骨的距离后，做好记号。用润滑剂涂布胃导管前端，插入口腔从舌面上缓缓地向咽部推进，在犬出现吞咽动作时，顺势将胃导管推入食管直至胃内（判定插入胃内的标志：从胃管末端吸气呈负压，犬无咳嗽表现）。然后连接漏斗，将药液灌入。灌药完毕，除去漏斗，压扁导管末端，缓缓抽出胃导管。

二、丸、囊剂投药法

对犬施以坐姿保定。投药者以左手握住犬的两侧口角，打开口腔，右手持药（也可用镊子夹药）送于舌根部，然后快速地把手抽出来，并将犬嘴合上，让其将药吞下。

【注意事项】

1. 每次灌入的药量不宜过多，不要太急，不能连续灌，以防误咽。

2. 头部吊起或仰起的高度，以口角与眼角呈水平线为准，不宜过高。

打开口腔

胃管投药

3. 灌药中，病畜如发生强烈咳嗽时，应立即停止灌药，并使其头部低下，使药液咳出，安静后再灌药。

4. 当动物咀嚼、吞咽时，如有药液流出，应用药盆接取，以免流失。

项目三　注射疗法

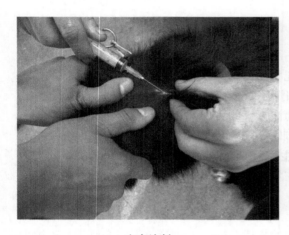

皮内注射

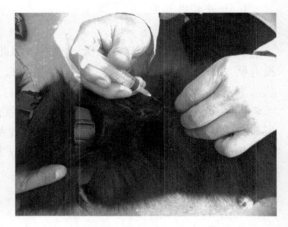

皮下注射

一、皮下注射

皮下注射是将药液注入皮下结缔组织内的注射方法。

【应用】

将药液注射于皮下结缔组织内，经毛细血管、淋巴管吸收进入血液，发挥药效而达到防治疾病的目的。凡是易溶解、无强刺激性的药品及疫苗、菌苗、血清、抗蠕虫药（如伊维菌素）等，某些局部麻醉剂，不能口服或不宜口服的药物要求在一定时间内发生药效时，均可做皮下注射。

【准备】

根据注射药量多少，可用2mL、5mL、10mL的注射器及相应针头。当抽吸药液时，先将安瓿封口端用酒精棉消毒，并随时检查药品名称及质量。

【部位】

多在皮肤较薄、富有皮下组织、活动性较大的背胸部、股内侧、颈部和肩胛后部等部位。

【方法】

1. 准确抽取药液，而后排出注射器内混有的气泡。此时注射针要安装牢固，以免脱掉。

2. 注射局部首先进行剪毛、清洗、擦干，除去体表的污物。对术者的手指及注射部位进行消毒。

3. 注射时，术者左手中指和拇指捏起注射部位的皮肤，同时用食指尖下压使其呈皱褶陷窝，右手持连接针头的注射器，针头斜面向上，从皱褶基部陷窝处与皮肤呈 $30° \sim 40°$ 角，刺入针头的 2/3（根据动物体型的大小，适当调整进针深度），此时如感觉针头无阻抗，且能自由活动时，左手把持针头连接部，右手抽吸无回血即可推压针筒活塞注射药液。如注射大量药液时，应分点注射。注完后，左手持干棉球按住刺入点，右手拔出针头，局部消毒。必要时可对局部进行轻轻按摩，促进吸收。

【注意事项】

1. 刺激性强的药品不能做皮下注射，特别是对局部刺激较强的钙制剂、砷制剂、水合氯醛及高渗溶液等，易诱发炎症，甚至组织坏死。

2. 大量注射补液时，需将药液加温后分点注射。注射后应轻轻按摩或进行温敷，以促进吸收。

二、肌肉注射

肌肉注射是将药物注入肌肉内的注射方法。

【应用】

肌肉内血管丰富，药液注入肌肉内吸收较快。由于肌肉内的感觉神经较少，疼痛轻微。因此，刺激性较强和较难吸收的药液，进行血管内注射而有副作用的药液，油剂、乳剂等不能进行血管内注射的药液，为了延缓吸收、持续发挥作用的药液等，均可采用肌肉内注射。

【准备】同皮下注射。

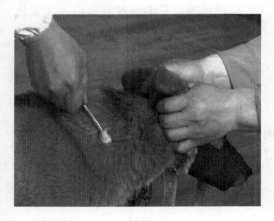
消毒

肌肉注射

【部位】

多在颈侧及臀部。但应避开大血管及神经径路的部位。

【方法】

1. 动物适当保定，局部常规消毒处理。

2. 左手的拇指与食指轻压注射局部，右手持注射器，使针头与皮肤垂直，迅速刺入肌肉内。一般刺入1～2cm，尔后用左手拇指与食指握住露出皮外的针头结合部分，以食指指节顶在皮上，再用右手抽动针管活塞，观察无回血后，即可缓慢注入药液。如有回血，可将针头拔出少许再行试抽，见无回血后方可注入药液。注射完毕，用左手持酒精棉球压迫针孔部，迅速拔出针头。

【注意事项】

1. 针头刺入深度，一般只刺入2/3，切勿把针头全部刺入，以防针头从根部衔接处折断。

2. 强刺激性药物如水合氯醛、钙制剂、浓盐水等，不能肌肉内注射。

3. 注射针头如接触神经时，则动物感觉疼痛不安，此时应变换针头方向，再注射药液。

4. 万一针头折断，保持局部和肢体不动，迅速用止血钳夹住断端拔出。如不能拔出时，先将病畜保定好，防止骚动，行局部麻醉后迅速切开注射部位，用小镊子、持针钳或止血钳拔出折断针头。

5. 长期进行肌肉注射的动物，注射部位应交替更换，以减少硬结的发生。

6. 两种以上药液同时注射时，要注意药物的配伍禁忌，必要时在不同部位注射。

7. 根据药液的量、黏稠度和刺激性的强弱，选择适当的注射器和针头。

8. 避免在瘢痕、硬结、发炎、皮肤病及有针眼的部位注射。淤血及血肿部位不宜进行注射。

三、静脉内注射

静脉内注射又称血管内注射。静脉内注射是将药液注入静脉内，治疗危重疾病的主要给药方法。

【应用】用于大量的输液、输血；或用于以治疗为目的的急需速效的药物（如急救、强心等）；或注射药物有较强的刺激作用，又不能皮下、肌肉注射，只能通过静脉内才能发挥药效的药物。

【准备】

1. 根据注射用量可备50～100mL注射器及相应的注射针头（或连接乳胶管的针头）。大量输液时则应使用一次性输液器。

2. 注射药液的温度要尽可能地接近于体温。

3. 大型犬站立保定，使头稍向前伸，并稍偏向对侧。小型犬可行侧卧保定或腹卧保定。

4. 输液时，药瓶（生理盐水瓶）挂在输液架上，位置应高于注射部位。输液前排净输液器内的气体，拧紧调节器。

【部位】在前肢腕关节正前方偏内侧的前臂皮下静脉和后肢跗部背外侧的小隐静脉，也可在颈静脉。

1. 前臂皮下静脉注射

此部位为犬最常用最方便的静脉注射部位。该静脉位于前肢腕关节正前方稍偏内侧。犬可侧卧、伏卧或站立保定，助手或犬主人从犬的后侧握住肘部，使皮肤向上牵拉和静脉怒张，也可用止血带（乳胶管）结扎使静脉怒张。操作者位于犬的前面，注射针由近腕关节

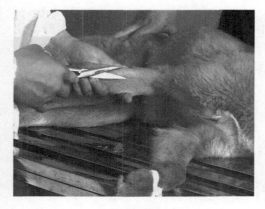

剪毛暴露血管

乳胶管结扎静脉让其怒张

消毒

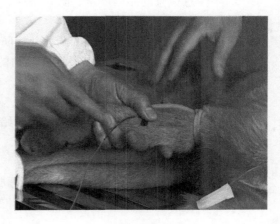

注射有回血

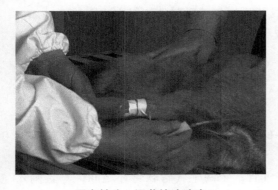

固定针头，调节输液速度

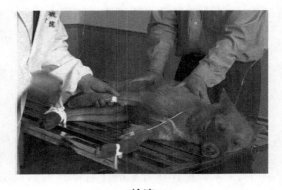

输液

1/3 处刺入静脉，当确定针头在血管内后，针头连接管处见到回血，再顺静脉管进针少许，以防犬骚动时针头滑出血管。松开止血带或乳胶管，即可注入药液，并调整输液速度。静脉输液时，可用胶布缠绕固定针头。在输液过程中，必要时试抽回血，以检查针头是否在血管内。注射完毕，以干棉签或棉球按压针眼，迅速拔出针头，局部按压或嘱畜主按压片刻，防止出血。

2. 后肢外侧小隐静脉注射

此静脉位于后肢胫部下 1/3 的外侧浅表皮下，由前斜向后上方，易于滑动。注射时，使犬侧卧保定，局部剪毛消毒。用乳胶带绑在犬股部，或由助手用手紧握股部，使静脉怒张。操作者左手从内侧握住下肢以固定静脉，右手持注射针由左手指端处刺入静脉。

【注意事项】

1. 严格遵守无菌操作。注射局部应严格消毒。

2. 注射时要注意检查针头是否畅通。

3. 注射时要看清脉管径路，明确注射部位，刺入准确，一针见血，防止乱刺，以免引起局部血肿或静脉炎。

4. 针头刺入静脉后，要再顺静脉方向进针少许，连接输液管后并使之固定。

5. 刺针前应排净注射器或输液器中的空气。

6. 要注意检查药品的质量，防止杂质、沉淀。混合注入多种药液时，应注意配伍禁忌，油类制剂不能做静脉注射。

7. 注射对组织有强烈刺激的药物，应防药液外溢而导致组织坏死。

8. 输液过程中，要经常注意观察动物的表现，如有骚动、出汗、气喘、肌肉震颤、犬发生皮肤丘疹、眼睑和唇部水肿等征象时，应及时停止注射。当发现输入液体突然过慢或停止以及注射局部明显肿胀时，应检查回血，如针头已滑出血管外，则应重新刺入。

9. 静脉注射时，首先宜从末端血管开始，以防再次注射时发生困难。

10. 如注射速度过快，药液温度过低，可能产生副作用，同时有些药物可能发生过敏现象。

11. 对极其衰弱或心机能障碍的患畜静脉注射时，尤应注意输液反应，对心肺机能不全者，应防止肺水肿的发生。

四、气管内注射

气管内注射是将药液注入气管内，使药物直接作用于气管黏膜的注射方法。

【应用】 临床上常将抗生素注入气管内治疗支气管炎和肺炎；也可用于肺脏的驱虫；注入麻醉剂以治疗剧烈的咳嗽等。

【部位】 一般在颈部上 1/3 下界处，腹侧面正中，第 4 与第 5 两个气管软骨环之间进行注射。

【方法】

1. 犬和猫侧卧或站立保定，固定头部，充分伸展颈部，使前躯稍高于后躯，局部剪毛消毒。

2. 术者持连接针头的注射器，另一只手握住气管，于两个气管软骨环之间，垂直刺入气管内 0.5～1.0cm，此时摆动针头，感觉前端空虚，再缓缓注入药液。注完后拔出针头，涂擦碘酊消毒。

【注意事项】

1. 注射前宜将药液加温至与动物同温，以减轻刺激。

2. 注射过程如遇动物咳嗽时，则应暂停注射，待安静后再注入。

3. 注射速度不宜过快，最好一滴一滴地注入，以免刺激气管黏膜，咳出药液。

4. 如病畜咳嗽剧烈，或为了防止注射诱发咳嗽，可先注射 2% 盐酸普鲁卡因溶液 1～

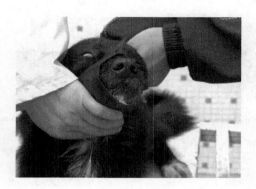

气管内注射

2mL后，降低气管的敏感性，再注入药液。

5. 注射药液量不宜过多，犬一般 1~1.5mL，猫在 0.5~1.0mL。量过大时，易导致气管阻塞而发生呼吸困难。

项目四 穿刺疗法

穿刺术是使用普通针头或特制的穿刺器具（如套管针）刺入病畜体腔、脏器内，通过排除内容物或气体，或者注入药液达到治疗目的的治疗技术。

一、腹膜腔穿刺

腹膜腔穿刺是指用穿刺针经腹壁刺入腹膜腔的穿刺方法。

【应用】

用于原因不明的腹水，穿刺抽液检查积液的性质以协助明确病因；排出腹腔的积液进行治疗；采集腹腔积液，以帮助对胃肠破裂、肠变位、内脏出血、腹膜炎等疾病进行鉴别诊断；腹腔内给药或洗涤腹腔。

【部位】

脐至耻骨前缘的连线中央，白线两侧。

【方法】

采取站立保定，术部剪毛消毒。术者左手固定穿刺部位的皮肤并稍向一侧移动皮肤，右

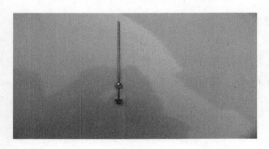

套管针

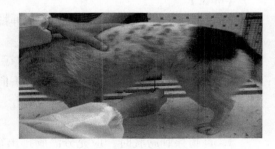

刺入腹膜腔内

手控制套管针（或针头）的深度，垂直刺入腹壁 1~2cm，待抵抗感消失时，表示已穿过腹壁层，即可回抽注射器，抽出腹水放入备好的试管中送检，如需要大量放液，可接一橡皮管，将腹水引入容器，以备定量和检查。放液后拔出穿刺针，无菌棉球压迫片刻，覆盖无菌

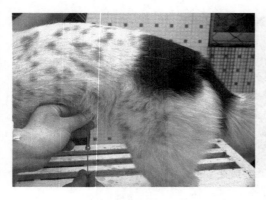

拔除针芯

接穿刺液

纱布，胶布固定。

洗涤腹腔时，在胠窝或两侧后腹部。右手持针头垂直刺入腹腔，连接输液瓶或注射器，注入药液，再由穿刺部排出，如此反复冲洗2～3次。

【注意事项】

1. 刺入深度不宜过深，以防刺伤肠管。穿刺位置应准确，要保定确实。

2. 抽、放腹水引流不畅时，可将穿刺针稍做移动或稍变动体位，抽、放液体不可过快、过多。

3. 穿刺过程中应注意动物的反应，观察呼吸、脉搏和黏膜颜色的变化，有特殊变化者，停止操作，然后再进行适当处理。

二、膀胱穿刺

膀胱穿刺是指用穿刺针经腹壁或直肠直接刺入膀胱的穿刺方法。

【应用】

当尿道完全阻塞发生尿闭时，为防止膀胱破裂或尿中毒，进行膀胱穿刺排出膀胱内的尿液，进行急救治疗。

【准备】

连有长乳胶管的针头、注射器。动物侧卧保定，并需进行灌肠排除积粪。

【部位】

在后腹部耻骨前缘，触摸膨胀及有弹性处即为术部。

【方法】

动物侧卧保定，将左或右后肢向后牵引转位，充分暴露术部，于耻骨前缘触摸膨胀、波动最明显处，左手压住局部，右手持针头向后下方刺入，并固定好针头，待排完尿液，拔出针头。术部消毒，涂火棉胶。

【注意事项】

1. 直肠穿刺膀胱时，应充分灌肠排出宿粪。

2. 针刺入膀胱后，应握好针头，防止滑脱。

3. 若进行多次穿刺时，易引起腹膜炎和膀胱炎，宜慎重。

4. 努责严重时，不能强行从直肠内进行膀胱穿刺，必要时给以镇静剂后再行穿刺。

项目五 导胃与洗胃

用一定量的溶液灌洗胃，清除胃内容物的方法即洗胃法。临床上主要用于治疗急性胃扩张、饲料或药物中毒的动物，清除胃内容物及刺激物，避免毒物的吸收，常用导胃与洗胃法。

【准备】

动物可站立保定或在手术台上侧卧保定。导胃管，洗胃用 36 ~ 39℃温水，根据需要也可用 2% ~ 3% 碳酸氢钠溶液或石灰水溶液、1% ~ 2% 盐水、0.1% 高锰酸钾溶液等。此外还应准备吸引器。

【方法】

先用导胃管测量从口、鼻到胃的长度，并做好标记。导胃时，将动物保定好并固定好头部，把胃管插入食管内，胃管到胸腔入口及贲门处时阻力较大，应缓慢插入，以免损伤食管黏膜。必要时灌入少量温水，待贲门弛缓后，再向前推送入胃。胃管前端经贲门到达胃内后，阻力突然消失，此时可有酸臭气体或食糜排出。如不能顺利排出胃内容物时，接上漏斗，每次灌入温水或其他药液 1 000 ~ 2 000mL，利用虹吸原理，高举漏斗，不待药液流尽，随即放低头部和漏斗，或用洗耳球反复抽吸，以洗出胃内容物。如此反复多次，逐渐排出胃内大部分内容物，直至病情好转为止。治疗胃炎时导出胃内容物后，要灌入防腐消毒药。冲洗完后，缓慢抽出胃管，解除保定。

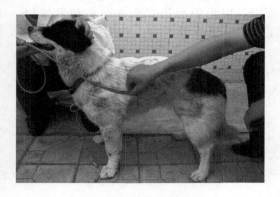

测量从口、鼻到胃的长度

打开口腔

【注意事项】

1. 操作中动物易骚动，要注意人畜安全。

2. 根据不同种类的动物，应选择适宜的胃管。

3. 当中毒物质不明时，应抽出胃内容物送检。洗胃溶液可选用温开水或等渗盐水。

4. 洗胃过程中，应随时观察脉搏、呼吸的变化，并做好详细记录。

5. 每次灌入量与吸出量要基本相符。

项目六　灌肠疗法

根据灌肠目的不同，灌肠法可分为浅部灌肠法和深部灌肠法两种。

【浅部灌肠法】

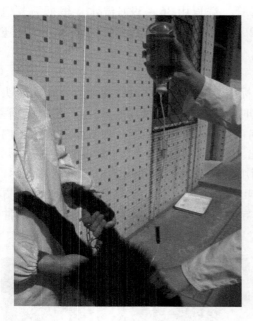

是将药液灌入直肠内。常在宠物有采食障碍或咽下困难、食欲废绝时，进行人工营养；直肠或结肠炎症时，灌入消炎剂；病畜兴奋不安时，灌入镇静剂；排除直肠内积粪时使用。

浅部灌肠用的药液量，每次 30～50mL。灌肠溶液根据用途而定，一般用 1% 温盐水、林格尔氏液、甘油、0.1% 高锰酸钾溶液、2% 硼酸溶液、葡萄糖溶液等。

灌肠时，将动物站立保定好，助手把尾拉向一侧。术者一手提盛有药液的药瓶，另一手将输液器乳胶管（针头去掉）徐徐插入肛门 5～10cm，然后高举药瓶，使药液流入直肠内。灌肠后使动物保持安静，以免引起排粪动作而将药液排出。对以人工营养、消炎和镇静为目的的灌肠，在灌肠前应先把直肠内的宿粪取出。

【深部灌肠法】

此法适用于治疗肠套叠、结肠便秘、排出胃内毒物和异物，灌肠时，对动物施以站立或侧卧保定，并呈前低后高姿势助手把尾拉向一侧。术者一手提盛有药液的药瓶，另一手将输液器乳胶管（针头去掉）徐徐插入肛门 8～10cm，然后高举药瓶，使药液流入直肠内。先灌入少量药液软化直肠内积粪，待排净积粪后再大量灌入药液。灌入量根据动物个体大小而定，一般幼犬 80～100mL，成年犬 100～500mL，药液温度以 35℃ 为宜。

【注意事项】

1. 直肠内存有宿粪时，按直肠检查要领取出宿粪，再进行灌肠。

2. 避免粗暴操作，以免损伤肠黏膜或造成肠穿孔。

3. 溶液注入后由于排泄反射，易被排出，应用手压迫尾根和肛门，或于注入溶液的同时，用手指刺激肛门周围，也可通过按摩腹部减少排出。

项目七　冲洗疗法

冲洗疗法是用药液洗去黏膜上的渗出物、分泌物和污物，以促进组织的修复。

一、洗眼法与点眼法

【适应症】主要用于各种眼病，特别是结膜与角膜炎症的治疗。

【准备】放乳针、注射器、洗耳球、玻璃棒、2%～4% 硼酸溶液（或 0.1%～0.3% 高锰酸钾溶液、0.1% 雷佛奴耳溶液及生理盐水）、0.55% 硫酸锌溶液（或 3.5% 盐酸可卡因溶液、0.5% 阿托品溶液、0.1% 盐酸肾上腺素溶液、0.5% 锥虫黄甘油、1%～3% 蛋白银溶

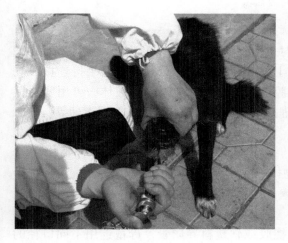

洗眼　　　　　　　　　　　放乳针　注射器

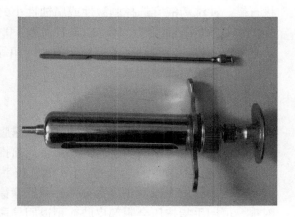

鼻腔冲洗　　　　　　　　　　口腔冲洗

液）、氯霉素、红霉素、四环素等抗生素眼药膏（液）。

　　【内容与操作】洗眼及点眼时，助手要确实固定动物头部，术者用一手拇指与食指翻开上下眼睑，另一手持冲洗器（洗眼瓶、注射器、洗耳球等），使其前端斜向内眼角，徐徐向结膜上灌注药液冲洗眼内分泌物。洗净之后，左手食指向上推上眼睑，以拇指与中指捏住下眼睑缘，向外下方牵引，使下眼睑呈一囊状，右手拿点眼药瓶，靠在外眼角眶上，斜向内眼角，将药液滴入眼内，闭合眼睑，用手轻轻按摩 1~2 下，以防药液流出，并促进药液在眼内扩散。如用眼药膏时，可用玻璃棒一端蘸眼膏，横放在上下眼睑之间，闭合眼睑，抽去玻璃棒，眼膏即可留在眼内，用手轻轻按摩 1~2 下，以防流出。或直接将眼膏挤入结膜囊内。

二、鼻腔冲洗

　　当鼻腔有炎症时，可选用一定的药液进行鼻腔冲洗。犬、猫等动物可用放乳针连接注射器吸取药液。洗涤时，将放乳针插入鼻腔一定深度，同时用手捏住外鼻翼，然后推动注射器内芯，使药液流入鼻内，即可达到冲洗的目的。洗鼻时，应注意把动物头部保定好，使头稍低；冲洗液温度要适宜；冲洗剂选择具有杀菌、消毒、收敛等作用的药物。一般常用生理盐水、2% 硼酸溶液、0.1% 高锰酸钾溶液及 0.1% 雷佛奴耳溶液等。

三、口腔冲洗

主要用于口炎、舌及牙齿疾病的治疗，有时也用于洗出口腔的不洁物。口腔冲洗时，先将犬站立保定，术者（或犬主）一手抓住犬的上下颌，将其上下分开，另一手持连接放乳针的注射器，将药液推注入口腔，达到洗涤口腔的目的。从口中流出的液体，可用容器接着，以防污染地面。冲洗剂可选用自来水、生理盐水或收敛剂、低浓度防腐消毒药等。

四、导尿及膀胱冲洗

【适应症】导尿是指用人工的方法诱导动物排尿或用导尿管将尿液排除。冲洗主要用于尿道炎及膀胱炎的治疗。目的是为了排除炎性渗出物和注入药液，促进炎症的治愈。

【准备】

不同类型的导尿管（公畜选用不同口径的橡胶或软塑料导尿管，母畜选用不同口径的特制导尿管）。用前将导尿管放在0.1%高锰酸钾溶液或温水中浸泡5～10min，插入端蘸液状石蜡。冲洗药液宜选择刺激性或腐蚀性小的消毒、收敛剂，常用的有生理盐水、2%硼酸、0.1%～0.5%高锰酸钾、1%～2%石炭酸、0.1%～0.2%雷佛奴尔等溶液，也常用抗生素及磺胺制剂的溶液（冲洗药液温度要与体温相等）。注射器与洗涤器。术者的手和外阴部及公畜阴茎、尿道口要清洗消毒。

【内容与操作】

1. 公犬导尿法

动物侧卧保定，上后肢前方转位，暴露腹底部，长腿犬也可站立保定。助手一手将阴茎包皮向后退缩，一手在阴囊前方将阴茎向前推，使阴茎龟头露出。选择适宜导尿管，并将其前端2～3cm涂以润滑剂。操作者（戴乳胶手套）一手固定阴茎龟头，一手持导尿管从尿道口慢慢插入尿道内或用止血钳夹持导尿管徐徐推进。导尿管通过坐骨弓尿道弯曲部时常发生困难，可用手指按压会阴部皮肤或稍退回导尿管调整其方位重新插入。一旦通过坐骨弓阴茎弯曲部，导尿管易进入膀胱。尿液流出，并连接20mL注射器抽吸。抽吸完毕，注入抗生素溶液于膀胱内，拔出导尿管。导尿时，常因尿道狭窄或阻塞而难插入，小型犬种阴茎骨处尿道细也可限制其插入。

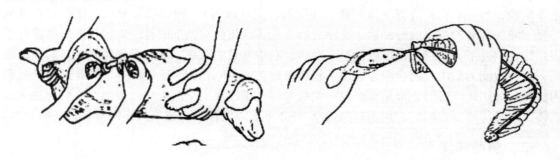

公犬导尿法

2. 母犬导尿法

所用器材人用橡胶导尿管或金属、塑料的导尿管、注射器、润滑剂、照明光源、0.1%新洁尔灭溶液、2%盐酸利多卡因、收集尿液的容器等应准备好。

多数情况行站立保定，先用0.1%新洁尔灭液清洗阴门，然后用2%利多卡因溶液滴入阴道穹隆黏膜进行表面麻醉。操作者戴灭菌乳胶手套，将导尿管顶端3~5cm处涂灭菌润滑剂。一手食指伸入阴道，沿尿生殖前庭底壁向前触摸尿道结节（其后方为尿道外口），另一手持导尿管插入阴门内，在食指的引导下，向前下方缓缓插入尿道外口直至进入膀胱内。对于去势母犬，采用上述导尿法（又称盲目导尿法），其导尿管难插入尿道外口。故动物应仰卧保定，两后肢前方转位。用附有光源的阴道开口器或鼻孔开张器打开阴道，观察尿道结节和尿道外口，再插入导尿管。用注射器抽吸或自动放出尿液。导尿完毕向膀胱内注入抗生素药液，然后拔出导尿管，解除保定。

母犬导尿法

【注意事项】

1. 所用物品必须严格灭菌，并按无菌操作进行，以预防尿路感染。

2. 选择光滑和粗细适宜的导尿管，插管动作要轻柔。防止粗暴操作，以免损伤尿道及膀胱壁。

3. 插入导尿管时前端宜涂润滑剂，以防损伤尿道黏膜。

4. 对膀胱高度膨胀且又极度虚弱的病畜，导尿不宜过快，导尿量不宜过多，以防腹压突然降低引起虚弱，或膀胱突然减压引起黏膜充血，发生血尿。

项目八　气管抽吸术

颈气管抽吸是一种诊断性、偶尔也是治疗性的操作，即将一细管穿过环甲软骨膜或气管环间膜插入气管的方法。

【应用】

1. 获取用于微生物学或细胞学研究的无污染唾液标本。

2. 促进动物排出带黏性呼吸道分泌物。

3. 使氧气或药物注入大一些的下部气管，特别是对于上呼吸道阻塞的病例。

4. 特殊适应症：①慢性咳嗽。②生痰咳嗽。③支气管或细支气管周围有阴影。

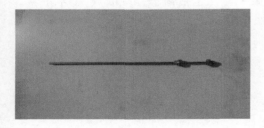

套管针

刺入套管针

拔除针芯

抽吸分泌物

【准备】套管针、5～10mL注射器、PVC细管、剪毛剪子、消毒用品、生理盐水。

【内容与操作】

1. 动物站立或侧卧保定。有些动物需镇静，但通常不需要局麻。禁用全麻，因为会有咳嗽反射。

2. 伸展动物颈部，使鼻孔朝上。

3. 术部剪毛，常规消毒。

4. 套管针通过软骨环刺入气管内，拔除针芯。

5. 将PVC细管通过套管针插入气管内。

6. 生理盐水可稀释分泌物并促进咳嗽，液体灌注量为0.5mL/kg体重。

7. 抽吸分泌物，将注射器内容物转移到标本管，并做细菌培养、药敏试验和细胞学检查。

8. 取出导管，局部消毒。

项目一 开腹术和肠侧切术

【目的与要求】熟练掌握消毒技术、麻醉技术、组织切开技术、止血技术、缝合技术、开腹术术部的确定和肠管侧切技术。

【准备材料】4#刀柄3把、21#刀片3个、镊子3把、全握式持针钳2把、止血钳10把、打毛剪1把、组织剪2把（钝头、尖头各1把）、带胶管肠钳2把、缝合针（直针3个、3/8弧圆弯针3个、3/8弧三棱针3个）、16#麻醉针头（长10cm）、创巾钳8把、高压蒸汽灭菌器1台、4#缝合线一轴、7#缝合线一轴、0#羊肠线1米、碘酊1瓶、酒精1瓶、新洁尔灭溶液1瓶、止血纱布12块、干纱布1块、酒精棉球、碘酊棉球、创巾1个、铺器械台棉布（1.5×2m）1个、毛巾1条、香皂1块、指刷1个、器械盘2个、器械台1个、手术台1个、酒精棉缸1个、碘酊棉缸1个、保定绳5条、注射器（1mL、10mL各1个）、速眠新1支、回苏3号1支、利多卡因2支、盆4个、手术服2套（包括帽子、口罩）、手术手套3副、青霉素2瓶、生理盐水1瓶、输液器1套。

【培训内容与步骤】

技能1 消毒技术

一、手术器械和物品的消毒与灭菌

（一）手术器械和物品的消毒与灭菌前的准备工作

1. 金属器械的准备

足够的数量，良好的性能，清洁；

手术刀片、缝针另包后单独放置；

有弹性锁扣的止血钳等要将其松开；

复杂器械应拆开。

2. 手术敷料、棉织品的制作和准备 止血纱布的制作 棉球的制作

手术服、创巾清洗干净并折叠整齐。

3. 缝合线的准备

选择合适的缝合线并适量缠绕于玻璃片上。

（二）手术器械和物品的消毒与灭菌方法

1. 高压蒸汽灭菌法

本法为外科应用最普遍、效果最安全可靠的灭菌方法。因而，高压蒸汽灭菌器是现代外科不可少的无菌设备。高压蒸汽灭菌器的型号、形状及加热方式有多种，但它们的主要功能是通过水加热后蒸汽压力增加，来提高温度的一种灭菌方法。当蒸汽压力达到 0.137MPa 时，温度可达到 126.6℃，维持 30min，不但可以杀灭一切细菌，且能杀灭有顽强抵抗能力的细菌芽胞，达到完全灭菌的目的。采用这种灭菌的物品可于两周内使用。高压蒸汽灭菌法用于能耐受高温、高压的物品灭菌，各种物品所需时间、温度和压力，详见表。

高压蒸汽灭菌的时间、温度及压力

物品种类	所需时间（min）	蒸汽压力（kg/cm²）	MPa	饱和蒸汽相对温度（℃）
橡胶类器皿类	15	1.06～1.10	0.137	126.6
器械类	10	1.06～1.40	0.137	126.6
瓶装溶液	20～40	1.06～1.40	0.137	126.6
敷料类	30～45	1.06～1.40	0.137	126.6

高压蒸汽灭菌的注意事项：

（1）需要灭菌的包裹不应过大，也不要包的过紧，一般应小于 55cm×22cm×33cm。

（2）放于灭菌器内的包裹不要排的太紧、大密，以免阻碍蒸汽透入，影响灭菌效果。

（3）包裹中间应放入灭菌效果监测剂，进行监测。常用监测剂有 1% 新三氮四氯，装于琼脂密封玻璃管中，该物在压力达到 15lb，温度达到 120℃，并维持 15min 时，管内琼脂变为蓝紫色，表示已达到灭菌要求。

（4）易燃和易爆炸物品如碘仿、苯类等禁用高压蒸汽灭菌法。

（5）对灭菌物品应做记号，标明时间，以便使用时识别。

2. 火燃灭菌法

在急需情况下，金属器械可用此灭菌法，操作时，在搪瓷或金属器皿内，倒入 95% 酒精少许，点燃后，用长钳夹持灭菌的器械，在火焰上部烧烤，即达到灭菌目的。火燃灭菌对器械的损害大，非紧急情况尽量不用。

3. 药物浸泡消毒法

对于锐利器械、内窥镜等不适于热力灭菌的物品，可用化学药品液浸泡消毒。

新洁尔灭 为阳离子清洁剂，能吸附细菌膜，改变其通透性，使细菌体内重要成分外逸而起到杀菌作用。浸泡消毒的浓度为 0.1% 溶液，常用于浸泡刀片、剪刀、针等，浸泡时间为 30min，要注意这类阳离子表面活性剂与碱、肥皂、碘酊、酒精等多种物质接触后会失效。

二、术部的消毒

术部消毒通常分为 3 个步骤。

1. 术部剃毛

剪毛（逆毛）、肥皂水冲洗、剃毛（顺毛）、清水冲洗、无菌巾擦干。剃毛时间最好在手术前夕，以便有时间缓解因剃毛引起的皮肤刺激。术部剃毛的范围要超出切口周围 10 ~ 15cm 以上，有时考虑到有延长切口的可能时，则应更大一些。

2. 术部消毒

术部的皮肤消毒，最常用的药物是 5% 碘酊和 70% 酒精。

在涂擦碘酊或酒精时要注意，如系清洁手术，应由手术区的中心部向四周涂擦，如是已感染的创口，则应由较清洁处涂向患处；已经接触污染部位的纱布不要返回清洁处涂擦。涂擦所及的范围要相当于剃毛区。碘酊涂擦后，必须稍待片刻，等其完全干后（此时碘已经浸入皮肤较深，灭菌作用较大），再以 70% 酒精将碘酊擦去，以免碘沾到手和器械上，被带入创内造成不必要的刺激。

有少数动物的皮肤对碘酊敏感，往往涂碘酊后，皮肤变厚，不便手术操作，可改用其他皮肤消毒药，如 1∶1 000 的新洁尔灭溶液，0.5% 洗必泰醇（70%）溶液，1∶1 000 消毒净醇溶液等涂擦术部。

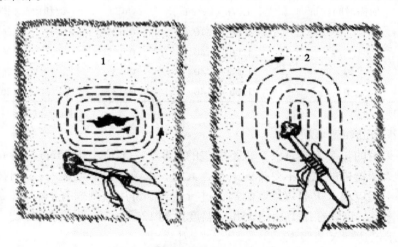

术部皮肤的消毒

（1-感染创口的皮肤消毒；2-清洁手术的皮肤消毒）

3. 术部隔离

术部虽经消毒，但不能绝对无菌，而术部周围未经严格消毒的被毛，对手术创更易造成污染的威胁，加上动物在手术时（尤其在全麻的手术时），容易出现挣扎、骚动，易使尘埃、毛屑等落入切口中。因此，必须进行术部隔离。

一般采用有孔手术巾覆盖于术部，仅在中央露出切口部位，使术部与周围完全隔离。有些手术巾中央有预先做好的开口，为了使巾上的口与手术切口大小适合，可预先将巾上的缺口作若干结节缝合，手术时根据需要的大小临时剪开几个缝合结节。也可采用四块小手术巾依次围在切口周围，只露出切口部位。手术巾一般用巾钳固定在身体上，也可用数针缝合代替巾钳。

手术巾要有足够的大小隐蔽非手术区。棉布手术巾或纱布在潮湿或吸收创液后即降低其隔离作用，最好在外面再加上一层非吸湿性的手术巾（例如塑料薄膜或胶布）。手术巾一经铺下后，原则上只许自手术区向外移动，不宜向手术区内移动。此外，在切开皮肤后，还要再用无菌巾沿切口两侧覆盖皮肤。在切开空腔脏器前，应用纱布垫保护四周组织，这些措施都能进一步起到术部隔离的作用。对于四肢，尤其是四肢末端等难于清洗消毒的部位，有些术者采用塑料袋将爪部套住，并将袋口用橡皮筋收紧，必要时还可用特制的塑料袋将整肢套住。

三、手术人员的准备与消毒

（一）准备

参加手术人员，进入手术室后，首先在更衣室更换手术室专用的衣裤和鞋帽、口罩，以免将外部灰尘带入手术室内。帽子要盖住全部头发、口罩要求遮住口和鼻，上衣袖口平前臂的上1/3，下襟放在裤内。认真地修剪指甲并要挫平，除去甲缘积垢。手臂有化脓性感染和患呼吸道感染者不能参加手术。

（二）手臂消毒方法

在皮肤皱纹内和其深层如毛囊、皮脂腺等都藏有细菌。据化验检查，$1cm^2$ 手臂皮肤上约4万个细菌，1g 甲垢可有38亿细菌。手臂消毒后，只能清除皮肤表面的细菌，不能完全消灭藏在皮肤深处的细菌，手术过程中，这些细菌会逐渐移到皮肤表面。因而，在手臂消毒后，还要戴上无菌橡皮手套和穿灭菌手术衣，以防这些细菌污染手术创口。

1. 肥皂刷手消毒液浸泡法

该法分两步。第一步主要是刷洗，参加手术人员先用肥皂做一般清洗手臂，可初步除去油垢皮脂，继用无菌毛刷蘸上消毒肥皂液，从指尖开始刷洗，逐渐手掌、手背、前臂内侧、前臂外侧直至肘上10cm 处。刷洗时要均匀并适当用力，特别注意甲沟、甲缘、指间、手掌纹等处的重点刷洗。每刷一次3min 左右，用流水冲洗一次，冲洗时从手指开始，始终保持肘低位，免得水逆流至手部。然后用灭菌巾依次由手部向上臂擦干，擦干过程也不能逆行。第二步用化学消毒液浸泡5min，常用的消毒液为0.1%新洁尔灭。用泡桶内小毛巾轻轻擦洗手臂，使药液充分发挥作用，应泡至肘上6cm，浸泡3～5min。泡手后手要保持拱手姿势，即手要远离胸部30cm 以外，向上不能高于下颌下缘，向下不能低于剑突。不能再接触非消毒物品，否则要重新刷手。

2. 紧急重危病例手术手臂消毒法

在情况重危来不及按常规进行手臂消毒情况下，可按以下方法进行手臂处理：

（1）不进行手臂消毒，先戴一副无菌手套，穿无菌手术衣后，再戴一副手套，即可进行手术。

（2）用3%～5%碘酊涂擦手及前臂后，稍干，再用70%～75%酒精纱布涂擦脱碘，后即穿手术衣，戴手套，做手术。

（三）穿手术衣、戴手套法

手术衣和手套都是高压蒸汽灭菌物品，而手术人员手臂则是消毒水平，在操作时要严格按规程进行，不可马虎，操作原则是要切实保护好手术衣和手套的灭菌水平。

1. 无菌手术衣的穿法

应首先进行病例手术区消毒和敷盖后，再穿无菌手术衣而后戴手套。

穿衣时，先拿起反叠的手术衣领，在较宽敞的地方将手术衣轻轻抖开，注意切勿触及周围人员和物品。一种方法是提起衣领两角，稍向上掷，顺势将两手插入袖内，两臂前伸，由他人帮助向后拉拢，最后两臂交叉提起衣带（注意手不能碰及衣面），由别人在身后将衣带系紧。另一种方法是一手抓住衣领，一手先插入同侧袖筒，由助手帮助拉紧后，再用穿衣的手提衣领，将另一只手插入另一个袖筒，以下操作同上。后一种方法能防止上掷插袖过程的失误。

穿手术衣的步骤

2. 无菌手套的戴法

穿好无菌手术衣后，取出手套包内无菌滑石粉，轻轻敷擦双手，使之光滑。用左手从手套包内捏住手套套口翻折部，将手套取出，紧捏套口将右手插入手套内戴好，再用戴手套的右手插入左手手套的翻折部内，协助左手插入手套内，最后分别将手套翻部翻回、盖住手术衣袖口。

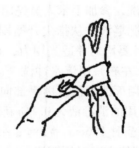

戴手套的步骤

通过以上操作，手术人员的手臂与身体前外侧部完全被灭菌物品盖住。操作的关键是消毒水平的手臂不能接触到灭菌水平的衣面和手套面。

技能 2　麻醉技术（包括表面麻醉、浸润麻醉、硬膜外腔麻醉和全身麻醉）

一、局部麻醉的方法

1. 表面麻醉

将药液滴、涂或喷洒于黏膜表面，让药液透过黏膜，使黏膜下感觉神经末梢感觉消失。一般选用穿透力较强的局麻药，如 1%～2% 丁卡因（常用于眼部手术）、2% 利多卡因（常用于猫气管插管前的咽喉表面麻醉）等。该方法广泛用于眼、鼻、口腔、阴道黏膜的麻醉。

2. 浸润麻醉

沿手术切口线皮下注射或深部分层注射麻醉药，阻滞神经末梢，称局部浸润麻醉，常用麻醉剂为 0.25%~1% 盐酸普鲁卡因溶液。为了防止将麻醉药直接注入血管中产生毒性反应，应该在每次注药前回抽注射器。一般是先将针头插至所需深度，然后边抽退针头，边注入药液。有时在一个刺入点可向相反方向注射两次药液。局部浸润麻醉的方式有多种，如直线浸润、菱形浸润、扇形浸润、基部浸润和分层浸润等，可根据手术需要选用。为了保证深层组织麻醉作用完全，也为了减少单位时间内组织中麻醉药液的过多积聚和吸收，可采用逐层浸润麻醉法。即用低浓度（0.25%）和较大量的麻醉药液浸润一层随即切开一层的方法将组织逐层切开。由于这种麻醉药液浓度很小，部分药液随切口流出或在手术过程中被纱布吸走，故使用较大剂量药液也不易引起中毒。

此外，为了减少药物吸收的毒副作用，延长麻醉时间，常在药物中加入适量 0.1% 的盐酸肾上腺素。

3. 硬膜外腔麻醉

（1）概念　是将局部麻醉药注射到硬膜外腔，阻滞脊神经的传导，使其所支配的区域无痛，称为硬膜外腔麻醉。掌握硬膜外腔麻醉技术，要求熟悉椎管及脊髓的局部解剖。

（2）局部解剖　椎管局部解剖：脊柱由很多椎骨连接而成，各个椎骨的椎孔贯连构成椎管，脊髓位于椎管之中。脊髓外被 3 层膜包裹，外层为脊硬膜，厚而坚韧；中层为脊蛛网膜，薄而透明；内层为脊软膜，有丰富的血管。在脊硬膜与椎管的骨膜之间有一较宽的间隙称为硬膜外腔，内含疏松结缔组织、静脉和大量脂肪，两侧脊神经即在此经过，向腔内注入麻醉药液，可阻滞若干对脊神经。脊硬膜与脊蛛网膜之间有一狭窄的腔，称为硬膜下腔，此腔往往紧贴一处故不能做脊髓麻醉之用。脊蛛网膜与脊软膜之间形成一较大腔隙，称为蛛网膜下腔，内含脑脊髓液，向前与脑蛛网膜下腔相通，麻醉药注入此腔可向前、后阻滞若干对在此经过的脊神经根。

（3）适用范围　本法可用于不适宜全身麻醉的腹后部、尿道直肠或后肢的手术及断趾、断尾等。尤其适用于剖腹产。

（4）操作过程　动物麻醉前用药镇静后，多施右侧卧保定（也有人习惯站立或背紧靠诊疗台缘，背充分屈曲，增大椎间间隙，胸卧保定）。麻醉部位是最后腰椎与荐椎之间的正中凹陷处，大型犬的断尾可在第 1~2 尾椎间实施。选择髂骨突起连线和最后腰椎棘突的交叉点，局部剪毛、消毒，皮肤先小范围麻醉。用 4~5cm 长的注射针在交叉点上慢慢刺入，在皮下 2~4cm 深度刺通弓间韧带时，有"扑哧"的感觉。若无此感觉，则是刺到骨上，可拔出针，改变方向重新刺入。如有脊髓液从针头流出，是刺入蛛网膜下腔所致，把针稍稍拔出至不流出脊髓液的深度即可，注入局部麻醉药，2% 普鲁卡因，0.5mL/kg 体重，用于骨折的整复；0.25mL/kg 体重，用于尾部、阴道、肛门的手术。

（5）硬膜外腔麻醉的注意事项

要注意注射药液的温度和注射速度。一次快速注入大量冷药液可引起呼吸紧迫，角弓反张或猝倒等严重反应。

注入大量药液时要保持动物前高后低的体位，防止药液向前扩散，阻滞胸段的交感神经，使血管扩张，血压下降；或阻滞胸部神经引起呼吸困难或窒息。此外，还应该注意到侧卧保定的家畜，其下侧的麻醉效果往往较上侧为好。

要求严密消毒，否则有可能引起脑脊髓的感染。进针操作要谨慎，防止损伤脊髓，导致尾麻痹或截瘫等后遗症。

二、全身麻醉

1. 概念

全身麻醉（general anesthesia）是指用药物使中枢神经系统产生广泛的抑制，暂时使动物机体的意识感觉、反射活动和肌肉张力减弱和完全消失，但仍保持延髓生命中枢的功能，主要用于外科手术。

2. 全身麻醉的分期

全身麻醉药通常开始先抑制大脑皮层功能，随着剂量增大，逐渐抑制间脑、中脑、桥脑和脊髓，最后可抑制延髓。随着不同部位的中枢神经系统的抑制，会有一定的体征表现，根据这些表现可分成数个时期，借以判断麻醉的深度。但应指出，麻醉的分期通常是参照对于人的乙醚麻醉典型经过来描述的，而在动物往往并无如此明显的划分，况且不同的畜种、个体或不同的药物也有不同的表现。但了解人为的麻醉分期（特别是在吸入麻醉）仍然有助于识别麻醉的过程，掌握麻醉的深度和防止麻醉事故。麻醉通常可分为四期。

第Ⅰ期（朦胧期或随意运动期）　是由麻醉开始至意识完全丧失而转入第Ⅱ期。此期主要是大脑皮层的功能逐渐被抑制。动物焦躁或静卧，对疼痛刺激反应减弱，但仍然存在。瞳孔开始放大，各种反射灵活或稍弱，站立的动物则平衡失调。

第Ⅱ期（兴奋期或不随意运动期）　是由意识完全丧失至深而规则的自动呼吸开始时止。此时大脑皮层功能完全受抑制，皮层下中枢释放，家畜反射功能亢进，出现不由自主运动，肌肉紧张性增加，血压升高，脉搏加快，瞳孔散大，呼吸不规则，眼球出现震颤。在猫科动物常分泌大量唾液，猫、狗可能出现呕吐。此时如果不受外界干扰，动物仍可安静度过，如受到外来刺激（或过早进行手术），可出现强力挣扎、四肢划动、排粪尿等明显兴奋现象。在第Ⅱ期转入第Ⅲ期时兴奋现象逐渐减弱，眼球震颤变慢，但眼球震颤不能做为可靠的麻醉深度的指征，因为不同个体间的差异较大。

第Ⅲ期（外科麻醉期）：此期是深而规则的呼吸开始至呼吸停止前阶段。外科手术主要在此期的前、中阶段进行。本期按其麻醉深度又分为四级，即：

Ⅲ/1（Ⅲ期1级）　痛觉开始消失，但麻醉仍较浅，因而骨膜、腹膜及皮肤等3种敏感的组织仍略有感觉。此时动物呼吸规则，瞳孔开始缩小（如以阿托品做为术前用药则例外），眼睑、角膜及肛门反射仍然存在，眼球颤动缓慢。

Ⅲ/2（Ⅲ期2级）　眼睑反射由迟钝至消失，角膜反射略呈迟钝，眼球颤动停止，瞳孔继续缩小，呼吸深而规则，肌肉出现松弛。

Ⅲ/3（Ⅲ期3级）　角膜反射由迟钝渐趋消失，肋间肌开始麻痹（浅而略慢带痉挛性的胸式呼吸），瞳孔由于睫状肌的麻痹而逐渐放大。此时麻醉已深，血压开始下降，脉搏快而弱，肌肉完全松弛。第三眼睑脱出。

Ⅲ/4（Ⅲ期4级）　是本期麻醉最深的一级，进入危险边缘，因此在临床上不应达到这一深度。此时动物因呼吸中枢麻痹，呼吸浅且无规则，带有痉挛性并渐趋停止，血压下降，脉搏快而弱。括约肌松弛，有时尿失禁（尤其母畜）。瞳孔放大，对光反射渐消失。可视黏膜发绀，创口血液瘀黑。进入此级，应立即停止麻醉，并采取急救措施。

第Ⅳ期（延髓麻痹期）：进入此期，麻醉已严重过度，故临床上严禁出现此期。此时呼吸终于停止，瞳孔全部放大，心脏因缺氧而逐渐停止跳功，脉搏和全部反射完全消失，必须立即抢救，否则死亡瞬即来临。

如果麻醉未进入第 IV 期前停止麻醉，或有时进入第 IV 期后抢救有效，则动物可沿相反的顺序而逐渐苏醒和恢复。

全身麻醉的分期完全是人为的，其区分的指征又受到诸如年龄、体质、品种以及个体的差异等因素影响。不同药物产生的机体反应更有很大区别，例如，氯仿、巴比妥钠和水合氯醛等很少引起兴奋现象。麻醉前用药的种类也影响着麻醉的指征，如阿托品可使瞳孔扩大，而肌松剂则使眼球比较固定，眼部变化不够灵敏等。因此，我们判断麻醉的深度很难根据某一指征做出结论。比较合理的做法应该是综合呼吸、循环、反射、肌肉张力、眼部变化等，前后加以对比，并考虑其他因素的影响来判断麻醉的深度。

3. 麻醉前给药

（1）给予动物神经安定药或安定—镇痛药，其作用是：

使动物安静，以消除麻醉诱导时的恐惧和挣扎；手术前镇痛；作为局部或区域麻醉的补充，以限制自主活动；减少全麻药的用量，从而减少麻醉的副作用，提高麻醉的安全性；使麻醉苏醒过程平稳。

（2）抗胆碱药（如阿托品）主要作用是可明显减少呼吸道和唾液腺的分泌，使呼吸道保持通畅；降低胃肠道蠕动，防止在麻醉时呕吐；阻断迷走神经反射，预防反射性心率减慢或骤停。

（3）常用的麻醉前用药主要有：

①安定　肌肉注射给药 45min 后，静脉注射 5min 后，产生安静、催眠和肌松作用。犬、猫 0.66 ~ 1.1mg/kg。

②阿托品　犬 0.5 ~ 5mg，猫 1mg，皮下或肌肉注射。

4. 麻醉方法

速眠新注射液（846 合剂）

按 846 合剂的组成，它应属于神经安定镇痛剂。它的主要成分是双氢埃托啡复合保定宁和氟哌啶醇，故有良好的镇静、镇痛和肌松作用。近年来，本药逐渐用于临床药物制动或手术麻醉，本药对小动物应用的效果较好，在犬、猫的应用已较广泛。其使用剂量：犬 0.015 ~ 0.1mL/kg，猫、兔 0.2 ~ 0.3mL/kg，鼠 0.5 ~ 1mL/kg。注意本品与氯胺酮、巴比妥类药物有明显的协同作用，复合应用时要特别注意。对动物的心血管和呼吸系统有一定的抑制作用（阿托品、东莨菪碱有缓解作用），特效的解救药为苏醒灵 4 号，以 1：0.5 ~ 1（容量比）由静脉注射给药，可以很快逆转 846 合剂的作用。注意本品在某些个体会造成长时间持续的麻醉状态，或是苏醒期过长，例如，有的犬可长达 48h 以上。最好能在术后及时给予苏醒灵 4 号使动物尽快复苏。苏醒灵 4 号具有兴奋中枢、改善心血管功能、促进胃肠蠕动功能恢复的作用，可用于保定、麻醉后的催醒和过量中毒的解救，按说明书所示剂量给予，向静脉内缓慢推注。

技能 3　组织切开技术　（包括皮肤、肌肉、腹膜和肠管的切开）

1. 皮肤切开法

（1）紧张切开　由于皮肤的活动性比较大，切开时易造成皮肤和皮下组织切口不一致，所以较大的皮肤开口应由术者与助手用手在切口两旁或上、下将皮肤展开固定，或由术者用拇指及食指在切口两旁将皮肤撑紧固定，刀刃与皮肤垂直，用力均匀地一次切开所需长度和深度皮肤及皮下组织切口，必要时也可补充运刀，但要避免多次切割，重复刀痕，以免切口边缘参差不齐，出现锯齿状的切口，影响创缘对合和愈合。

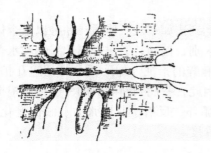

皮肤紧张切开法

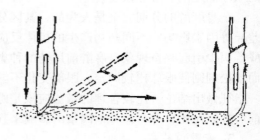

运刀方式

（2）皱襞切开　在切口的下面有大血管、大神经、分泌管和重要器官，而皮下组织甚为疏松，为了使皮肤切口位置正确且不误伤其下部组织，术者和助手应在预定切线的两侧，用手指或镊子提拉皮肤呈垂直皱襞，并进行垂直切开。

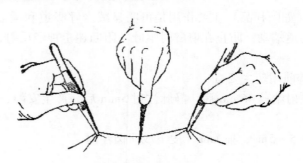

皮肤的皱襞切开法

在施行手术时，皮肤切开最常用的是直线切口，既方便操作，又利于愈合，但根据手术的具体需要，也可作下列几种形状的切口：

梭形切开：主要用于切除病理组织（如肿瘤、瘘管）和过多的皮肤。

"丁"形及"十"字形切开：多用于需要将深部组织充分显露和摘除时。

2. 肌肉的分离与切开

一般是沿肌纤维方向作钝性分离。方法是顺肌纤维方向用刀柄、止血钳或手指扩大到所需要的长度，但在紧急情况下，或肌肉较厚并含有大量胶质时，为了使手术通路广阔和排液方便也可横断切开。横过切口的血管用止血钳钳夹，或用细缝线从两端结扎后，从中间将血管切断。

3. 腹膜的切开

腹膜切开时，为了避免伤及内脏，可用组织钳或止血钳提起腹膜作一小切口，利用食指和中指或带沟探针引导，再用手术刀或剪分割。

4. 肠管的切开

肠管侧壁切开时，大肠一般于肠管纵带上纵行切开，小肠一般在肠系膜对侧切开，并应避免损伤对侧肠管。

技能 4　止血技术　包括压迫、钳夹和结扎止血

1. 压迫止血

是用纱布压迫出血的部位，以清除术部的血液，弄清组织和出血径路及出血点，以便进

肌肉的钝性分离　　　　　　　　　　　　　　　　　腹膜切开法

行止血。在毛细血管渗血和小血管出血时，如果机体凝血机能正常，压迫片刻，出血即可自行停止。为了提高压迫止血的效果，可选用温生理盐水、1%~2%麻黄素、0.1%肾上腺素、2%氯化钙溶液浸湿后扭干的纱布块作压迫止血。在止血时，必须是按压，不可擦拭，以免损伤组织或使血栓脱落。

2. 钳夹止血

利用止血钳最前端夹住血管的断端，钳夹方向应尽量与血管垂直，钳住的组织要少，切不可作大面积钳夹。

3. 结扎止血

是常用而可靠的基本止血法，多用于明显而较大血管出血的止血。其方法有两种：

（1）单纯结扎止血　用丝线绕过止血钳所夹住的血管及少量组织而结扎。在结扎结扣的同时，由助手放开止血钳，于结扣收紧时，即可完全放松，过早放松，血管可能脱出，过晚放松则结扎住钳头不能收紧。结扎时所用的力量也要大小适当，结扎止血法，适用于一般部位的止血。

（2）贯穿结扎止血　将结扎线用缝针穿过所钳夹组织（勿穿透血管）后进行结扎。常用的方法有"8"字缝合结扎及单纯贯穿结扎两种。其优点是结扎线不易脱落，适用于大血管或重要部分的止血。在不易用止血钳夹住的出血点，不可用单纯结扎止血，而宜采用贯穿结扎止血的方法。

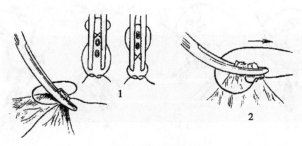

贯穿结扎止血

技能 5　缝合技术　（包括打结方法，结节、螺旋、内翻缝合）

1. 打结方法

打结方法很多，常用者有单手打结法、双手打结法和持钳打结法 3 种。无论哪种打结法，平时要多加练习，以求达到熟练和正确，方能在手术中灵活运用。

（1）单手打结法

（2）双手打结法

（3）持钳式打结法

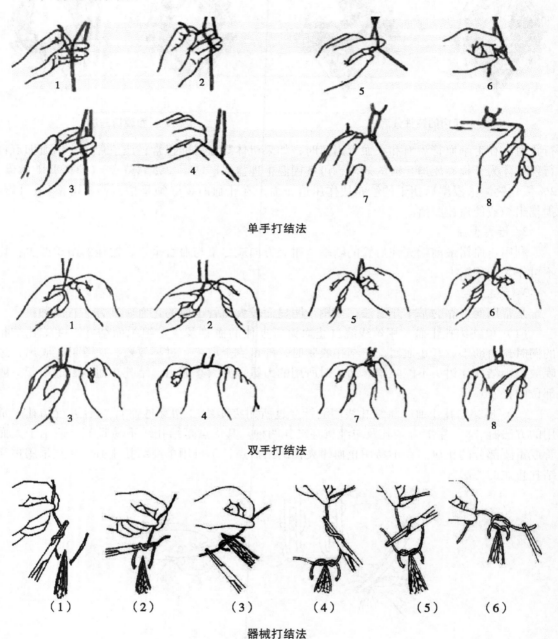

单手打结法

双手打结法

器械打结法

（4）操作要领

①结扎时，线头必须向两方平均正确拉紧，使之形成平稳的第一道结，然后用同样方法再打第二道结。

②结扎张力大的组织，打好第一道结后，由助手用止血钳夹住线结部，而后再打第二道结，以防滑脱。

③用肠线打结时，要留置较长线头（约 4～5mm），以免受组织液浸泡后线头变粗缩短而滑脱。否则须打三叠结以求牢固。

④一般情况下，尽可能用手打结，以求牢固。当线头过短，在伤口深处，缝线太滑时，可采用止血钳打结。

⑤结扎后线头残留的长度要适宜，留的过短易于滑脱，留的过长，则成异物在组织中造成刺激。残留线头的长短，应决定于线的粗细，组织的张力等条件。一般丝线留 2～3mm，肠线留 4～5mm，细线短些，粗线要长些。张力小的组织留短些，张力大的组织留长些。

2. 结节缝合

是缝合中最基本常用的缝合形式。是由单独缝线分别穿过两侧创缘而后打结，缝合时将所有的缝线以等距离穿过两侧创缘，针孔与创缘之间要保持适当距离，每一针缝线之间的距离也应相等。所有线结放于创缘之一侧。结节缝合常用于皮肤、肌肉、腱膜及筋膜等组织。

结节缝合图　　　　　　　　　　　　　　螺旋形缝合

3. 螺旋形缝合

是用一根长线从伤口一端开始先缝一针并打结固定，然后连续的使每一针皆与伤口垂直的刺入至对侧，以此螺旋形式把整个伤口全部缝合。穿过最后一针时，将缝线的游离线头留在入针侧，以便与带针的线端打结。

4. 内翻缝合

（1）伦贝特氏缝合法，即垂直内翻缝合　针在创缘一侧，距创缘 0.3～0.5cm 处通过浆膜与肌层刺入缝针，在距离创缘 0.1～0.2cm 处拔出针，再由对侧创缘以下同距离同样方法刺入和刺出缝针，依此连续的缝合（或间断缝合），每缝一针，必须拉紧线（或打结），此时创缘的浆膜面向内翻，并互相紧密接合，此时第一层缝合包埋起来。每针距离为 0.3～0.5cm。

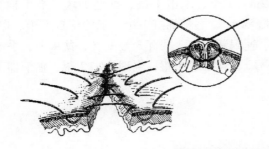
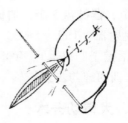

间断和连续伦贝特氏缝合法

（2）库兴氏缝合法，即水平内翻缝合　进针深度、方法与前法相同。但进针方向是沿着创缘两侧水平方向进行。本法在抽紧每一针线与打结时，不易将组织撕裂，并且埋没组织少，缝合速度也较快，但不如伦贝特氏缝合法致密。

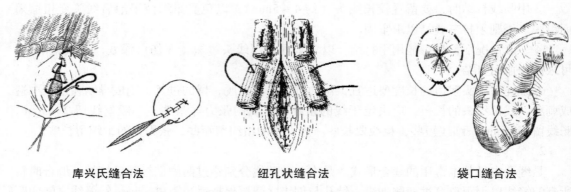

| 库兴氏缝合法 | 纽孔状缝合法 | 袋口缝合法 |

注意：中空脏器缝合法通常采用二层缝合，第一层用螺旋缝合法，缝合脏器全层，即缝针由一侧创缘浆膜刺入黏膜刺出，再由对侧创缘黏膜刺入从浆膜穿出。要注意使创缘平整对合，术者每缝一针后，立即将缝线拉紧，直到缝完为止。然后用伦贝特氏或库兴氏缝合法缝合第二层。

5. 纽孔状缝合（褥缝合）

用于张力大的组织及某些内脏组织，缝合时由创缘一侧穿针由对侧创缘穿出，再于创伤平行至一定距离，穿针至对侧，为了减免其张力可在创缘两侧放置纽扣、纱布卷或胶皮管，以免因张力过大而勒伤组织。

6. 袋口缝合

它是连续缝合的特殊应用。常用于封闭孔、洞、盲端。

项目二 胃肠、膀胱切开

【目的与要求】熟悉犬胃肠、膀胱切开术的保定、麻醉方法，掌握犬胃肠、膀胱切开术的术式及术后护理。

【准备材料】4#刀柄 3 把、21#刀片 3 个、小镊子 2 把、持针钳 2 把、止血钳 6 把、打毛剪 1 把、组织剪 2 把、带胶管肠钳 2 把、缝合针（直针 3 个、3/8 弧圆弯针 3 个、3/8 弧三棱针 3 个）、创巾钳 4 把、高压蒸汽灭菌器 1 台、1#丝线 1 轴、4#丝线一轴、7#丝线一轴、碘酊 1 瓶、酒精 1 瓶、新洁尔灭溶液 1 瓶、止血纱布 20 块、干纱布 2 块、酒精棉球、碘酊棉球、创巾 1 个、铺器械台棉布（1.5m×2m）1 个、毛巾 1 条、香皂 1 块、泡手桶 1 个、指刷 1 个、器械盘 3 个、器械台 1 个、手术台 1 个、酒精棉缸 1 个、碘酊棉缸 1 个、保定绳 7 条、注射器（1mL、5mL、20mL 各 1 个）、速眠新 1 支、回苏 3 号 1 支、盆 4 个、手术服 2 套（包括帽子、口罩）、手术手套 3 副（小号）、青霉素 4 瓶、生理盐水 2 瓶、输液器 1 套。

【培训内容与步骤】

一、犬胃切开术

1. 适应症

犬胃切开术常用于胃内异物的取出，胃内肿瘤的切除，急性胃扩张-扭转的整复、减压或坏死胃壁的切除，慢性胃炎或食物过敏时胃壁活组织检查等。

2. 麻醉

速眠新全身麻醉。

3. 保定

仰卧保定。

4. 术前准备

非紧急手术，术前应禁食 24h 以上。在急性胃扩张-扭转病犬，术前应积极补充血容量和调整酸碱平衡。对已出现休克症状的犬应纠正休克，快速静脉输液时，应在中心静脉压的监护下进行，静脉内注射林格尔氏液与 5% 葡萄糖或含糖盐水，剂量为每千克体重 80 ~ 100mL，同时每千克体重静脉注射氢化可的松和氟美松各 4 ~ 10mg，及适量抗生素。在静脉快速补液的同时，经口插入胃管以导出胃内蓄积的气体、液体或食物，以减轻胃内压力。

5. 手术通路

脐前腹中线切口。从剑状突末端到脐之间做切口，但不可自剑状突旁侧切开，犬的膈肌在剑状突旁切开时，极易同时开放两侧胸腔，造成气胸而引起致命性危险。切口长度因动物体型、年龄大小及动物品种、疾病性质而不同。幼犬、小型犬和猫的切口，可选在剑状突到耻骨前缘之间的相应位置；胃扭转的腹壁切口及胸廓深的犬腹壁切口均可延长到脐后 4 ~ 5cm 处。

6. 手术操作（术式）

（1）沿腹中线切开腹壁，显露腹腔

对镰状韧带应予以切除，若不切除，不仅影响和妨碍手术操作，而且再次手术时因大片粘连而给手术造成困难。

（2）选择胃壁切口，做牵引线，隔离

在胃的腹面胃大弯与胃小弯之间的预定切开线两端，用艾利氏钳夹持胃壁的浆膜肌层，或用 7 号丝线在预定切开线的两端，通过浆膜肌层缝合两根牵引线。用艾利氏钳或两牵引线向后牵引胃壁，使胃壁显露切口之外。用数块温生理盐水纱布垫填塞在胃和腹壁切口之间，以抬高胃壁使其与腹腔内其他器官隔离开，以减少胃切开时对腹腔和腹壁切口的污染。

（3）切开胃壁，处理病变

胃的切口位于胃腹面的胃体部，在胃大弯和胃小弯之间的血管稀少区内，纵向切开胃壁。先用手术刀在胃壁上向胃腔内戳一小口，退出手术刀，改用手术剪通过胃壁小切口扩大胃的切口。胃壁切口长度视需要而定。对胃腔各部检查时的切口长度要足够大。胃壁切开后，胃内容物流出，清除胃内容物后进行胃腔检查，应包括胃体部、胃底部、幽门、幽门窦及贲门部。检查有无异物、肿瘤、溃疡、炎症及胃壁是否坏死等。若胃壁发生了坏死，应将坏死的胃壁切除。

（4）胃壁切口的缝合

胃壁切口的缝合，第一层用 0 号铬制肠线进行康乃尔氏缝合，清除胃壁切口缘的血凝块及污物后，用 4 号丝线进行第二层的连续伦贝特氏缝合。

拆除胃壁上的牵引线或除去艾利氏钳，清理除去隔离的纱布垫后，用温生理盐水对胃壁进行冲洗。若术中胃内容物污染了腹腔，用温生理盐水对腹腔进行灌洗，然后转入无菌手术操作，最后缝合腹壁切口。

（5）胃还纳回腹腔，闭合腹腔切口

拆除胃壁上的牵引线或除去艾利氏钳，清理除去隔离的纱布垫后，用温生理盐水对胃壁进行冲洗。若术中胃内容物污染了腹腔，用温生理盐水对腹腔进行灌洗，然后转入无菌手术操作，最后缝合腹壁切口。

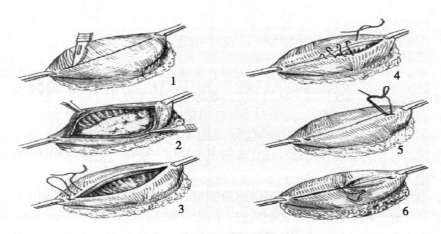

图 6 – 29　胃的切开与缝合
1. 用艾利氏钳夹持预定切开线两端　2. 切开胃壁显露胃腔
3. 康乃尔缝合开始　4. 第一层康乃尔缝合开始
5. 第一层康乃尔缝合结束　6. 伦贝特氏缝合第二层

术后护理术后24h内禁饲，不限饮水。24h后给予少量肉汤或牛奶，术后3d可以给予软的易消化的食物，应少量多次喂给。在病的恢复期间，应注意动物是否发生水、电解质代谢紊乱及酸碱平衡失调，必要时应予以纠正。术后5d内每天定时给予抗生素，手术后还应密切观察胃的解剖复位情况，特别是对胃扩张-扭转的病犬，经胃切开减压修复后，注意犬的症状变化，一旦发现复发，应立即采取救治措施。

二、小肠切开术（small intestine enterotomy）

1. 适应症

犬的小肠切开术适用于排除犬的肠内异物或蛔虫性肠阻塞。为了进行肠的活组织检查，也需进行肠切开术。

2. 术前准备

当犬因小肠闭结出现呕吐，造成水、电解质平衡紊乱和酸碱代谢失调时，术前应静脉补充水、电解质并纠正代谢性碱中毒。

3. 麻醉与保定

犬采用全身麻醉，采取仰卧保定。

4. 手术通路

犬的小肠切开术采用脐前腹中线切口。

5. 术式

（1）切开腹壁

（2）寻找闭结点肠段　犬的十二指肠、空肠和回肠经脐前腹中线切口切开腹壁后，将犬的大网膜向前拨动，即可显露上述3段肠管。

（3）肠切开　将闭结部肠段牵引至腹壁切口外，用生理盐水纱布垫保护隔离，用两把肠钳闭合闭结点两侧肠腔，由助手扶持使之与地面呈45°角紧张固定。术者用手术刀在闭结点的小肠对肠系膜侧做一个纵行切口，切口长度以能顺利取出阻塞物为原则。助手自切口的两侧适当推挤阻塞物，使阻塞物由切口自动滑入器皿内，以防术部污染。助手仍按45°角位置固定肠管，用酒精棉球消毒切口缘，转入肠切口的缝合。

（4）肠缝合 肠的缝合要用1号丝线或0号肠线进行全层连续缝合，第一层缝合完毕，经生理盐水冲洗后，转入连续伦贝特氏缝合或库兴氏缝合。除去肠钳，检查有无渗漏后，用生理盐水冲洗肠管，涂以抗生素油膏，将肠管还纳回腹腔内。

如肠腔细小，肠壁切口经双层缝合后可造成肠腔狭窄，易继发肠梗阻。为了避免肠腔经缝合后变狭窄，可采用单层肠管缝合技术。

（5）肠管还纳与腹壁切口闭合 用生理盐水清洗肠管上的血凝块及污物后，将肠管还纳回腹腔内，闭合腹壁切口。

6. 术后治疗与护理

术后禁食36~48h，不限制饮水。当病畜出现排粪、肠蠕动音恢复正常后方可给予易消化的优质饲料。对术后已出现水、电解质代谢紊乱及酸碱平衡失调者，应静脉补充水、电解质并调整酸碱平衡。若术后48h仍不排粪、病畜出现肠臌胀、肠音弱或出现呕吐症状者，应考虑是否因不正确的肠管缝合或病部肠管的炎性肿胀，造成肠腔狭窄，闭结再度发生。为此，应给病畜灌服油类泻剂并给以抗生素，经治疗后仍不能排除病部肠管的再度梗阻时，则应进行剖腹探查术。肠麻痹也是小肠切开术后常常出现的症状之一。由于闭结点对肠管的压迫或手术时的刺激，均可造成不同程度的肠麻痹，表现为肠蠕动音减弱，粪便向下运行缓慢，肠臌胀等症状。在术后36h后肠麻痹症状逐渐减轻，肠臌胀消退，肠蠕动音恢复，不久即可排粪。为了促进肠麻痹的消退和粪便的排出，术后可给予兴奋胃肠蠕动的药物或配合温水灌肠。

三、膀胱切开术

1. 适应症

膀胱结石，膀胱肿瘤等疾病的外科疗法。

2. 麻醉

全身麻醉。

3. 保定

仰卧保定。

4. 手术通路

脐后腹正中线。

5. 术式

（1）腹壁切开

（2）膀胱切开

腹壁切开后，如果膀胱膨满，需要排空蓄积尿液，使膀胱空虚。用一或两指握住膀胱的基部，小心地把膀胱翻转出创口外，使膀胱背侧向上。然后用纱布隔离，防止尿液流入腹腔。

传统的膀胱切开位置是在膀胱的背侧，无血管处。因为在膀胱的腹侧面切开，在缝线处易形成结石。也有学者主张膀胱切开在其前端为好，因为该处血管比其他位置少。在切口两端放置牵引线。

（3）取出结石

使用茶匙或胆囊勺除去结石或结石残渣。特别应注意取出狭窄的膀胱颈及近端尿道的结石。

（4）膀胱缝合

在支持线之间，应用双层连续内翻缝合，保持缝线不露在膀胱腔内，因为缝线暴露在膀胱腔内，能增加结石复发的可能性。第一层应用库兴氏缝合，膀胱壁浆肌层连续内翻水平褥式缝合；第二层应用伦贝特氏缝合，膀胱壁浆肌层连续内翻垂直褥式缝合。缝合材料的选择应该采用吸收性缝合材料。

（5）腹壁缝合

缝合膀胱壁之后，膀胱还纳腹腔内，常规缝合腹壁。

6. 术后护理

（1）术后观察患畜排尿情况，特别在手术后48～72h，有轻度血尿，或尿中有血凝块。

（2）给予患畜抗生素治疗，防止术后感染。

项目三　第三眼睑脱出摘除术

【目的与要求】熟悉第三眼睑脱出摘除术的保定、麻醉方法，掌握第三眼睑脱出摘除术的术式。

【准备材料】4#刀柄2把、21#刀片2个、小镊子2把、全握式持针钳1把、止血钳2把（小号的）、打毛剪1把、缝合针（3/8弧圆弯针1个）、创巾钳4把、高压蒸汽灭菌器1台、4#丝线1米、碘酊1瓶、酒精1瓶、新洁尔灭溶液1瓶、止血纱布3块、酒精棉球、碘酊棉球、创巾1个、铺器械台棉布（1.5m×2m）1个、毛巾1条、香皂1块、指刷1个、器械盘3个、器械台1个、手术台1个、酒精棉缸1个、碘酊棉缸1个、保定绳7条、注射器（1mL、5mL各1个）、速眠新1支、苏醒灵1支、利多卡因2支、盆4个、手术服2套（包括帽子、口罩）、手术手套3副（小号）、青霉素1瓶、生理盐水1瓶、0.1%肾上腺素1瓶、红霉素眼药水1瓶、2%硼酸1瓶。

【培训内容与步骤】

先由教师讲解第三眼睑脱出的临床症状、发病原因、手术治疗方法，之后进行示教。

1. 麻醉

用0.5%盐酸利多卡因2mL，于患眼下眼睑靠内眼角处作皮下分点注射和结膜下注射，进行局部浸润麻醉，性情凶猛病例，则肌肉注射速眠新麻醉。

2. 保定

用一条长1m左右的绷带（或细绳）在中间打一活结圈套，将圈套套至犬鼻背中间和下颌中部，然后拉紧圈套，再将绷带条两端绕过耳后收紧打结，然后将病犬仰卧，分别将犬前、后肢捆绑固定于手术台上，由助手用双手固定住犬头部。

3. 术式

（1）术部消毒

患眼周围剃毛，用2%硼酸溶液冲洗患眼数次，碘酊涂擦眼周围皮肤消毒。

（2）摘除（病变组织）肿物

传统手术方法：以加有青霉素的注射用水冲洗眼结膜，并滴含有肾上腺素局部麻醉药。用组织钳夹住肿物包膜外引，充分暴露出基部，以弯止血钳夹钳基部数分钟，然后以手术刀沿夹钳外侧切除，或以外科小剪刀剪除，腺体务必切除干净，尽量不损伤结膜及瞬膜，再以青霉素水溶液冲洗创口，去除夹钳，以干棉花压迫局部止血。也可用滴加0.1%盐酸肾上腺素溶液的棉球压迫止血。

扭断式摘除法：以加有青霉素的注射用水冲洗眼结膜，滴含有肾上腺素局麻药。用组织钳夹住肿物包膜外引，充分暴露出基部，以一把直止血钳夹钳基部，另一把直止血钳平行钳夹纤维膜状蒂，两止血钳间不留空隙，然后一只手固定夹钳基部的止血钳，另一只手按顺时针方向旋转上面的止血钳直到将纤维膜状蒂扭断为止，创口滴加0.1%盐酸肾上腺素溶液2~3滴，停留1~2min后去除钳夹基部的止血钳。术后局部创口几乎不出血或仅有极少量出血。

4. 术后护理

以抗生素肌肉注射抗感染，用抗生素眼药水，点眼2~3d。

项目四　去势术和卵巢摘除术

【目的与要求】熟悉公犬和母犬生殖系统的局部解剖，去势术和卵巢摘除术的适应症、保定、麻醉方法，掌握去势术和卵巢摘除术的术式。

【准备材料】4#刀柄3把、21#刀片3个、小镊子2把、持针钳2把、止血钳4把、打毛剪1把、组织剪2把、缝合针（3/8弧圆弯针3个、3/8弧三棱针3个）、创巾钳4把、高压蒸汽灭菌器1台、4#丝线一轴、7#丝线一轴、碘酊1瓶、酒精1瓶、新洁尔灭溶液1瓶、止血纱布15块、干纱布2块、酒精棉球、碘酊棉球、创巾1个、铺器械台棉布（1.5*2米）1个、毛巾1条、香皂1块、指刷1个、器械盘3个、器械台1个、手术台1个、酒精棉缸1个、碘酊棉缸1个、保定绳7条、注射器（1mL、5mL各1个）、速眠新1支、苏醒灵1支、普鲁卡因1支、盆4个、手术服2套（包括帽子、口罩）、手术手套3副（小号）、青霉素4瓶、生理盐水1瓶、输液器1套。

【培训内容与步骤】

一、去势术

1. 局部解剖

（1）阴囊

犬、猫的阴囊位于腹股沟部与肛门之间的中央部。阴囊为皮肤、肉膜、睾外提肌和鞘膜组成的袋状囊，内有睾丸、附睾和一部分精索，其上方狭窄为阴囊颈，远端游离部为阴囊底。

阴囊皮肤　较薄，易于移动和伸展，表面正中线上有一条阴囊缝际将阴囊分成左右两半。去势术时，阴囊缝际是手术的定位标记。

肉膜与肉膜下筋膜　肉膜位于皮肤内面，由少量弹性纤维、平滑肌构成，沿阴囊缝际形成一隔膜，称做阴囊中隔。肉膜与阴囊皮肤牢固地结合，当肉膜收缩时，阴囊皮肤起皱褶。

肉膜下筋膜薄而坚固，与肉膜紧密相连，它在阴囊底部的纤维与鞘膜密接，构成阴囊韧带。

睾外提肌　位于总鞘膜外，是一条宽的横纹肌，向下则逐渐变薄。

鞘膜　由总鞘膜和固有鞘膜组成。

总鞘膜是由腹横筋膜与紧贴于其内的腹膜壁层延伸至阴囊内形成，呈灰白色坚韧有弹性的薄膜，包在睾丸外面。总鞘膜与固有鞘膜之间形成鞘膜腔，在阴囊颈部和腹股沟管内形成鞘膜管，精索通过鞘膜管。管的上端有鞘环（内环）与腹腔相通。总鞘膜折转到固有鞘膜的腹膜褶，称睾丸系膜或鞘膜韧带。

固有鞘膜是腹膜的脏层，此膜向上经腹股沟管和腹膜脏层相连。固有鞘膜包着睾丸、附睾和精索，它在整个精索及附睾尾的后缘与总鞘膜折转来的腹膜褶（睾丸系膜）相连。在睾丸系膜的下端，即附睾后缘的加厚部分称附睾尾韧带。露睾去势时必须剪开附睾尾韧带、撕开睾丸系膜，睾丸才不会缩回。

（2）睾丸与附睾

犬的睾丸呈卵圆形，长轴略斜向后上方，前为头端，后上方为尾端，附睾较大，紧贴于睾丸的背外侧面，前下端为附睾头，后上端为附睾尾。

（3）精索

精索为一索状组织，呈扁平的圆锥形，由血管、神经、输精管、淋巴管和睾内提肌等组成，上起腹股沟管内口（内环），下止于睾丸的附睾。分成两部分，一部分含有弯曲的精索内动脉、精索内静脉及其蔓状丛，及由不太发达的平滑肌组成的睾内提肌、精索神经丛和淋巴管；另一部分为由浆膜形成的输精管褶，褶内有输精管通过。

（4）腹股沟管及鞘膜管

腹股沟管是漏斗形的肌肉缝隙，位于腹股沟部的腹外斜肌和腹内斜肌之间。鞘膜管是腹膜的延续部分，位于腹股沟管内，它和腹股沟管一样，也有内口和外口，内口与腹腔相通，外口与鞘膜相通。管内有精索通过，睾外提肌位于鞘膜管的外侧壁外面。整个鞘膜管因为在上 1/3 处有一缩小的峡，因此它的形状是上下粗，中间细，去势后一旦发生肠脱落时，这一狭窄常妨碍肠管的还纳。

2. 适应症

适用于犬的睾丸癌或经一般治疗无效的睾丸炎症。切除两侧睾丸用于良性前列腺肥大和绝育。还可用于改变公犬的不良习性，如发情时的野外游走、和别的公犬咬斗、尿标记等。去势后不改变公犬的兴奋性，不引起嗜睡，也不改变犬的护卫、狩猎和玩耍表演能力。

3. 麻醉

全身麻醉。

4. 保定

仰卧保定，两后肢向后外方伸展固定，充分显露阴囊部。

5. 术式

术前对去势犬进行全身检查，注意有无体温升高、呼吸异常等全身变化。如有则应待恢复正常后再行去势。还应对阴囊、睾丸、前列腺、泌尿道进行检查。若泌尿道、前列腺有感染，应在去势前 1 周进行抗生素药物治疗，直到感染被控制后再行去势。去势前剃去阴囊部及阴茎包皮鞘后 2/3 区域内的被毛。

（1）显露睾丸

术者用两手指将两侧睾丸推挤到阴囊底部前端，使睾丸位于阴囊缝际两侧的阴囊底部最前的部位。从阴囊最低部位的阴囊缝际向前的腹中线上，做一5~6cm的皮肤切口，依次切开皮下组织。术者左手食指、中指推一侧阴囊后方，使睾丸连同鞘膜向切口内突出，并使包裹睾丸的鞘膜绷紧。固定睾丸，切开鞘膜，使睾丸从鞘膜切口内露出。术者左手抓住睾丸，右手用止血钳夹持附睾尾韧带，并将附睾尾韧带从附睾尾部撕下，右手将睾丸系膜撕开，左手继续牵引睾丸，充分显露精索。

（2）结扎精索、切断精索、去掉睾丸

用三钳法在精索的近心端钳夹第一把止血钳，在第一把止血钳的近睾丸侧的精索上，紧靠第一把止血钳钳夹第二、第三把止血钳。用4~7号丝线，紧靠第一把止血钳钳夹精索处进行结扎，当结扎线第一个结扣接近打紧时，松去第一把止血钳，并使线结恰好位于第一把止血钳的精索压痕，然后打紧第一个结扣和第二个结扣，完成对精索的结扎，剪去线尾。在第二把与第三把钳夹精索的止血钳之间，切断精索。用镊子夹持少许精索断端组织，松开第二把钳夹精索的止血钳，观察精索断端有无出血，在确认精索断端无出血时，方将精索断端还纳回鞘膜管内。

在同一皮肤切口内，按上述同样的操作，切除另一侧睾丸。在显露另一侧睾丸时，切忌切透阴囊中隔。

（3）缝合阴囊切口

用20铬制肠线或4号丝线连续缝合皮下组织，用4~7号丝线间断缝合皮肤，打结系绷带。

6. 术后护理

术后阴囊潮红和轻度肿胀，一般不需治疗。伴有泌尿道感染和阴囊切口有感染倾向者，在去势后应给予抗菌药物治疗。

二、卵巢摘除术

1. 适应症

卵巢囊肿、卵巢肿瘤、重度卵巢炎等卵巢不治之症的外科疗法，以及经宠物主人的要求，为犬、猫做绝育手术。

2. 局部解剖

卵巢细长而表面光滑，犬卵巢长约2cm，猫卵巢长约1cm。卵巢位于同侧肾脏后方1~2cm处。右侧卵巢在降十二指肠和外侧腹壁之间，左卵巢在降结肠和外侧腹壁之间，或位于脾脏中部与腹壁之间。怀孕后卵巢可向后、向腹下移动。犬的卵巢完全由卵巢囊覆盖，而猫的卵巢仅部分被卵巢囊覆盖，在性成熟前卵巢表面光滑，性成熟后卵巢表面变粗糙和有不规则的突起。卵巢囊为壁很薄的一个腹膜褶囊，它包围着卵巢。输卵管在囊内延伸，输卵管先向前行（升），再向后行（降），终端与子宫角相连。卵巢通过固有韧带附着于子宫角，通过卵巢悬吊韧带附着于最后肋骨内侧的筋膜上。

3. 保定和麻醉

手术台上仰卧保定，四肢牵张保定，全身麻醉。

4. 术式

术前禁食12~24h。术部在脐的后方白线上。术部剪毛、消毒。

（1）打开腹腔

皮肤切开，在脐后白线上切开皮肤4~6cm，切开皮下组织和腹白线和腹膜，打开腹腔，切勿损伤乳房。

（2）寻找卵巢

术者将手伸入腹腔内探查子宫角，子宫角常被肠管覆盖，不能立即见到，此时可用钝钩向前方压迫肠管，以便更好地寻找子宫角。如仍见不到，可再将后躯抬高一些使肠管倾向膈肌而找到直肠，子宫体常与直肠相接，仰卧时，它位于直肠上面。找到子宫角后，术者沿着子宫角向前寻找卵巢。

（3）结扎血管，摘除卵巢

找到卵巢后，将卵巢用手指钩至创口外，集束结扎卵巢动脉，再结扎卵巢系膜及子宫动脉的分支，然后剪断卵巢周围组织，摘除卵巢。

用同样方法摘除另一侧卵巢，充分止血。按剖腹术方法闭合腹腔。

5. 术后护理

术后给予抗生素或磺胺类药物 5～7d，以防感染。

项目五　眼睑外翻内翻矫正术

【目的与要求】熟悉眼睑内翻、外翻矫正术的保定、麻醉方法，掌握眼睑内翻、外翻矫正术的术式。

【准备材料】4#刀柄 3 把、21#刀片 1 个、24#刀片 1 个、小镊子 2 把、持针钳 2 把、止血钳 4 把、打毛剪 1 把、组织剪 2 把、缝合针（3/8 弧三棱针 3 个）、创巾钳 4 把、高压蒸汽灭菌器 1 台、7#缝合线一轴、碘酊 1 瓶、酒精 1 瓶、新洁尔灭溶液 1 瓶、止血纱布 15 块、酒精棉球、碘酊棉球、创巾 1 个、铺器械台棉布（1.5m×2m）1 个、毛巾 1 条、香皂 1 块、泡手桶 1 个、指刷 1 个、器械盘 3 个、器械台 1 个、手术台 1 个、酒精棉缸 1 个、碘酊棉缸 1 个、保定绳 7 条、注射器（1mL、5mL 各 1 个）、速眠新 1 支、苏醒灵 1 支、普鲁卡因 2 支、盆 4 个、手术服 2 套（包括帽子、口罩）、手术手套 3 副（小号）、青霉素 1 瓶、生理盐水 1 瓶、红霉素眼药膏 1 管。

【培训内容与步骤】

一、眼睑内翻矫正术

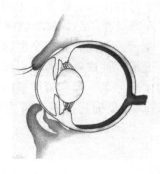
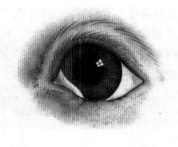

1. 适应症

眼睑内翻是指睑缘部分或全部向内侧翻转，以致睫毛和睑缘持续刺激眼球引起结膜炎和角膜炎的一种异常状态。本病主要发生于犬的部分品种，常见于沙皮犬、松狮犬、英国斗牛犬、圣伯纳犬等，多为品种先天性缺陷，并多见下眼睑内翻，需施行手术进行矫正。

2. 局部解剖

眼睑从外科角度分前后两层，前面为皮肤、皮下组织和眼轮匝肌，后面为睑板和睑结膜。犬仅上眼睑有睫毛，而猫无真正的睫毛。眼睑皮肤较为疏松，移动性大。皮下组织为疏松结缔组织，易因水肿或出血而肿胀。眼轮匝肌为环形平滑肌，起闭合睑裂作用。上睑提肌位于眼轮匝肌深面的上方，作用为提起上睑使睑裂开大。睑板为眼轮匝肌后面的致密纤维样组织，有支撑眼睑和维持眼睑外形的作用。每个睑板含 20～40 个睑板腺（高度发育的皮脂腺），其导管开口于睑缘，分泌油脂状物，有滑润睑缘与结膜的作用。睑结膜紧贴于眼睑内面，在远离睑缘侧翻折覆盖于巩膜前面，成为球结膜。结膜光滑透明，薄而松弛，内含杯状细胞、副泪腺（犬、猫为瞬膜腺）、淋巴滤泡等，可分泌黏性液体，有湿润角膜的作用。

3. 麻醉

全身麻醉

4. 保定

动物患眼在上，侧卧保定。

5. 手术操作

通常采用改良霍尔茨-塞勒斯氏（Holtz-Colus）手术进行矫正。术前对内翻的眼睑剃毛、消毒，铺眼部手术创巾。

（1）钳夹多余皮肤

在距下睑缘 2～4mm 处用手术镊提起皮肤，并用一把或两把直止血钳钳住。钳夹皮肤的多少，应视眼睑内翻程度，以恰好矫正为宜。

（2）切除钳夹皮肤

在钳夹皮肤 30s 后松脱止血钳，用手术镊提起皮肤皱褶，沿皮肤皱褶基部用手术剪将其剪除。

（3）缝合皮肤切口

剪除后的皮肤创口呈长梭形或半月形，常用 4 号或 7 号丝线行结节缝合，保持针距约2mm。术后 10～14d 拆除缝线。

6. 术后护理

术后数天内因创部炎性肿胀，眼睑似乎出现矫正过度即外翻现象，随着肿胀消退，睑缘将逐渐恢复正常。术后需用抗生素眼药水或眼药膏点眼，每天 3～4 次，以消除因眼睑内翻引起的结膜炎或角膜炎症状，同时还需防止动物搔抓或摩擦造成术部损伤。

二、眼睑外翻矫正术

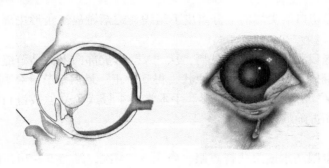

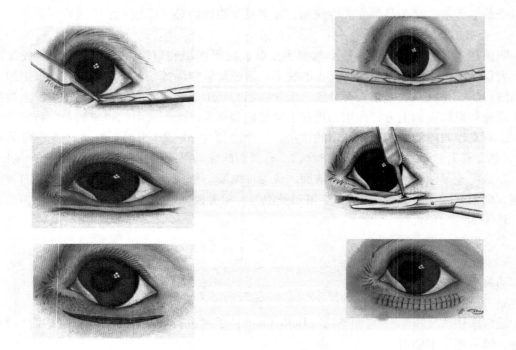

1. 适应症

眼睑外翻一般是指下眼睑松弛，睑缘离开眼球，以致于睑结膜异常显露的一种状态。由于睑结膜长期暴露，不仅引起结膜和角膜发炎，还可导致角膜或眼球干燥。本病主要见于犬的部分品种，如拿破仑犬、圣伯纳犬、马士提夫犬、寻血猎犬、美国考卡犬、纽芬兰犬、巴萨特猎犬等，可以施行手术进行矫正。

2. 麻醉

全身麻醉。

3. 保定

动物患眼在上，侧卧保定。

4. 手术操作

本病的矫正方法有多种，但最常用的方法是 V-Y 形矫正术。

（1）V 型切开下眼睑皮肤

首先下眼睑术部常规无菌准备，在外翻的下眼睑睑缘下方 2~3mm 处做一深达皮下组织的"V"形皮肤切口，其"V"形基底部应宽于睑缘的外翻部分。

（2）分离 V 形切开皮肤

然后由"V"形切口的尖端向上分离皮下组织，逐渐游离三角形皮瓣。

（3）缝合皮肤

接着在两侧创缘皮下做适当潜行分离，从"V"形尖部向上做结节缝合，边缝合边向上移动皮瓣，直到外翻的下眼睑睑缘恢复原状，得到矫正。最后结节缝合剩余的皮肤切口，即将原来的切口由"V"形变成为"Y"形。手术常用 4 号或 7 号丝线进行缝合，保持针距约 2mm。术后 10~14d 拆除缝线。

5. 术后护理

术后需用抗生素眼药水或眼药膏点眼，每天 3~4 次，维持 5~7d，以消除因眼睑外翻

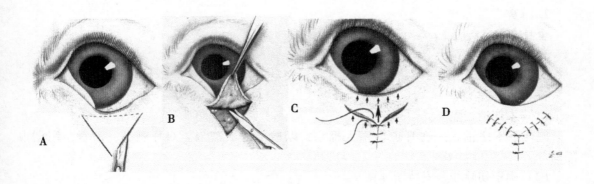

继发的结膜炎或角膜炎，同时还需防止动物搔抓或摩擦造成术部损伤。

项目六 裁耳断尾术

【目的与要求】熟悉裁耳断尾适应症，掌握裁耳断尾的手术方法。

【准备材料】4#刀柄3把、21#刀片2个、小镊子2把、持针钳2把、止血钳4把、打毛剪1把、组织剪2把、断耳夹2个（或肠钳2把）、缝合针（直针2个、3/8弧圆弯针3个、3/8弧三棱针3个）、创巾钳4把、高压蒸汽灭菌器1台、4#缝合线一轴、7#缝合线一轴、碘酊1瓶、酒精1瓶、新洁尔灭溶液1瓶、止血纱布15块、干纱布1块、酒精棉球、碘酊棉球、创巾1个、铺器械台棉布（1.5m×2m）1个、毛巾1条、香皂1块、指刷1个、器械盘3个、器械台1个、手术台1个、酒精棉缸1个、碘酊棉缸1个、保定绳7条、注射器（1mL、5mL各1个）、速眠新1支、苏醒灵1支、普鲁卡因2支、盆4个、手术服2套（包括帽子、口罩）、手术手套3副（小号）、青霉素2瓶、生理盐水1瓶、输液器1套。

【培训内容与步骤】

一、犬的耳壳截断术

1. 适应症

犬的耳壳截断术是犬常见的外科整形美容术，也用于犬耳壳上的溃疡、坏死和新生物的治疗。

目前，许多犬种的标准中（表），都要求为犬断耳，使犬耳直立，脸部更显威武。这类犬种主要有大丹犬、拳师犬、美国斯塔福梗、杜宾犬等。

表 截耳年龄及截耳后长度

品种	截耳年龄（周）	截耳后长度（cm）
大丹犬	7	8.3
拳师犬	9~10	6.2
杜宾犬	7~8	6.8~7.0
小史猭查梗	8~12	断去耳尖
巨型史猭查梗	9~10	6.3
比利时格林芬犬	8~22	耳朵直立，剪成尖状
美国斯塔福梗	任何年龄	尽可能长

2. 麻醉

全身麻醉。

3. 保定

腹卧姿势保定，用带子将嘴缚住，并打结固定于头后部。

4. 手术操作

（1）术部消毒隔离

施行手术之前，应在耳道内塞入棉塞，以避免血液流入。双耳剃毛、消毒，用创巾隔离。

（2）确定切除线，安装断耳夹

①先将犬一耳尖向头顶部牵伸，根据犬的品种、年龄和头形，用直尺测量所需耳的长度。测量方法是从耳廓与头部皮肤折转点到耳前缘边缘处。

②在需去除位置的耳边缘插入细针作标记。

③再将对侧耳向头顶拉伸，使两耳尖重合，助手双手固定好后，在细针标记的稍上方剪一缺口，作为手术切除的标记。

④取下细针，由助手将两侧耳壳的外部皮肤向头后部的中线牵引。以避免耳壳软骨外缘的暴露。为切创的愈合创造良好条件。

⑤从标记点（缺口）到耳屏间肌切迹（耳后缘的下端，耳屏与对耳屏软骨下方耳与头的连接处）之间的位置上装置断耳夹。

⑥断耳夹的凸面朝向耳前缘

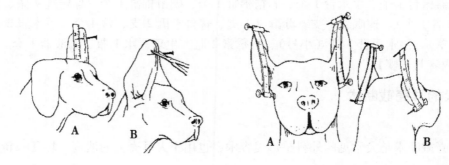

（3）沿切开线切除耳部

在一耳缺口的标记处，用手术刀或手术剪沿耳尖外侧边缘切割。用手术刀切割至耳尖部时，改用手术剪，这样可使耳尖部保持平滑直立的形状。切的一侧可用做另一侧将被切割耳朵的标尺。切后用耳夹夹 2～3min 取下。然后用已截除的断片来审查另一只耳壳上耳夹子的位置，无误后，才能进行第 2 只耳壳的剪断。除去耳夹子，对出血点进行止血。此时，如耳壳软骨外露，则应该对这一部分作补充剪除。

（4）缝合皮肤并包扎

除去断耳夹，彻底止血后皮肤连续缝合，并进行耳部包扎。

5. 术后护理

术后 2～3d 除去包扎绷带，术后 7～10d 可以拆除缝线。按常规进行创伤处理。

6. 注意事项

犬截耳的年龄以 8～12 周龄为佳。断耳过早，稍差 1cm 犬长大后两耳的差别就十分明

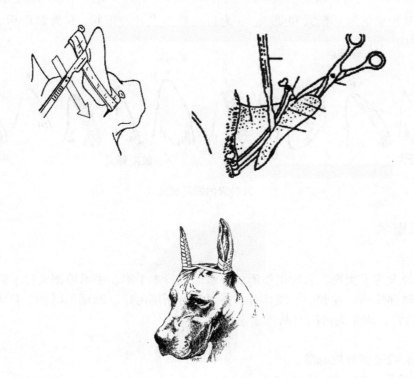

显，断耳过迟，耳软骨成形，常常无法改变耳的形状，且手术后耳形常不美观。

　　术前6h应绝食，保持空腹，避免因用麻醉药本身引起的呕吐，造成不必要的麻烦。若手术进行中，麻醉效果不确实，可取10～20mL 0.5%的盐酸普鲁卡因溶液，在耳壳上面的皮下进行浸润麻醉，以防止犬因疼痛而发生的骚动。

　　因血管位于切口末端的2/3区域，所以必须切除的耳壳顶端，不得超过耳壳全长的1/3。幼龄犬在手术结束、除去耳夹之后出血不多，轻轻地用绷带压定，便会迅速停止。若取下耳夹后出现强度的动脉性出血，则必须装上止血钳，捻转血管或用肠线结扎。

　　缝合切创时，耳尖处缝合不要拉得太紧，缝合线要均匀，力量要适中，防止耳后缘皮肤折叠和缝线过紧导致腹面曲折，使耳尖腹侧歪斜。

　　7. 手术方法

　　断耳整形手术的一般方法：首先将犬耳廓分成3等份，然后根据犬的脸型或主人的要求和喜爱进行修整。①为从耳廓基部直接切到上1/3等份处，切后耳比较直、尖。②为从基部到耳廓1/2等份处做一弧型切割，切后耳变得较短而钝。③也是从基部切上1/3等份处但切割曲线为下钝上尖。

（1）　　　　　　　　（2）　　　　　　　　（3）

犬断耳一般方法

下图为几种犬的断耳模式和要领。a 为自然状态犬耳的形状，b 为整形后犬耳的形态，c 为斜线部为切掉部。

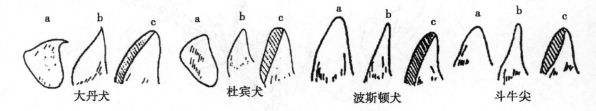

大丹犬　　　　　杜宾犬　　　　　波斯顿犬　　　　　斗牛尖

几种犬的断耳模式

二、断尾术

1. 适应症

某些品种犬为了美观，有断尾整形的要求而进行本手术。手术根据犬种不同，断尾的部位也不同。尾部疾病，如肿瘤、溃疡等，需要进行断尾治疗。断尾的时间，仔犬于生后 7～10d 内断尾为宜，成年犬可随时断尾。

2. 麻醉

全身麻醉或硬膜外腔麻醉。

3. 手术操作

（1）术部消毒，预防止血

尾术部剪毛消毒，尾根部用橡皮筋结扎止血。

（2）截断尾椎

用手指触及预定截断部位的椎间隙。在截断处做背、腹侧皮肤瓣切开，皮肤瓣的基部在预定截断的尾椎间隙处。结扎截断处的尾椎侧方和腹侧的血管。横向切断尾椎肌肉，从椎间隙截断尾椎。

（3）止血

稍松开橡皮筋，根据出血点找出血管断端，用可吸收性缝线穿过其周围肌肉、筋膜进行结扎止血。

（4）缝合皮肤

对合截断端背、腹侧皮瓣，覆盖尾的断端。然后应用非吸收缝线做间断皮肤缝合。

4. 术后护理

术后应用抗生素 4～5d，保持尾部清洁，10d 后拆除皮肤缝线。

5. 断尾保留长度

不同犬的品种建议断尾留的长度

犬的品种	保留尾椎的长度
拳师犬	2～3 尾椎
杜宾犬	2～3 尾椎
罗维那犬	1～2 尾椎

（续表）

犬的品种	保留尾椎的长度
大刚毛犬	1～2 尾椎
玩具型梗	2～3 尾椎
苏格兰梗	留 1/3 长
猎狐犬	留 1/3 长
可卡犬	留 2/5 长（母）、留 1/2 长（公）
匈牙利猎犬（维兹拉猎犬）	留 1/2 长
贵妇犬	留 1/2～2/3 长
得兰特犬（德国刚毛指猎犬）	留 1/2～2/3 长

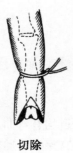

切除

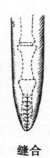

缝合

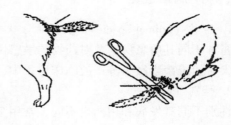

犬断尾示意图

第三章　用药给药

一、病畜登记与病历记录

通过病畜登记建立档案为以后的诊疗和科研工作提供资料。

（一）病畜登记

1. 畜种（animal species）及品种

畜种不同其所患疾病及对药物的敏感性也不同，如犬瘟热只发生于犬；猫瘟只侵害猫，柯利犬对伊维菌素敏感等；故临床检查中，应予以特别注意。

2. 性别（sex）

性别不同其发病和用药也不同，常用♀、♂两种符号表示。公畜尿道均有弯曲，因此易发生尿道结石；公犬易发生腹股沟赫尔尼亚；母畜易发生乳房疾病、子宫疾病及胎衣停滞等生殖系统疾病。另外，性别不同，其用药也应该注意，如氨甲酰胆碱、新斯的明、泻药等，禁止用于妊娠母畜。

3. 年龄（age）

年龄的大小对疾病的感受性也不同。幼畜因抗病力弱，故对传染病或普通病都比成年家畜敏感，特别是大肠杆菌病、胃肠卡他、副伤寒、肺炎、白肌病、佝偻病、维生素缺乏病等。犬在年龄上表现更为明显。例如哺乳期易患疱疹病毒病；2～12月龄犬多发生犬瘟热、细小病毒病、佝偻病、支气管炎等；老龄母犬易患子宫积液等。

4. 体重（body weight）

主要与用药有关。一般根据询问畜主或兽医目测得知，注意误差不能太大。有条件可称重。

5. 用途（usage）

宠物由于用途不同，其所患疾病也有差别，如跑犬易患四肢病、肺充血及肺水肿；种用家畜易患生殖系统疾病。

6. 毛色（color pattern）

是个体特征标志之一，有时也与某些疾病发生有关。

7. 用药史和过敏药物

给临床用药提供依据。

此外，做为个体特征的标志，还应登记畜名、号码、花色等事项。为了便于联系和追踪调查必须登记家畜的所属单位或管理人员的姓名及住址。

（二）病历记录

病历是临床医疗工作过程的全面记录，是通过各种检查途径获得的资料经过归纳、分析和整理而写成的。病历能反映疾病的发生、发展、转归和诊疗情况，有时病历也是涉及医疗纠纷的法律文件。

病例记录格式见附表。

二、处方书写

（一）处方书写的基本原则

处方是由注册的执业兽医师和执业助理兽医师（指依法取得兽医师资格证书和执业证书，经所在兽医机构业务管理部门考核合格授予处方权的兽医人员，以下简称"兽医师"）在动物诊疗活动中为患病动物开具的，并作为发药凭证的诊疗用药的医疗文书，处方药必须凭兽医师处方销售、调剂和使用。兽医师处方应当遵循安全、有效、经济的原则。

处方是兽医师写给药房发药人员和畜主的书面通知，指示取何种药品和剂量，告知调配方法和服用方法。开处方必须迅速准确、严肃认真、不可草率，因为处方对治疗疾病十分重要。处方也是一种法律上的文件，当发生医疗事故后，处方是一种非常重要的证明材料，兽医师和发药人员都承担有道德和法律责任。

兽医师应当根据诊疗、预防、保健需要，按照诊疗规范，药品说明书中的药品适应症、药理作用、用法、用量、禁忌、不良反应和注意事项等开具处方。开具麻醉药品、医疗用毒性药品的处方须严格遵守有关法律、法规和规章的规定。处方为开具当日有效。特殊情况下需延长有效期的，由开具处方的兽医师注明有效期限，但有效期最长不得超过3天。开处方必须用钢笔书写，不得用铅笔或圆珠笔。

（二）处方权的获得与取消

1. 处方权的获取

兽医师须在注册的医疗、预防、保健机构签名留样及专用签章备案后方可开具处方。

（1）兽医师处方权的授予

①注册执业兽医师；②有明确的执业地点；③有明确的执业类别与执业范围；④经所在动物诊疗、预防、保健机构中的主管部门批准授予处方权；⑤取得处方权的兽医师应在执业地点的相关部门签名留样或留专用签章式样。

（2）执业助理兽医师处方权的授予　在动物诊疗、预防、保健机构工作中执业助理兽医师，根据诊治需要，经行政部门核准，只在注册的执业地点有处方权，获取处方权的执业助理兽医师应在相关部门签名留样或留专用签章式样。

（3）无处方权的试用期（实习）兽医员　其开具处方，须经所在有处方权的执业兽医师审核、并签名或加盖专用签章后方有效，责任由签名医师负责。

（4）抗精神药品、麻醉药品、诊疗用毒性药品、放射性药品的处方权　按有关法律、法规和规章执行。

2. 处方权的取消

兽医师被责令暂停执业期间或被注销、吊销执业证书后，其处方权即被取消。调离注册机构处方权自行取消。

（三）处方规格及内容

1. 处方规格

处方由各兽医诊疗机构按规定的格式统一印制。普通处方的印刷用纸应白色，限制药品处方用其他色印制；并在处方右上角以文字注明，规格一般为 130mm×245mm。

2. 处方内容

处方形式因机构不同而异，但其结构内容一般都包含如下 6 部分，其中前记和后记用本国文字书写，其他 4 项（严格的说）应该用拉丁文书写。

（1）前记　包括动物诊疗机构名称、畜主姓名、动物种类、性别、年龄、住址、联系电话、处方日期、门诊或住院号。

（2）上记　处方用 Rp（R）开始，这是一个拉丁动词 Recipe 的缩写；缩写成 Rp 或 R，意思是"请取"。

（3）中记　药名和剂量，是处方的主体部分。

（4）下记　药物的调配方法（一般处方中不写，或仅作原则性指示）。

（5）标记　由兽医师转告护士（或畜主）如何用药。如：次数、每次用量、用药时间、应用部位等。常用 Signa 或 Sig. 来表示，可译为"标记"或"用法"。

（6）后记　兽医师和药剂人员（付药员）签名，以示负责。

三、处方书写规则及书写示例

（一）处方书写规则

①处方记载的患畜一般项目应清晰、完整，并与病历记载相一致。

②每张处方只限于一个患畜的用药。

③处方字迹应当清楚，不得涂改。如有修改，必须在修改处签名及注明修改日期。

④处方一律用规范的中文名称书写。动物诊所或兽医师不得自行编制药品缩写名或用代号。书写药品名称、剂量、规格、用法、用量要准确规范，不得使用"遵医嘱"、"自用"等含糊不清字句。

⑤用量。一般应按照药品说明书中的常用剂量使用，特殊情况需超剂量使用时，应注明原因并再次签名。

⑥开具处方后的空白处应划一斜线，以示处方完毕。

⑦处方兽医师的签名式样和专用签章必须与在诊疗部门留样备查的式样相一致，不得任意改动，否则应重新登记留样备案。

⑧药品名称以《中华人民共和国兽药典》收载或兽药典委员会公布的药品名为准。如无收载，可采用通用名或商品名。药名简写或缩写必须为国内通用写法。

⑨药品剂量与数量一律用阿拉伯数字书写。剂量应当使用公制单位；重量以克（g）、毫克（mg）、微克（μg）、纳克（ng）为单位；容量以升（L）、毫升（mL）为单位；国际

单位（IU）、单位（U）计算。片剂、丸剂、胶囊剂、冲剂分别以片、丸、粒、袋为单位；溶液剂以支、瓶为单位；软膏及霜剂以支、盒为单位；注射剂以支、瓶为单位，应注明含量；饮片以剂或付为单位；气雾剂以瓶或支为单位。小数点之前必须加"0"，如0.3、0.5；整数后也应该加小数点和"0"，如3.0，以免错误。

⑩处方一般不得超过7d用量；特殊情况可适当延长，但兽医师必须注明理由。

⑪麻醉药品等特殊药品的处方用量应当严格执行国家有关规定。开具麻醉药品处方时，应有病历记录。

⑫兽医师利用计算机开具普通处方时，需同时打印纸质处方，其格式与手写处方一致，打印的处方经签名后有效。药房人员核发药品时，必须核对打印处方无误后发给药品，并将打印处方收存备查。

（二）书写示例

［示例处方1］

Rp

硫酸阿米卡星注射液　　　　100mg　肌注　2次／日

［示例处方2］

Rp

注射用青霉素钠　　40万u×4支　　　肌注　2次／日

Rp

Inj　Penicillin　　　40万u×12支　　　im.　bid

［示例处方3］

Rp

5%葡萄糖注射液　　　500mL

10%氯化钾注射液　　　10mL

维生素B_6注射液　　100mg

用法：静滴　　1次／日

Rp

0.9%氯化钠注射液　250mL

庆大霉素注射液　　　4万u×4支

用法：静滴　　1次／日

Rp

5%Inj. Glucosi　500mL

　　　　　　×2次

10%Inj. kalii　chloridi　10mL

Inj. vit. B_6　　　0.1

　Sig　V　drip　q.d.

四、处方审核、调剂、发放与保管

1. 药房人员应按操作规程调剂处方药品：认真审核处方，准确调配药品，正确书写药袋或粘贴标签，包装；向畜主交付处方药品时，应当对畜主进行用药交待与指导。

2. 药房人员须凭兽医师处方调剂处方药品，非经兽医师处方不得调剂。

3. 经培训考核合格后，取得药房发药资格人员方可从事处方调剂、调配工作。其他人员不得从事处方调剂、调配工作。

4. 药房技术员应当认真逐项检查处方前记、正文和后记书写是否清晰、完整，并确认处方的合法性。

5. 药房技术人员经处方审核后，认为存在用药安全问题时，应告知处方医师，请其确认或重新开具处方，并记录在处方调剂问题专用记录表上，药房技术人员应当签名，同时注明时间。发现药品滥用和用药失误，应拒绝调剂，并及时告知处方医师，但不得擅自更改或者配发代用药品。

6. 发出的药品应注明畜主姓名和药品名称、用法、用量。

7. 药学专业技术人员在完成处方调剂后，应当在处方上签名。

8. 处方由调剂、出售处方药品的兽医诊疗机构妥善保存。普通处方保存 1 年。

9. 处方保存期满后，经兽医诊疗机构主管领导批准、登记备案，方可销毁。

10. 医疗用毒性药品、麻醉药品不得由畜主自行应用。

处方常用拉丁文缩写

缩写	全称	中文含义	缩写	全称	中文含义
aa	Ana	各	a. m.	Ante meridiem	上午
a. c.	Aate cibum	饭前	p. m.	Post meridiem	下午
p. c.	Post Cibum	饭后	p. o.	Per os	口服
sig. ; S.	Signa	用法、指示	q. h.	Quapua hora	每小时
q. d.	Quapua die	每日 1 次	B. i. d.	Eis in die	每日 2 次
T. i. d.	Ter in die	每日 3 次	Q. i. d.	Quater in die	每日 4 次
q. 4h.	Quartus in die	每 4 小时 1 次	q. s.	Quantum sufficit	适量
Rp.	Recipe	取、请取	Ad.	Adde	加至
et.	Et	及、和	Dil.	Dilutus	稀释
M. D. S.	Misce da signa	混合后给予	Ft.	Fiat	配成
ad us. ut.	Ad usum internum	内服	an us. xt	Ad usum externum	外用
Inj.	Injectio	注射剂	Inhal.	Inhalatio	吸入
H.	Injectio hypodermaticus	皮下注射	im. ; M.	Injectio intramuscularis	肌肉注射
iv. ; V.	Injectio intravenosus	静脉注射	iv gtt.	Injectio intiavenosus gutta	静脉滴注
Aq. dest.	Aqua destillata	蒸馏水	ID		皮内注射

五、操作方法及考核标准

（一）操作方法与步骤

1. 所有临床检查（包括复诊病畜检查）及特殊检查的结果，均应详细地记录于病历中。

2. 病历记录不仅是诊疗机构的法定文件，也是兽医临床工作者不断总结诊疗经验的宝贵原始资料，并成为法律医学的证据。因此，必须认真填写，妥善保管。

3. 病历的书写，一般包括病畜登记、病史、一般检查、各系统检查、实验室及特殊检查，诊断、处方及治疗等内容。

4. 病历书写要全面、详细，对症状的描述要力求真实、具体、准确，要按主次症状分系统（或按部位）顺序记载，避免零乱和遗漏，记录用词要通俗，简明，字迹清楚。对疑难病例，一时不能确诊的，可先填写初步诊断，待确诊后再填最后诊断。

5. 左上角写 Rp 或请取，另起一行写药名、剂量，每药一行。

6. 药名按兽药典规定的名称或通用商品名开写；剂量按国家规定的法定计量单位开写，固体以克、液体以毫升为单位时，一般可省略，用其他单位时则应写明。

7. 剂量小于 1 时，应在小数点前加 0，以免差错。各药的小数点必须上、下对齐。

8. 一张处方上开有多种药物时，应按主药、辅药、矫正药、赋形药依次开写。并写清调配方法和给药方法。

9. 在同一处方签上同时开几个处方时，每个内容都要按上述内容完整书写，并在每个处方的第一个药名的左上方写出次序号，如①、②、③……等。

10. 剂量的开写有分量法与总量法两种。

开写病历、病志和处方的注意事项：

（1）开写处方应字迹清楚，绝不可潦草和滥用简体字，不可用铅笔书写，不能涂改，不能有错别字。

（2）剧毒药品不应超过极量，如因治疗需要超过极量时，兽医师应在剂量旁边加惊叹号并签名或盖章，以示负责。

（3）处方开写完毕，兽医师应反复检查处方各项有无错误，然后签名。

（二）技能考核标准

考核内容及分数分配	操作环节与要求	评分标准		考核方法	熟练程度	时限
		分值	扣分依据			
开写病历、病志和处方技术（100分）	病历内容正确	20	有明显错误、前后矛盾扣20分	单人操作考核	熟练掌握	5min
	病历记录	20	病历记录不详细，每差一项扣5分			
	药名及配伍错误	20	每错一项扣5分			
	剂量准确程度	20	用药剂量有误差，酌情扣5~20分			
	用法	10	用药方法不正确扣10分			
	熟练程度	5	在教师指导下完成扣5分			
	完成时间	5	每超过1min扣1分，直至5分			

附：处方签格式

锦州牵手宠物医院

门 诊 处 方 笺

科别　　　　　门诊号　　　　　年

月　　日

畜主姓名　　　　　　地址　　　　　　电话

畜别　　　　年龄　　　　性别　　　　特征

临床诊断

Rp

兽医师＿＿＿＿＿＿＿＿＿审核＿＿＿＿＿＿＿＿＿金额＿＿＿＿＿＿＿＿

调配＿＿＿＿＿＿＿＿＿核对＿＿＿＿＿＿＿＿＿发药员＿＿＿＿＿＿＿

注：1. 处方开具 24 小时内有效。
　　2. 如所开处方超过 7 日量，请注明原因

格式要求：普通处方印刷用纸为白色，长 19cm，宽 13cm。

附：病志格式

病　　志

年　　　　月　　　　日　　初诊　　门诊编号：

畜主			住址				
畜种		名称	年龄		性别		毛色
诊断	月　日		特征				
	月　日		转归		年　月　日		兽医
	月　日						

主诉：
　1. 既往史：
　2. 生活史：
　3. 现病史：
临床检查所见：体温：＿＿＿＿＿（℃）；脉搏：＿＿＿＿＿（次/分）；呼吸：＿＿＿＿＿（次/分）

病　志

（副页）

日　期	症　状　及　处　置	兽医师签名

病　志

NO：

主人：_____住　址：_____电　话：_____

品种：_____性　别：_____年　龄：_____毛　色：_____

特征：_____

发病日期：_____初诊日期：_____

初步诊断：_____

最后诊断：_____

疾病转归：___年___月___日宠物医师签名：_____

病　史：既往历：_____

_____

现病历：_____

_____

饲养情况：_____

临床检查：体温_____℃；脉搏_____（次/min）；呼吸数_____（次/min）

整体状态：_____

_____

循环系统：_____

呼吸系统：_____

_____

消化系统：_____

_____

泌尿生殖系统：_____

神经及运动系统：_____

日　　期	检查及处置	医师签字

六、常见疾病处方部分

项目一 犬细小病毒病

【目的与要求】熟悉犬细小病毒病的病因、症状，掌握犬细小病毒病治疗方法。

【准备材料】犬五（六）联高免血清（或细小病毒单克隆抗体或免疫球蛋白）、复方氯化钠注射液（林格氏液）、犬用血浆、50%葡萄糖酸钙、辅酶A100单位、ATP、生理盐水、先锋霉素5号、双黄连、病毒唑、地塞米松、爱茂尔（或胃复安1mg）、止血敏0.5g、维生素K_3、5%碳酸氢钠、氯化钾、多酶片等。

【培训内容与步骤】

1. 主要症状

病犬呕吐，并且精神沉郁等

2. 根据主要症状可得出以下诊断结论（推断可能性常见疾病）

①胃炎；②犬细小病毒病；③肠炎；④犬瘟热；⑤犬传染性肝炎；⑥胃内异物。

3. 针对可能的每一种常见疾病，进一步搜集症状

其他症状：平均发病时间为5～7d。食欲下降、发热、腹泻。成年犬开始可不一定出现发热现象，而常出现食欲下降、精神沉郁、呕吐、腹泻（24h后出现），有时反复剧烈呕吐、粪便稀薄，呈喷射状或出现血粪。刚出生的患犬出现气喘、口头黏膜和皮肤发绀，有时突然衰竭死亡。

4. 根据搜集到的所有症状进行确诊

确诊为细小病毒（可应用诊断试剂盒）

5. 分析处方，制定合理治疗计划，治疗临床病例

处方一：

①犬用二联注射液：及早使用，疗效独特。小型犬6～12mg/次，大型犬18～30mg/次，肌肉或皮下注射，也可溶入5%葡萄糖生理盐水内静脉滴注，1天2次，连用3～5d。

②犬用血浆：30～90mL/次，加入复方氯化钠注射液（林格氏液）100～500mg，缓慢静脉滴注。1天（或隔天）1次，连用3～5次。

处方二：

①中和病毒：犬五（六）联高免血清10～30mL/次（或细小病毒单克隆抗体或免疫球蛋白10～20mL）皮下或肌肉注射，一天1次，连用3～5d。

②强心补液、增强免疫：复方氯化钠注射液（林格氏液）50～250mL，犬用血浆30～60mL，50%葡萄糖酸钙10～20mL、辅酶A100单位，ATP40mL，混合后缓慢静脉滴注。

③抗菌消炎、消热解毒：生理盐水250mL先锋霉素5号1g，双黄连20mL，病毒唑200mg，地塞米松10mg，加入溶解后一次静脉滴注，一天一次，连用5～7d。

④止吐：爱茂尔2～4mL/次（或胃复安1mg），肌肉注射。

⑤止血：止血敏0.5g，维生素$K_3$8mg，加注射用水5mL，肌肉注射，一天2次。

⑥对症、支持疗法：

A. 见酸补碱：异常顽固性呕吐时，5%碳酸氢钠3～10mL/kg体重，加5%葡萄糖生理盐水100～250mL，缓慢静脉注射。

B. 缺钾补钾：肌肉无力，肢体麻木时，氯化钾 0.5 ~ 1.0mL/kg 体重，加 5% 葡萄糖生理盐水内，缓慢静脉注射。

C. 镇静补钙：呼吸急促，眼球上翻，肢体僵直时，10% 葡萄糖酸钙 1 ~ 2mL/kg 体重，缓慢静脉滴注。

⑦加强护理：输液开始的头 2 天应禁食，治疗至中期，犬应少吃多餐，每次喂 1/3 量，给予易消化半流食，后期逐渐增加饲喂量，加喂多酶片、复方维生素 B 糖浆、肠道处方粮等。

附：

犬细小病毒病的治疗

（锦州牵手宠物医院）

犬细小病毒自 1967 年发现至今已经经历了 4 代的变异，而且目前这 4 代病毒同时存在，因此造成细小病毒的治疗一直成为一个有待提高治愈率的流行病。

1. 病毒发展变异历史和现状

1967 年，在军犬幼犬的粪便中分离出了犬细小病毒（CPV），现在我们称当时分离出的毒株为 I 型毒株（CPV-1）。20 世纪 70 年代末期，分离到了区别于几年前的 II 型毒株。1980 年，从发现的 II 型原始毒株中分离到了 2A 型（CPV-2a）；1984 年，出现了 2B 型突变株（CPV-2b）。2000 年报道，发现了 CPV-2c 突变株，并且该毒株能够感染猫。据研究文献，现在细小病毒中的 CPV-2c 也有了 2 个亚型：CPV-2c（a）和 CPV-2c（b）。国际上，美国的分离物几乎是 100% 的 2b 型，欧洲的分离物的 50% 是 2a 型，50% 是 2b 型。在国内，1986 年后分离到的 CPV 以 CPV-2a 为主，2002 年发现我国分离株也存在基因变异现象，除发现 2a、2b 等突变株以外，还发现在 CPV-2a 基础上进一步进化产生的 2 个新的变异株。

2. I、II 型病毒感染临床症状的差异

I 型病毒感染：主要引起 5 ~ 21d 的幼犬感染，感染幼犬往往腹泻、呕吐、呼吸困难、长时间呻吟；某些幼犬有呼吸道症状并没有肠炎迹象；还有很多幼犬仅有轻度或者不明显的临床症状，像典型的"僵犬"，最后以死亡告终。CPV-1 还可以经过胎盘感染，病毒能引起不孕、胎儿死亡或者流产。

II 型病毒感染：CPV-2 感染表现为出血性肠炎和心肌炎。心肌炎型多发于 4 ~ 6 周的幼犬。

3. 犬细小的临床用药原则与方针

CPV-1 的治疗效果不理想，给新生犬保温、给予适当的营养和水分可大大降低死亡率。这里仅介绍 CPV-2 的治疗。

用药原则：犬细小无特效治疗方法，但治疗原则基本相同，常采用特异疗法、控制继发感染、对症治疗、支持疗法和中药治疗。

每个医生的经验不同，处方也不尽相同，用药的准确与否直接关系到治愈率。因此，集合本人的治疗细小的经验，尽可能详尽的介绍用药情况。

用药方针：

①特异疗法

血清类：血清（效价1∶128）、高免血清（效价1∶256）、高抗血清（效价1∶512）、单克隆抗体（效价1∶1024）。普通血清比较便宜，但疗效不如单克隆抗体。

球蛋白类：免疫球蛋白、犬血球蛋白。普通免疫球蛋白是驴血浮集分离的，犬血球蛋白则是狗血浮集分离的，使用犬血球蛋白没有异种蛋白的干扰。

干扰素及干扰素诱生剂：干扰素是一组具有多种功能的活性蛋白质（主要是糖蛋白），是一种由单核细胞和淋巴细胞产生的细胞因子。在同种细胞上具有广谱的抗病毒、影响细胞生长和分化、调节免疫功能等多种生物活性。凡能刺激机体产生干扰素的物质统称为干扰素诱生剂，如聚肌胞和植物血凝素（PHA）。PHA是一种新型的干扰素诱生剂，相对于聚肌胞来说，PHA毒性较低，诱生效果是聚肌胞的30倍。

免疫血浆：血浆的使用是提高治愈率的关键。单用血清或单克隆抗体治疗效果并不十分理想，血浆和单抗，或血浆和干扰素联合使用效果更佳。使用血浆可以替代血清和高免血清。

②控制继发感染

一般采取青霉素类和氨基糖甙类联合用药，氨苄青霉素（头孢塞肟或头孢曲松）+庆大霉素（卡那霉素或丁胺卡那霉素）。

③对症治疗

对于胃肠道疾患，同症状的均可按照下述用药治疗，包括胃炎、急性胃肠炎、普通出血性肠炎、消化道溃疡等。

抗病毒：临床多用利巴韦林作为抗病毒药物，在使用利巴韦林时注意不可以大量和长时间应用。现在有利用黄芪多糖和香菇多糖抗病毒，但未见整体比对报告。

止吐：可以减轻痛苦，有助于减少体液流失，以及维持肠道营养。首选爱茂尔肌注，必要时用阿托品，忌用胃复安。还可以用昂丹司琼或多拉司琼止吐。

止泻：鞣酸蛋白、施密达都有止泻作用，但因其呕吐，不适宜口服给药，用施密达深部灌肠效果较好。当肠道抗菌完成也可以肌注6-542用于止泻。

止血：安络血、安甲苯酸、安甲环酸、维生素 K_3 等均可用于止血，单用肌注效果不理想，采用联合用药肌注或静滴酚磺乙胺、氨甲苯酸有较好的疗效。如果止血无效，可静滴立止血、卡络磺钠。另外全血、血浆、代血浆也有止血作用。

贫血：胃肠道失血极易造成失血性贫血，贫血严重的必须使用血全输血纠正。贫血症状轻微停止呕吐的可以口服阿胶浆和铁制剂纠正。

心功能不全：可静滴生脉注射液 $1\sim10mL$；维生素 B_{12} $0.25\sim0.5mg$ + 肌苷 $50\sim100mg$，混合肌注；复方丹参注射液 +6-542注射液，混合肌注。

败血症或内毒素血症：在治疗早期用糖皮质激素（地塞米松等）和氟尼辛葡甲胺可能有好处，在脱水被矫正之后不要使用，勿重复用药。

低蛋白血症：输入全血可以解决这个问题；如果不需要补充红细胞，最好输入血浆或使用犬血白蛋白。低蛋白造成水肿而且输入血浆后并未有所改善，应该考虑使用胶体羟乙基淀粉。

④支持疗法

由于严重的呕吐、腹泻可使体内的水分及电解质大量丢失，导致因水、电解质平衡失调，并发酸中毒而于数小时至两天内死亡，因此，静脉补液、补钾、补碱是相当重要的。

补碱：由于呕吐和腹泻造成体液的大量流失，极易造成酸中毒。平衡酸碱也有利于尽早止吐。补碱方法：静脉滴注 5% 碳酸氢钠，2~4mL/kg，缓慢静滴。

补钾：凡禁食 3d 以上者均应补钾。在无尿或少尿的情况下，为防止产生高血钾症，最好先适量输入生理盐水或 5% 葡萄糖液，待尿量增多，开始排尿后再补钾较为安全。输钾的速度不能太快，缺钾较重犬可分数日补足，不可 1 日补完，以免发生高血钾症。如病犬不呕吐时，采用口服法补钾较为安全。

补钙：在纠正酸中毒过程中如能静脉滴注 10% 葡萄糖酸钙，常能防止低钙抽搐的发生，维持正常的神经传导，有利于尽早恢复体力。钙不能与碳酸氢钠混合滴注，以防产生沉淀。

增强免疫：增强非特异性免疫也可以促进治疗效果，可以采用的免疫增强剂有犬用胸腺肽、左旋咪唑等。

⑤中药疗法

黄连 20g、黄柏 30g、黄芩 35g、木香 35g、白芍 40g、葛根 20g、地榆 30g、板兰根 40g、郁金 30g、栀子 20g、千里光 30g、大蓟 25g、小蓟 25g、甘草 15g，可作为辅助药物，在犬呕吐减轻或不呕吐后煎汤内服，日服 3 次，两日 1 剂。若呕吐严重时，可直肠深部给药。

4. 细小病毒患犬的护理

细小病毒患犬的护理在治疗中至关重要，最主要的是患病初期必须禁水禁食。病初的患犬会出现绝食、剧烈呕吐和腹泻现象，食物和水的刺激会造成呕吐加剧，加重对胃肠道的刺激。禁水禁食 48~72h，让胃肠道得到充分的休息至关重要。

纠正酸中毒后，呕吐自然停止，这时候可以考虑给水了，喂水也不吐了，可以提供一些高营养的流质食物，初次给予的要低脂肪、易消化的食物。

5. 细小病毒的消毒预防措施和免疫

消毒和隔离：CPV-2 病毒会随粪便、尿液、呕吐物及唾液排出体外、污染食物、食具和周围环境，犬只的皮毛可能长时间携带这些病毒，康复犬的粪便可长期带毒。健康犬主要是摄入污染的食物和饮水或与病犬直接接触而经消化道感染。另外，人、衣服、鞋、设备（饲养场所设施和工具）、昆虫和啮齿类动物都可以成为传播载体。因此，消毒隔离是控制传播的必要措施。细小病毒对乙醚和氯仿等脂溶性溶剂不敏感，但对福尔马林，氧化物（漂白粉、高锰酸钾），紫外线等较为敏感。0.5% 的福尔马林液能很快使其灭活。次氯酸钠是一种廉价、有效的消毒剂，其配制只需将 1 份家庭常用漂白剂加入 30 份水中即可。使用时应注意将被消毒物品与消毒液完全接触至少 10min。由于 CPV-2 通常没有季节性的传播，环境温度的差异往往影响消毒效果。气温比较高的地区和季节，使用碘制剂、氯制剂、甲醛等效果比较理想；气温较低的地区和季节可以使用季铵盐等吸附类的消毒液比较理想。

细小病毒的免疫：免疫无非是及时注射 CPV 疫苗，但是往往有注射过疫苗还有感染的实例存在。原因：一是免疫失败，也就是说虽然打了预防针，但未产生足够的防病抗体或机体没有产生免疫应答。二是疫苗中未含有的病毒毒株感染犬，比如，疫苗中只有 CPV-1 CPV-2a 毒株，就防不了 CPV-2b 毒株或 CPV-2c 毒株的感染。

免疫失败的情况大致如下。

①动物自身因素（遗传、年龄、应激、先天性免疫缺乏、免疫抑制病、身体状况、母源抗体、怀孕、感染潜伏期、药物使用和自身激素水平）；

②疫苗自身因素（储藏保存、运输保存）；

③人为因素（注射技术、同时用药、混合错误、抗血清干扰、接种时感染、接种途径、消毒剂、免疫程序、与其他反应混淆、环境及饲养管理）。注射疫苗时皮肤消毒的酒精类没

有挥发干净不能注射疫苗；完全完成免疫程序期间不能使用抗病毒制剂；稀释冻干疫苗必须是无菌水，不能使用生理盐水；血清等抗体注射后 $10\sim15d$ 内不能注射疫苗；疫苗不能做肌肉注射；超过 6 周龄的小犬注射英特威小犬二联苗无效；小于 4 周龄注射疫苗会受母源性抗体干扰等。

6. 细小病毒的检测和确诊

科学的讲，只有电镜检测出病毒包涵体或荧光抗体检测阳性才能判定是细小病毒感染，但是这些需要专门的设备和技术。

使用 CPV 胶体金试纸检测往往会误报阳性，即假阳性。因此要配合血常规的检测才能够确诊，细小病毒可破坏循环过程中的白细胞和淋巴细胞有丝分裂中的活性前体物质，故严重感染时，常出现中性白细胞和淋巴细胞减少。

白细胞总数明显减少，多数犬（92%）在 $9\times10^9/L$ 以下，少数犬（15%）在 $2\times10^9/L$ 以下。如果继发细菌感染，白细胞总数可增高。血清总蛋白量下降至 $4.2\sim6.6mg$，红细胞压容为 $45\sim71$，平均在 50 左右，转氨酶指数升高。如果白细胞在 $2\times10^9/L$ 以下，则预后不良。

病例参考：

球球，贵宾犬，3 个月，体重 3kg，发病 2d，不吃东西，呕吐，1 日 5~7 次，排水样稀便，1 日 4~5 次，轻度脱水，结膜充血，心率 140 次/min，CPV 检测阳性。

处置意见：

①禁食水，24h~48h 不呕吐后给予易消化食物。

②特异性疗法：犬细小病毒单抗、高免血清、干扰素

③对症疗法：爱茂尔、止血三联、6542、思密达、碳酸氢钠等

④支持疗法：生理盐水、葡萄糖、维生素、氨基酸等

参考处方：

Rp

① CoNS	20mL			
Amicaxin	20 000IU			
Ribavirin	0.05g	ivgtt	bid	
② NS	10mL			
AMPICILLIN（氨苄西林钠）	0.25g	ivgtt	bid	
③ NS	10mL			
三联血清	5mL	ivgtt	qd	am
④ 5% GS	15mL			
V_C	25mg			
VB_6	10mg			
西咪替丁	20mg			
10% KCL	0.3mL	ivgtt	bid	
⑤甲硝唑	10mL			
氨甲苯酸	2mL	ivgtt	qd	pm
⑥ $NaHCO_3$	10mL	ivgtt	qd	pm
⑦ 18Aa	10mL	ivgtt	qd	am

⑧细小病毒 McAb   5mL   H   qd am

⑨干扰素（200 万）   1 支   im   qd am

⑩爱茂尔   0.2mL   im   bid

⑪止血敏 Vk$_3$ 0.2mL   im   bid

项目二　犬瘟热

【目的与要求】熟悉犬瘟热的病因、症状，掌握犬瘟热的治疗方法。

【准备材料】犬五（六）联血清（也可用犬瘟热单克隆抗体或犬六联免疫球蛋白）、5%葡萄糖生理盐水、犬用血浆、转移因子、先锋霉素 5 号、双黄连、病毒唑、地塞米松、安定、牛黄安宫丸、止血敏、维生素 K$_3$、注射用水。

【培训内容与步骤】

1. 主要症状

病犬流鼻涕等

2. 根据主要症状可得出以下诊断结论（推断可能性常见疾病）

①感冒；②疱疹病毒感染；③弓形体病；④气管支气管炎；⑤肺炎；⑥犬传染性肝炎；⑦犬瘟热

3. 针对可能的每一种常见疾病，进一步搜集症状

其他症状：患犬初期表现为体温升高（可达 40℃以上），尿赤黄，双眼有黏性或脓性分泌物，精神变差，厌食，但仍有食欲。

接着如果是侵害呼吸系统为主，患犬表现为体温升高，鼻端干燥，鼻眼有黏性或脓性分泌物，咳嗽，呼吸加快，肺部听诊有啰音等肺炎症状。所以发病初期，甚至中期，易被误诊为感冒或肺炎。个别的患犬病毒侵害消化系统而表现程度不同的呕吐、腹泻现象。

后期病毒进入神经系统，犬开始出现神经症状，即不自主地吠叫、四肢抽搐、头部震颤以及癫痫症状，终因麻痹衰竭而死亡。这种神经症状是不可逆的，即使病愈，也会留下后遗症。

本病的病程比较长，一般情况需要 15～50d。后期患犬均可见脚垫增厚、变硬甚至干裂。故又称硬脚垫病。

4. 根据搜集到的所有症状进行确诊

确诊为犬瘟热（可应用诊断试剂盒）。

5. 开相应治疗处方

6. 分析处方，制定合理治疗计划，治疗临床病例

处方一（发病初、中期）：

①犬用二联注射液（每支 6mL，内含抗犬瘟热病毒免疫球蛋白、转移因子、抗病毒、抗细菌药物，维生素和地塞米松等成分）：10kg 以内犬，6～12mL/次，大型犬 18～30mL/次，2 次/天，肌肉或皮下注射，也可溶入 5%葡萄糖生理盐水内静脉滴注，连用 3～5 天。

②5%葡萄糖生理盐水 100～400mL/次，先锋霉素 5 号 1g，必要时加入犬用血浆 30～60mL，一次静脉注射。

处方二（发病中、后期）：

①中和病毒：犬五（六）联血清 10～30mL/次（也可用犬瘟热单克隆抗体或犬六联免疫球蛋白 5～20mL/次）肌肉注射，1 天 1 次，连用 3～5 天。

②强心补液，提高机体抵抗力：5%葡萄糖生理盐水50～70mL/kg体重，犬用血浆30～60mL/次，转移因子2～6mL/次混合静脉注射每天1次，连用一周。

③抗菌消炎，清热解毒：生理盐水100～250mL，先锋霉素5号1g，双黄连20mL，病毒唑200mg，地塞米松10mg，加入溶解，一次静脉注射。

④安神镇静：安定1～2mL/次，肌肉注射，牛黄安宫丸：1/3～1/2丸，口服，一天1次。

⑤凝血止血：止血敏0.5g，维生素$K_3$38mg，注射用水5mL，溶解后一次肌肉注射，上、下午各1次。

处方三：预防和治疗呼吸性和脑炎型犬瘟热。

①犬瘟热单克隆抗体（或瘟清喘咳停），0.5mL/kg体重，肌肉注射。

②5%葡萄糖生理盐水适量，头孢曲松钠0.5～2g，地塞米松1～5mL，病毒唑0.1～0.3g，50%葡萄糖10～40mL（后加），混合后一次静脉注射。

③5%葡萄糖生理盐水100mL＋双黄连20mL，静脉注射。

④5%葡萄糖生理盐水100mL＋10%黄胺嘧啶钠10～20mL，静脉滴注。

7. 进行疗效观察

附：

犬瘟热症状（分为3期）

初期：一般是1～3d，最长7d，体温升高39.5～41℃，食欲废绝，打喷嚏、咳嗽，后期湿咳，流清水样鼻液，呼吸加速，心跳加快，结膜潮红，巩膜布满红晕，流出浆液性或黏液性分泌物，粪尿无异常。用各种抗生素或不治疗，体温逐渐下降。

中期：7～10d。体温再次升高，40℃以上，3d。精神萎靡脓性，，眼内有脓性分泌物，角膜浑浊，2～3d出现角膜溃疡，鼻液逐渐黏稠为脓性，有时鼻端形成脓痂，呼吸障碍，出现连续咳嗽，食欲下降，2～3d后废绝，体躯消瘦，排出少量黄褐色粪便。肠炎型，在十二指肠出血，稍有呕吐，有时粪便呈黑色，胆汁浓稠，粪便表面有一层发亮的伪膜。严重时，出现煤焦油样粪便，用药若不能止吐多提示预后不良，舌黏膜变淡苍白。

后期：2周或2周以上，体温不再升高，但在39.5℃以上，症状处于平稳状态，还有一定食欲，大部分在两耳根部和左右下颌部肌肉出现痉挛性跳动，神经症状明显，大多数衰竭死亡，死亡率高达90%，只有1%～5%可以耐过。

典型症状：早期发热（40℃以上）3d，中期数天低热（39.5～40℃以上）不退，脓性鼻液，眼睑糜烂，后期指垫增厚、抽风。

犬瘟热是由犬瘟热病毒引起的一种高度接触性的病毒性传染病，主要发生于幼犬，不传染人。临床上以复相热型，急性鼻卡他，支气管炎，卡他性肺炎，严重的胃肠炎和神经症状为特征。

【症状】临床症状表现多种多样，大体分为明显和不明显两类。

1. 非典型病例

症状轻微或不明显　主要是年龄大、体质好、注射过疫苗、有一定免疫力的病犬。轻微的症状包括发烧（40～41.1℃），暂时性的厌食，沉郁及轻微的浆液膜炎。局部症状不明显。这种类型的病犬很容易被诊断为感冒或上呼吸道感染。

2. 典型病例

表现严重的多系统症状。

（1）发热　病初体温升高，通常会出现发烧，但有时候可能注意不到，发热可达 40℃以上，持续 2d 后迅速降至常温，经 2～3d 后体温第二次上升，病情迅速恶化，出现呼吸系统、消化系统和神经系统以及其他的一些典型症状。发热可持续数周，呈现典型的复相热型。

（2）呼吸系统症状　开始时眼睛和鼻腔的分泌物是浆液性的，但后来会发展为黏液样脓性有时还混有血液（脓性鼻液），在打喷嚏和咳嗽时附着在鼻孔周围，同时出现"干咔"症状开始时为干咳，但很快会发展为湿咳，并有痰，呼吸加快，由腹式呼吸变为张口呼吸，球结膜潮红。

（3）消化系统症状　口腔内发生溃疡，厌食、甚至食欲废绝，大量饮水，呕吐，初期便秘，不久发生下痢，粪便中混有黏液，恶臭难闻，有时混有血液和气泡。

（4）神经系统症状　神经症状常发生于多系统症状消失后的 1～3 周，单一的神经症状暗示着可能存在局部的脑或脊髓的损伤，但多数情况下神经症状表现为多样性。呈渐进性和多样性。癫痫、痉挛间隙性发作，多见于颜面部、唇部、眼睑，习惯性局部抽搐或肌阵挛，嘴巴一张一合，或者不自主地连续"咂嘴"，口流白沫。严重病例可见步伐和姿态的异常包括共济失调，协同不能，下肢轻瘫和四肢轻瘫。转圈运动，后躯麻痹甚至瘫痪不能站立。病程稍长的病例，表现出舞蹈病病状，或者出现踏脚的特殊症状。a. 面部抽搐为主的神经症状。b. 转圈运动。c. 四肢节律性抖动。

（5）其他特征性症状　a. 脓性结膜炎　绝大多数病犬眼睑肿胀，有大量的脓性眼眵，附着在上下眼睑边缘，常常使上下眼睑粘合在一起不能睁开（早晨特别明显），进而发生角膜溃疡，导致双目失明。（眼睑红肿）b. 皮肤丘疹　部分病例在腹下部和股内侧皮肤上出现米粒大小的红色丘疹。在恢复期丘疹可自行消失。c. 足垫增厚　慢性病例常常出现足垫皮肤增厚（角质化过度）的症状（足垫增厚），这一型病例全身症状不明显，仅有轻微挑食和体温轻微上升的现象，病程达 1～2 月之久，大部分以死亡告终，少数能康复。

本病的潜伏期为 3～6d，急性病例常在出现症状后的 1～2d 内死亡。慢性的以消化道症状为主的病例，病程长达一月以上。本病死亡率为 30%～80%，当发生继发感染时（常与犬传染性肝炎混合感染）则死亡率更高。在没有出现多系统症状的母犬，出生的胎儿可能为畸形，死胎或弱胎。

对于出生后前 4～6 周的幼犬，会出现各种不同的神经症状。仅数周龄大的幼犬常比年龄较大的幼犬死亡得快。

【诊断】本病的诊断较困难，因为经常存在混合感染，使临床症状复杂化。结合流行病学调查，也只能提出怀疑本病的线索，因此确诊尚有赖于实验室诊断。

1. 病史调查

未免疫的幼犬，年龄较大与病原接触的犬易发生本病。

2. 相应的临床症状

早期发热（40℃以上）3d，中期数天低热（39.5～40℃以上）不退，后期指垫增厚、抽风。

3. 试纸检测法

①抗原检测　②抗体检测

4. 血液学和细胞学指标

①常见淋巴细胞减少和轻微的中性粒细胞减少。早期白细胞总数降低至 $7 \times 10^9/L$，中后期白细胞总数增高。②病毒感染期间，在外周血细胞中很少看到包涵体。对淡黄色表皮和骨髓的检查，可提高检出包涵体的几率。③病毒感染期间，偶尔会在结膜或阴道的压制标本中发现包涵体。

5. 生化指标

血清检查无特异性。①在疾病的初期和比较严重时，会出现白蛋白降低和/或球蛋白升高。②在胎儿期和幼儿期被传染的犬，会出现红细胞减少症。

6. 肺部放射学检查

照肺部 X 光片，正位及侧位各一张。

①在感染早期或轻微感染时会发现组织间隙的病变。

②在发生继发细菌感染和严重的支气管性肺炎时，会出现混合性组织间隙/肺泡的病变。

【防治】

（1）使用生物制剂　高免血清、单克隆抗体、多克隆抗体、球蛋白、白蛋白、免疫血浆都有一定疗效，但生产这些产品的厂家众多，质量有好有孬，价格有高有低，要选择信誉好的厂家，价格公道的产品使用，千万别只购低价的生物制品（价廉物美是假话，货真价实乃真语）使用，否则会延误病情。本人爱使用北京世纪元亨生产的犬瘟热单抗（肌肉注射，每 kg 体重注射 0.5mL，每日 1 次，连用 3～5d）、白蛋白（2.5kg 以下犬，5mL/日，2.5～5kg 犬，10mL/日；5～10kg 犬，20mL/日；10kg 以上犬，20～40mL/日，用 5% 葡萄糖注射液或氯化钠注射液稀释本品后，进行静脉滴注）、球蛋白（5kg 以下犬，5mL/日；5～10kg 犬，10mL/日；10kg 以上犬，10～20mL/日；5% 葡萄糖注射液或氯化钠注射液稀释本品后，进行静脉滴注。连用 3～5d）。如果使用康复犬的全血或血浆，一般有较好的疗效。

（2）使用抗病毒药物　干扰素 ω：肌肉、皮下或静脉注射，100 万单位/kg 体重。每日一次，连续注射，3～5 次为一个疗程。干扰素（北京铁草公司）

聚肌胞小犬 0.5～1mg，大犬 1～2mg，肌注，每日一次，连续 3～5d，也可用病毒唑，小犬 50mg，大犬 100mg，肌注，每天 2 次，连续 3 天。两种药物都有一定的副作用，前者用药期间出现体温上升现象，后者出现贫血和怀孕母犬流产症状，孕犬应禁用。

（3）强心补液　肠炎症状明显和呕吐严重的病例，可用林格氏液 30～50mL/kg 体重，10% 葡萄糖酸钙 5～10mL，VB_6 50～100mg，混合静脉滴注。

（4）控制继发感染　用氨苄青霉素，羟氨苄青霉素，头孢氨苄或者先锋霉素按 20～25mg/kg 体重，同时配合卡那霉素、丁胺卡那霉素或者核糖霉素肌肉或静脉注射，每天 2 次，连续 3～5d。

（5）控制脓性结膜炎　托百仕（妥布霉素滴眼液）、泰利必妥、易视利、红霉素眼膏等眼药水对本病均有效，用药前先用 2% 的硼酸液洗去眼睑、眼球上眼眦，白天用眼药水滴眼 10～20 次，晚上睡觉前用眼膏涂在眼球上。

（6）调整心律　心律不齐者，用生脉针 2～4mL，肌苷针 50～100mg，VB_{12}　0.5～1mg 混合肌肉注射，每日两次，连续 3～5d。心律失常的病例，用心律平口服，小犬每次 75mg，大犬每次 150mg，每日 2～3 次，连续 2～3d。

（7）治疗鼻炎　脓性鼻炎或严重鼻塞的病例，可用麻黄素，可的松和卡那霉素交叉滴鼻，每两小时 1 次，连续 1～2d，也可用呋可麻滴鼻液滴鼻。

（8）止咳化痰　对干咳或者痉挛性咳嗽的病例可用咳快好，小犬 10mg，大犬 20mg，氨茶碱小犬 30mg，大犬 50～100mg，扑尔敏小犬 2mg，大犬 4mg，甘草片小犬 1 片，大犬 2～3 片，地塞米松大小犬一律 0.75mg，混合口服，一天 3 次，连续 1～2d。

（9）抗癫痫　癫安舒 30　0.252 片/kg（2～8mg/kg），每日 1 次。或者同等剂量分为两次给药，每 12 小时一次。每天给药的时间应该保持一致。如果想要维持目前的状况，则用最小的推荐剂量。（肝肾功能严重损伤者、怀孕动物慎用），苯妥英钠 2～6mg/kg，口服，每天 2～3 次，或者苯巴比妥钠 8～10mg/kg 体重，口服每日 2～3 次。

（10）支持疗法　对病程较长，出现衰弱症状的患犬，可静脉补给 10% 葡萄糖，30～50mL/kg，同时加入，VB_6 50mg，VC 500mg，三磷酸腺苷 5～20mg，细胞色素 C 5～15mg，复方氨基酸 100～250mL，新鲜犬血浆 25～50mL，对缓解病情，改善全身状况有良好的作用。

（11）中药治疗　本着清热解毒，清肝明目、息风止痉治疗原则进行治疗。银花 25g、板兰根 35g、穿心莲 45g、防风 15g。

病例分析：

萨摩耶犬，体重 10kg，发病 5d，咳嗽，流脓性鼻液，体温 40 度，食欲减退，饮欲增强，鼻镜干燥，犬瘟热检查阳性。

参考处方：

Rp

① NS	80mL			
头孢噻呋钠（速克）	30mg	ivgtt	bid	
② 左氧氟沙星	30mL	ivgtt	bid	
③ NS	20mL			
三联血清	10mL	ivgtt	qd	am
④ 5%GS	50mL			
VC	3mL			
复合 VB	1.5mL	ivgtt	bid	
⑤ 犬瘟热 McAb	10mL	H	qd	am
⑥ 干扰素（400 万）	1 支	im	qd	am
⑦ 麻黄鱼腥草（它喘宁）	1 片	po	bid	
⑧ 清瘟败毒散（它毒清）	1 片	po	bid	

项目三　犬传染性肝炎

【目的与要求】熟悉犬传染性肝炎的病因、症状，掌握犬传染性肝炎治疗方法。

【准备材料】犬传染性肝炎病毒的高效价血清、3%～5% 碘制剂（碘化钾、碘化钠）、水杨酸制剂和钙制剂、葡醛内酯、辅酶 A、肌苷、核糖核酸、维生素 K_3、止血敏、安络血、17 种氨基酸

【培训内容与步骤】

1. 主要症状

病犬腹泻，并且粪便：腥臭，或粪便带血，或带黏液，或含有伪膜

2. 根据主要症状可得出以下诊断结论（推断可能性常见疾病）

①犬细小病毒病；②胃肠炎；③犬传染性肝炎；④犬球虫病；⑤弓形体病；⑥犬瘟热。

3. 针对可能的每一种常见疾病，进一步搜集症状

其他症状：潜伏期短，人工感染约 2~6d 发病，易感犬与病犬自然接触后通常在 6~9d 后表现症状。精神差，食欲下降，渴欲增高，体温升高达 40℃ 以上，持续 1~6d。有时呕吐，常常腹泻，粪便有时带血。大多数病例表现为剑状软骨部位的腹痛。很少出现黄疸。在急性症状消失后 7~10d，约 25% 的康复犬的一眼或双眼出现暂时性角膜混浊（眼色素层炎），颜色发蓝。病犬黏膜苍白，有时乳齿周围出血和产生自发性血肿。扁桃体常急性发炎并肿大，心搏动增强，呼吸加快。病犬血凝时间延长，如果发生出血，往往流血不止。病程较犬瘟热短得多，大约在 2 周内恢复或死亡。

4. 根据搜集到的所有症状进行确诊

确诊为犬传染性肝炎

5. 开相应治疗处方

6. 教师分析处方，制定合理治疗计划，治疗临床病例

①对初病犬进行注射大量抗犬传染性肝炎病毒的高效价血清（如五联高免血清，早期皮注大型犬每次 2 头份，小型犬 1 头份一日一次连用 3d），可有效地缓解临床症状（但对特急性型病例无效）。

②出现角膜混浊，一般认为是对病原的变态反应，多可自然恢复。若病变发展使前眼房出血时，用 3%~5% 碘制剂（碘化钾、碘化钠）、水杨酸制剂和钙制剂以 3：3：1 的比例混合静脉注射，每日 1 次，每次 5~10mL，3~7d 为 1 个疗程。或肌肉注射水杨酸钠，并用抗生素点眼液（注意防止紫外线刺激，不能使用糖皮质激素）。

③对于表现肝炎病状的犬，可按急性肝炎进行治疗。葡醛内酯 5~8mg/kg 体重肌注，每日 1 次，辅酶 A50~700U/次，稀释后静滴。肌苷 100~400mg/次口服，每日 2 次。核糖核酸 6mg/次肌注，隔日 1 次，3 个月为 1 个疗程。

④用维生素 K_3 1~2mL、止血敏 2~4mL、安络血 2mL，皮注，增强凝血功能。

⑤用 2.5% 海达，每 10kg 体重 1mL，特效抗病灵，每千克体重 0.2mL 肌注，控制细菌感染。

⑥用 17 种氨基酸 50~100mL、50% 的葡萄糖 10~20mL、25% 维生素 C 2~4mL，糖盐水 200~500mL，静脉滴注，1 日 1 次。

7. 进行疗效观察

病例：金毛，8kg，细小病毒病发病 7d，基本治愈，眼角膜变蓝，先右眼，一天后左眼也变蓝，食欲减退，心律不齐。

参考处方：

Rp

① 5% GS	40mL			
VC	2mL			
ATP	7mg			
COA	30IU			
肌苷	70mg			
② 18Aa	70mL	ivgtt	qd	am

③五联血清	10mL	H	qd　am
④干扰素（400万）	1支	im	qd　am
⑤10%GS	30mL		
白蛋白	10mL	ivgtt	qd　am
⑥生脉	2mL	im	bid
⑦B_{12}	0.5mL	im	bid
⑧速克	50mg	im	bid
⑨肝泰乐片	100mg	po	tid

项目四　胃肠炎

【目的与要求】熟悉犬胃肠炎的病因、症状，掌握犬胃肠炎的治疗方法。

【准备材料】氯化钾 1.6g、碳酸氢钠 2.5g、食盐 3.5g、葡萄糖 50g、胃复安、阿托品、庆大霉素和氨卞青霉素、安络血、止血敏配合维生素 K_3、安乃近片或复方氨基比林、生理盐水、50%葡萄糖溶液及维生素 B_1、B_6。

【培训内容与步骤】

1. 主要症状

病犬腹泻，并且粪便：腥臭，或粪便带血，或带黏液，或含有伪膜等。

2. 根据主要症状可得出以下诊断结论（推断可能性常见疾病）：

①犬细小病毒病；②胃肠炎；③犬传染性肝炎；④犬球虫病；⑤弓形体病；⑥犬瘟热。

3. 针对可能的每一种常见疾病，进一步搜集症状

其他症状：病犬经常腹卧于凉的地面或以肘及胸骨支于地面后躯高起作"祈祷姿势"。主要症状表现为精神沉郁，食欲减少、消化不良，伴有呕吐、拉稀等现象，其体温正常或稍高（38.5～39.5℃），同时粪便带黏液。患病后期主要表现为行走不稳，偶排出恶臭血便，体温升高至40℃以上甚至有流涎、白沫和痉挛现象。最后病犬会严重脱水，甚至胃功能衰竭而死亡。

当炎症波及黏膜下层组织时，病犬则呈现持续剧烈腹痛，腹壁紧张，触诊时疼痛。

当以胃、小肠炎症为主时，病犬主要表现为口腔干燥、灼热，眼结膜黄染，频频呕吐，有时呕吐物中混有血液。

若以大肠（尤其是结肠）炎症为主时，出现剧烈腹泻，粪便恶臭，混有血液、黏液、黏膜组织或脓液。病的后期，肛门松弛，排便失禁或呈里急后重现象。肠音初期增强，后期减弱或绝止。全身症状比较重剧，体温升高（40～41℃以上），脉搏细数而硬（线脉），可视黏膜发绀，眼球下陷，皮肤弹力减退，尿量减少。肾机能遭受损害时，可发生尿毒症。濒死期体温低下，四肢厥冷，陷入昏迷，全身肌肉抽搐而死亡。

4. 根据搜集到的所有症状进行确诊

确诊为犬胃肠炎

5. 开相应治疗处方

6. 分析处方，制定合理治疗计划，治疗临床病例

（1）加强护理　将病犬安置在温度适宜的地方，若有冰更好，让其舔食，以缓渴。如发现有呕吐待其有所缓解后，应喂给糖盐水，最好用配方为氯化钾 1.6g、碳酸氢钠 2.5g、食盐 3.5g、葡萄糖 50g 加水 100mL，腹部施行温敷（幼犬较见效）。多喂些无刺激性的食

物，如饭、粥、菜汤或少许瘦肉。

（2）清理胃肠　对暴食后突然食欲减少，胃肠胀满、拉稀粪的病例，病初最好先禁食1d，必要时用花生油等缓泻剂清肠。

（3）镇静止吐　对严重呕吐时，可肌注胃复安1.5mg/kg体重或肌注氯丙嗪1~3mg/kg体重或阿托品1~2mg，以抑制呕吐反射。呕吐缓解后，口服酵母片、大黄苏打片等健胃药。

（4）消炎止泻　为控制胃肠炎症发展，可肌注庆大霉素和氨苄青霉素，也可口服抗菌药物，如磺胺脒（配合抗菌增效剂TMR）、金霉素和新霉素等，配合矽碳银、次硝酸铋以收敛止泻。见血便，可选用安络血、止血敏配合维生素K_3以止血。如体温高，可选用安乃近片或复方氨基比林配合地塞米松肌肉注射。

（5）防止脱水及注意强心　对呕吐、腹泻严重病例应及时补充生理盐水、50%葡萄糖溶液及维生素等，防止脱水和自体中毒。同时应根据心跳的变化，使用强心剂。

此外，对于出血性胃肠炎应该用止血剂及时止血；对于寄生虫性胃肠炎首先应该注意除虫；对于病毒性胃肠炎可以采用抗血清；而对于中毒性胃肠炎最主要的还是排毒、解毒。

7. 进行疗效观察

病例：

京巴犬，4岁，3kg，正常免疫，发病2d，一天呕吐3次，腹泻，水样，一天腹泻4次，食欲废绝，可以少量饮水。

参考处方：

Rp

① CoNS　　　　　　　　　20mL

Amicaxin　　　　　　　　20000IU

Ribavirin　　　　　　　　0.05g　　　ivgtt　bid

② NS　　　　　　　　　　10mL

AMPICILLIN（氨苄西林钠）　0.25g　　　　ivgtt　bid

③ 5%GS　　　　　　　　15mL

VC　　　　　　　　　　25mg

VB_6　　　　　　　　　10mg

西咪替丁　　　　　　　　20mg

10%KCL　　　　　　　　0.3mL　　　ivgtt　bid

④ 甲硝唑　　　　　　　　10mL　　　ivgtt　qd　pm

⑤ $NaHCO_3$　　　　　　10mL　　　　ivgtt　qd　pm

⑥爱茂尔　　　　　　　　0.2mL　　　im　　bid

项目五　肺　炎

【目的与要求】熟悉犬肺炎的病因、症状，掌握犬肺炎的治疗方法。

【准备材料】青霉素、链霉素、地塞米松、氯化铵、痰易净（易咳净）、溴苄环己铵（必消痰）、桔梗酊、桔梗流浸膏、葡萄糖酸钙、5%碳酸氢钠注射液等。

【培训内容与步骤】

1. 主要症状

病犬咳嗽，且呼吸困难等

2. 根据主要症状可得出以下诊断结论（推断可能性常见疾病）

①感冒；②疱疹病毒感染；③弓形体病；④气管支气管炎；⑤肺炎；⑥犬传染性肝炎；⑦犬瘟热

3. 针对可能的每一种常见疾病，进一步搜集症状

其他症状：精神高度沉郁，食欲废绝，体温升高40℃以上，呈稽留热，心跳快可达150次以上，呼吸困难，张口呼吸，并有间歇性痛咳。眼结膜绀红、脱水，胸部叩诊通常有广泛性浊音区，听诊肺泡音弱或消失，有时可有湿性音。当继发胸膜炎时呼吸更加困难，胸壁叩诊疼痛敏感。

血液变化，白细胞总数可达2万/立方毫米以上，嗜中性白细胞增多，核左移现象明显，比容增高。

X射线检查是诊断本病的主要依据，拍片检查可见肺部有明显的广泛性阴影。

4. 根据搜集到的所有症状进行确诊

确诊为肺炎

5. 分析处方，制定合理治疗计划，治疗临床病例

（1）消除炎症 青霉素5万单位/kg体重，链霉素3万单位/kg体重，地塞米松0.1～0.3mg/kg体重，混合后肌肉注射，2次/日，连用5～7d。

（2）祛痰止咳 对频发咳嗽，分泌物黏稠、咳出困难时，可选用溶解性祛痰剂，如氯化铵0.2～1g/次。以10%～20%痰易净（易咳净）溶液行咽喉部及上呼吸道喷雾，一般用量为2～5mL/次，1日2～3次。溴苄环己铵（必消痰），其用量为6～15mg/次，1日3次，一般病例可用药4～6日，重病和慢性病例应持续用药。此外，也可应用远志酊（10～15mL/次），远志流浸膏（2～5mL/次），桔梗酊（10～15mL/次）、桔梗流浸膏（5～15mL/次）等。

（3）制止渗出和促进炎性渗出物吸收 可静脉注射10%葡萄糖酸钙，或以10%安钠咖2～3mL、10%水杨酸钠10～20mL、40%乌洛托品3～5mL，混合后静脉注射。

（4）对症治疗 主要是强心和缓解呼吸困难。为了防止自体中毒，可应用5%碳酸氢钠注射液等。

（5）提高机体抵御力，加强日常的锻炼，提高机体的抗病能力 避免机械因素和化学因素的刺激，保护呼吸道的自然防御机能，及时治疗原发病。

项目六 螨虫病

【目的与要求】熟悉犬螨虫病的病原、症状，掌握犬螨虫病的治疗方法。

【准备材料】伊维菌素、林丹（0.03%～0.06%的药液）、0.5%的敌百虫液、3%过氧化氢、2%碘酊。

【培训内容与步骤】

1. 主要症状：皮肤瘙痒

2. 根据主要症状可得出以下诊断结论（推断可能性常见疾病）

①螨病；②犬心丝虫病；③湿疹；④虱病；⑤伪狂犬病；⑥狂犬病。

3. 针对可能的每一种常见疾病，进一步搜集症状

犬疥螨

犬疥螨幼犬较严重，多先起于头部、鼻梁、眼眶、耳部及胸部，然后发展到躯干和四肢。病初皮肤发红有疹状小结，表面有大量麸皮状皮屑，进而皮肤增厚、被毛脱落、表面覆

盖痂皮、龟裂。病犬剧痒，不时用后肢搔抓，摩擦，当有皮肤抓破或痂皮破裂后可出血，有感染时患部可有脓性分泌物，并有臭味。

由于患犬皮肤被螨虫长期慢性刺激，犬终日不停啃咬、搔抓、摩擦患部，使犬烦燥不安，影响休息和正常进食，临床可见病犬日见消瘦、营养不良，重者可导致死亡。

根据临床症状和实验室诊断进行确诊。用消毒好的手术刀片在病变皮肤和健康皮肤交界处刮取皮肤取病料，将病料放置玻片上，摘上50%的甘油溶液、加盖玻片后，放置显微镜下检查可见到活的疥螨虫即可确诊。

犬蠕形螨（蠕形螨症状可分为两型）

鳞屑型：主要是在眼睑及其周围、额部、嘴唇、颈下部、肘部、趾间等处发生脱毛、秃斑，界限明显，并伴有皮肤轻度潮红和麸皮状屑皮，皮肤可有粗糙和龟裂，有的可见有小结节。皮肤可变成灰白色，患部不痒。有的可长时间保持原型。

脓疱型：感染蠕形螨后，首先多在股内侧下腹部见有红色小丘疹。几天后变为小的脓肿，重者可见有腹下股内侧大面积红白相间的小突起，并散有特有的臭味。病犬可表现不安，并有痒感。大量蠕形螨寄生时，可导致全身皮肤感染，被毛脱落，脓疱破溃后形成溃疡，并可继发细菌感染，出现全身症状，重者可导致死亡。

4. 根据搜集到的所有症状和实验室检查进行确诊

确诊为螨虫病

5. 分析处方，制定合理治疗计划，治疗临床病例

【处方名称】疥螨病防治方案

①将患部被毛剪掉，清洗患部。

②伊维菌素（害获灭）1%浓度，0.5～1mg/kg体重，背部皮下注射，隔6～7月1次，2～3次为一疗程。经临床应用注射2～3次后大多患犬可治愈。

③药浴疗法：林丹，0.03%～0.06%的药液药浴，一周后重复1次。

④用0.5%的敌百虫液涂擦患部，防止浓度过高或让犬舔食造成中毒，7d后重复涂擦一次。

【处方名称】蠕形螨病防治方案

①本病特效疗法是皮下注射伊维菌素，0.5～1mg/kg体重，严重的犬剂量可加大到1.5mg/kg体重，隔7d重复注射1次，重者可重复注射3～4次。

②对于脓疱严重的可将脓疱开放用3%过氧化氢液清洗后涂擦2%碘酊。

③全身性感染的病例可结合抗菌素疗法。

项目七　感　冒

【目的与要求】熟悉犬感冒的病因、症状，掌握犬感冒的治疗方法。

【准备材料】扑热息痛、安痛定、5%葡萄糖盐水、地塞米松、庆大霉素2～4mL（每支8万单位）。

【培训内容与步骤】

1. 主要症状：打喷嚏、体温升高、精神沉郁等

2. 根据主要症状可得出以下诊断结论（推断可能性常见疾病）

①疱疹病毒感染；②感冒；③犬瘟热。

3. 针对可能的每一种常见疾病，进一步搜集症状

其他症状：精神沉郁、眼睛半闭，羞明流泪、结膜充血红肿，鼻腔流浆液性鼻液、打喷嚏、体温升高 39℃ 以上，呼吸快，有时有咳嗽。食欲减少。

4. 根据搜集到的所有症状和实验室检查进行确诊

确诊为感冒

5. 分析处方，制定合理治疗计划，治疗临床病例

狗感冒的治疗原则以解热镇痛、祛风散寒为主。

①通常采用扑热息痛 0.5 ~ 1g 口服，安痛定 2 ~ 4mL 肌肉注射，1 天 2 次。

②为防止继发感染，可用抗菌素或磺胺类药物，可采取 5% 葡萄糖盐水 250mL、地塞米松 1mL、庆大霉素 2 ~ 4mL（每支 8 万单位）混合静脉注射。

③须保持病狗安静，多给饮水

6. 进行疗效观察

抗菌药物作用机理抑制细菌细胞壁的合成：对 G^+ 菌作用强，如青霉素类、头孢菌素、杆菌肽等。

抗菌药物配伍禁忌

增加细菌胞浆膜的通透性，如多肽类、多烯类。

抑制细菌蛋白质的合成，如氨基糖苷类、四环素类、氯霉素类、大环内酯类和林可胺类。

抑制细菌核酸 DNA 的合成，如喹诺酮类。

影响叶酸的合成，如磺胺类、抗菌增效剂。

抗菌药的联合应用（药物配伍）

A. 快速杀菌药青霉素类、头孢菌素类。

B. 慢速杀菌药氨基糖苷类、多黏菌素类。

C. 快速抑菌药四环素类、氯霉素类、大环内酯类。

D. 慢速抑菌药磺胺类。

A + B 协同作用 C + D 累加作用 A + C 拮抗作用 A + D 可能无影响

配伍禁忌

（1）药理性配伍禁忌（功能颉颃作用）不能同时使用，可隔开时间用药

（2）理化性质配伍禁忌：①产生沉淀；②产生气体；③酸碱度变化；④变色；⑤分层、潮解不能混合使用，但可以分开给药。

各类抗菌药物的配伍禁忌

青霉素类和头孢菌素类与克拉维酸（棒酸）、舒巴坦、TMP 合用有较好的抑酶保护和协同增效作用；青霉素类与氨基糖苷类药理上呈协同作用。（如有理化性质变化，分开使用）；青霉素类不能与四环素类、氯霉素类、大环内酯类、磺胺类等抗菌药合用（霉素类为快效杀菌剂，四环素类等为抑菌剂，合用干扰了青霉素类的作用）。典型的配伍禁忌：青霉素类与维生素 C、碳酸氢钠等也不能同时使用（酸碱度变化，理化性配伍禁忌）；头孢菌素类忌与氨基糖苷类混合使用。青霉素类和头孢类在静脉注射时，最好与氯化钠配合。与 5% 或 10% 葡萄糖配合时应即配即用，长时间会破坏抗生素的效价。

氨基苷类

TMP 可增强本品的作用，如丁胺卡那霉素与 TMP 合用对各种革兰氏阳性杆菌有效；氨

基苷类可与多黏菌素类合用（阻碍蛋白质合成的不同环节），但不可与氯霉素类合用；氨基苷类同类药物不可联合应用，以免增强毒性；庆大霉素（或卡那霉素）可与喹诺酮类药物合用；链霉素与磺胺类药物配伍应用会发生水解失效；硫酸新霉素一般口服给药，与 DVD 配伍比 TMP 更好一些，与阿托品类配伍应用于仔猪腹泻。

四环素类

四环素类与同类药物及非同类药物如泰牧菌素（泰妙灵）、泰乐菌素配伍用于胃肠道和呼吸道感染时有协同作用；TMP、DVD 对本品有明显的增效作用，适量硫酸钠（1：1）同时给药，有利于本品吸收；碱性物质如 Al（OH）$_3$、NaHCO$_3$、氨茶碱以及含钙、镁、铝、锌、铁等金属离子（包括含此类离子的中药）能与四环素类药物络合而阻滞四环素类吸收；四环素类与氯霉素类合用有较好的协同作用（阻碍蛋白质合成的不同环节）。

大环内酯类

红霉素与磺胺二甲嘧啶、磺胺嘧啶、磺胺间氧甲嘧啶、TMP 的复方可用于治疗呼吸道病；红霉素与泰乐菌素或链霉素联用，可获得协同作用；北里霉素治疗时常与链霉素、氯霉素合用；泰乐菌素可与磺胺类合用；NaHCO$_3$ 可增加本品的吸收；红霉素不宜与 β-内酰胺类、林可霉素、氯霉素、四环素联用。

氯霉素类与林可霉素、红霉素、链霉素、青霉素类、氟喹诺酮类等具有颉颃作用；氯霉素类也不可与磺胺类、NaHCO$_3$、氨茶碱、人工盐等碱性药物配合使用。

氟喹诺酮类与杀菌性抗菌药（青霉素类、氨基苷类）及 TMP 在治疗特定细菌感染方面有协同作用，如环丙沙星 + 氨苄青霉素对金黄色葡萄球菌表现相加作用；环丙沙星 + TMP 对金黄色葡萄球菌、链球菌、禽大肠杆菌 O2、鸡白痢沙门氏菌有协同作用；与利福平、氯霉素类、大环内酯类（如红霉素）、硝基呋喃类合用有拮抗作用；可与磺胺类药物配伍应用；慎与氨茶碱，因含铝、镁的抗酸剂及多价离子对本类药物的吸收有影响；给药期间饲喂全价饲料可干扰本品的吸收；抗胆碱药（如阿托品）会减少胃酸分泌，减少氟喹诺酮类的吸收，避免同时使用；氟喹诺酮类抑制茶碱的代谢，与茶碱联合应用时，使茶碱的血药浓度升高，可出现茶碱的毒性反应，应注意。

磺胺类与抗菌增效剂（TMP 或 DVD）合用有确定的协同作用；应尽量避免与青霉素类药物同时使用；液体型磺胺药不能与酸性药物如维生素 C、盐酸麻黄素、四环素、青霉素等合用，否则会析出沉淀；固体剂型磺胺药物与氯化钙、氯化铵合用会增加泌尿系统的毒性。

林可酰胺类

林可霉素可与四环素或氟哌酸配合应用于治疗合并感染；林可霉素可与壮观霉素合用（利高霉素）治疗鸡慢性呼吸道病；有效供给口服补液盐和适量维生素可减少本品的副作用，提高疗效；林可霉素可与新霉素（用于乳腺炎）、恩诺沙星合用。

兽药的理化性配伍禁忌

肾上腺素与洋地黄制剂同时应用，易致中毒。

普鲁卡因水解后产生的对氨苯甲酸可颉颃磺胺的抗菌作用，故忌与磺胺药同用。

乙酰水杨酸应尽量避免与糖皮质激素合用，二者合用可能使出血加剧；与氨茶碱或其他碱性药物如碳酸氢钠合用可降低本品疗效。

氨茶碱注射液在一定浓度时遇酸性药物即有茶碱沉淀析出，故不宜配伍。

胃蛋白酶忌与碱性药物配伍。

乳酶生忌与铋剂、鞣酸、活性炭、酊剂合用，因这些制剂能抑制、吸附或杀灭乳酸杆菌。

蓖麻油对脂溶性毒物如磷、苯中毒时，不宜应用，因其可增加脂溶性毒物的吸收。

鞣酸蛋白不宜与胰酶、胃蛋白酶、乳酶生同服，因这些蛋白质与鞣酸结合即失去活性；鞣酸可使硫酸亚铁、氨基比林、洋地黄类药物发生沉淀，而妨碍吸收，影响疗效。

硫酸亚铁等铁剂与四环素类药物可形成络合物，互相妨碍吸收。

青霉素与四环素类、磺胺类合并用药是药理性配伍禁忌的典型。青霉素不应与红霉素、万古霉素、氯丙嗪、去甲肾上腺素、碳酸氢钠等同时静脉应用，以免减低效价，产生浑浊或沉淀。

硫酸链霉素不宜与其他氨基苷类抗生素联用，以免增加毒性。

硫酸庆大霉素不可与两性霉素 B、肝素钠、邻氯青霉素等配伍合用，因均可引起本品溶液沉淀。

硫酸卡那霉素忌与碱性药物配伍，因可增加毒性作用。

磺胺类钠盐不能与酸性药物同用，同用则产生沉淀。

诺氟沙星（氟哌酸）不可与氯霉素、利福平、呋喃坦丁合用。氯霉素和利福平可颉颃氟哌酸的作用；呋喃坦丁可对抗氟哌酸在尿道中的抗菌作用，因此均属配伍禁忌。

随着我国畜牧业的发展，临床药物的联合应用，尤其在饲料及输液中添加的药物越来越多，往往出现配伍禁忌的问题，必须经常注意积累配伍方法的经验，进一步提高临床用药的质量。

临床兽用维生素类与能量性类注射药物配伍禁忌

1. 维生素类

（1）维生素 B_1　不宜与氨苄青霉素、头孢菌素、邻氯霉素、氯霉素等抗生素配伍；维生素 B_1 在临床上未见与任何药物配伍禁忌使用的报道。

（2）维生素 K　不宜与巴比妥类药物、碳酸氢钠、青霉素 G 钠、盐酸普鲁卡因、盐酸氯丙嗪注射液配伍作用；维生素 C 注射液在碱性溶液中易被氧化失效，故不宜与碱性较强的注射液混合使用。另外，不宜与钙剂、氨茶碱、氨苄青霉素、头孢菌素、四环素、卡那霉素等混合注射。

2. 能量性药物

这类药物临床常见的包括 ATP、CoA、细胞色素 C、肌苷等注射液。

（1）ATP、肌苷注射液配伍的药物有碳酸氢钠、氨茶碱注射液等　宜与细胞色素 C 注射液配伍的药物有碳酸氢钠、氨茶碱、青霉素 G 钠、青霉素 G 钾、硫酸卡那霉素等。

（2）CoA 注射液配伍的药物有青霉素 G 钠、青霉素 G 钾、硫酸卡那霉素等　不宜与 CoA 注射液配伍的药物有青霉素 G 钠、青霉素 G 钾、硫酸卡那霉素、碳酸氢钠、氨茶碱、葡萄糖酸钙、氢化可的松、地塞米松磷酸钠、卡血敏、盐酸土霉素、盐酸四环素、盐酸普鲁卡因注射液等。

抗生素类注射药物配伍禁忌

临床常见的抗生素类注射药物有青霉素、硫酸链霉素、硫酸卡那霉素、硫酸庆大霉素等。其具体的配伍禁忌如下。

①青霉素 G 钾和青霉素 G 钠不宜与四环素、土霉素、卡那霉素、庆大霉素、磺胺嘧啶钠、碳酸氢钠、维生素 C、维生素 B_1、去甲肾上腺素、阿托品、氯丙嗪等混合使用。

②青霉素 G 钾比青霉素 G 钠的刺激性强，钾盐静脉注射时浓度过高或过快，可致高血

钾症而使心跳骤停等。

③氨苄青霉素不可与卡那霉素、庆大霉素、氯霉素、盐酸氯丙嗪、碳酸氢钠、维生素C、维生素 B_1、50g/L 葡萄糖、葡萄糖生理盐水配伍使用。

④头孢菌素忌与氨基苷类抗生素如硫酸链霉素、硫酸卡那霉素，硫酸庆大霉素联合使用，不可与生理盐水或复方氧化钠注射液配伍。

⑤磺胺嘧啶钠注射液遇 pH 值较低的酸性溶液易析出沉淀，除可与生理盐水、复方氯化钠注射液、200mL/L 甘醇、硫酸镁注射液配伍外，与多种药物均为配伍禁忌。

动物用药禁忌：

①使用四环素类抗菌素，如四环素、土霉素等，应忌喂黄豆、黑豆及其饼粕饲料，也不宜饲喂石灰石粉、骨粉、蛋壳粉、石膏等饲料添加剂。因为这类饲料和饲料添加剂含有较多的钙、镁等元素，会与四环素类药物结合成为不溶于水，且难以吸收的络合物。

②使用青霉素或链霉素时，应忌喂食用土霉素的饲料添加剂，并停喂青贮饲料和酒槽。因为这类饲料和饲料添加剂酸性都较强。而青、链霉素在酸性环境中极易被破坏。

③使用敌百虫时，应忌喂含有小苏打的饲料添加剂。否则，会使敌百虫遇到碱性较强的小苏打转化为高毒性的敌敌畏，引起严重毒害。

④使用磺胺类药物，应忌用含硫的饲料添加剂，如人工盐、硫酸镁、硫酸钠、石膏等。因硫可加重磺胺类药物对血液的毒性，引起硫化血红蛋白血症。

⑤使用碳酸氢钠治病时，应忌喂高粱之类含鞣酸较多的饲料。因鞣酸会使碳酸氢钠产生分解作用而降低药效。

⑥在使用催乳药时，应忌喂麦芽。因麦芽有回乳作用。

⑦在用生地、熟地、何首乌、半夏等中草药时，应忌喂血粉，否则会加大副作用。

抗生素和磺胺药临床应用原则

抗生素和磺胺药用于兽医临床多年来，在控制畜、禽传染病和感染症方面起了很大作用，解决了不少畜牧业生产中存在的问题。但由于其广泛应用也带来了许多新问题，如毒性反应、二重感染、细菌耐药性，以及危害畜体健康等不良后果，特别是在其滥用的情况下更为严重。因此，应用这两类药物时必须掌握以下基本原则。

严格掌握适应症：

选择抗菌药物时，应结合临床诊断、致病微生物的种类及其对药物的敏感性，并根据症状轻重，选择对病原微生物敏感和临床疗效较好、不良反应较少的抗菌药物。对革兰氏阳性菌引起的病症应首选青霉素 G；次选四环素、庆大霉素、先锋霉素、增效磺胺、磺胺药。对革兰氏阴性菌引起的病症首选卡那霉素、庆大霉素、链霉素、多粘菌素；次选增效磺胺、磺胺药、四环素类、青霉素。

用量适当，疗程应充足：

一般来说，开始剂量宜稍大，以后可根据病情而适当减少药量；对急性传染病和严重感染症剂量应增大；对肝、肾功能不良病畜，按所用抗菌药影响肝、肾程度而酌减用量；主要经肾排泄的抗菌药物，在治疗泌尿系统感染时，用量不宜大。一般传染病和感染症应连续用药 3～5d，直至症状消失后再用 1～2d，切忌停药过早而导致疾病复发。对慢性病或某些特殊疾病则应根据病情需要而延长疗程。另外，就给药途径而言，严重感染多采用注射法给药，一般感染和消化道感染以内服为宜。

在用药过程中，注意观察，如果症状好转，应坚持继续用药；如果毒性反应过大，则应改换其他抗菌药物；如果疗效不佳，应及时修改治疗，可考虑抗菌药选择不当、剂量不足、给药途径不当、有潜在感染病灶未处理、诊断上有错误等。

防止细菌产生耐药性，控制耐药菌传播：

严格掌握抗菌药的适应症，剂量要充足，疗程要适当，以保证有效血药浓度，来控制耐药菌发展，必要时可采取联合用药。

诊断不确切时，不宜轻易应用抗菌药物。另外，避免长期预防性给药、对污染场所彻底消毒、有效抗菌药物分批交换使用，这对防止耐药菌株形成和传播均有效。

把握全局，强调综合性治疗：

抗菌药物为机体消灭细菌创造了一定条件，在使用抗菌药物的同时，还应改善饲养管理，增加机体抵抗力，保证机体内水、电解质和酸碱的平衡。

联合用药必须有明确的临床指征：

临床指征包括病情危急的严重感染、一种抗菌药物不能控制的混合感染、细菌有产生耐药性的可能、抗菌药不易透入感染病灶。

防止影响免疫反应：

抗菌药物对某些活菌苗的主动免疫过程有干扰作用。因此，在使用疫苗前、后数天内，以不用抗菌药为宜，或等药效消失后，再另行免疫，以确保抗体产生。

混合注射时防止产生配伍禁忌：

四环素类最好单独使用，因为它与多种抗菌药物有配伍禁忌。青霉素 G 钾盐不宜与四环素、磺胺药、卡那霉素、庆大霉素、多粘菌素 E 并用，也不可与维生素 C 相混合。磺胺药特别是复方增效磺胺制剂，能与多种药物产生配伍禁忌，用时应单独注射。氢化可的松与多种抗菌药有配伍禁忌。

酸性药与碱性药忌配伍禁忌：

现将常用的酸性药和碱性药介绍如下。

酸性药物：稀盐酸、食醋、蹂酸、胃蛋白酶、乳酸、醋酸、硼酸、水杨酸、水杨酸钠、明矾、维生素 C、维生素 B_1、敌百虫、鱼石脂、海群生、石炭酸、扑尔敏。以上主要指其水溶液。盐酸普鲁卡因注射液、杜冷丁注射液、注射用青霉素 G 钠溶液、注射用青霉素 G 钾溶液、氯霉素注射液、注射用盐酸土霉素溶液、注射用盐酸四环素溶液、硫酸庆大霉素注射液、肾上腺素注射液、葡萄糖注射液、氯化钠注射液、葡萄糖氯化钠注射液、氯化钾注射液、氯化钙注射液、山梨醇注射液、甘露醇注射液、注射用促皮质素溶液、VK_3 注射液、止血敏注射液、硫酸阿托品注射液、盐酸氯丙嗪注射液、盐酸异丙嗪注射液、脑垂体后叶注射液、催产素注射液。

碱性药物：碳酸氢钠、人工盐、碳酸钠、氢氧化钠、氢氧化钾、碳酸铵、氨基比林、浓氨溶液、稀氨溶液、甘草流浸膏、利尿素、软肥皂、硫代硫酸钠、远志糖浆、姜糖浆、氨制茴香醋。以上主要指其水溶液。硫酸卡那霉素注射液、磺胺嘧啶钠注射液、碳酸氢钠注射液、注射用苯巴妥钠溶液、乌洛托品溶液。

磺胺类药物配伍禁忌：

磺胺注射液药物如磺胺嘧啶注射液，不易与酸性药物，如维生素 B、青霉素、四环素、盐酸麻黄碱等合用，否则析出磺胺沉淀，遇5%的碳酸氢钠注射液，析出磺胺沉淀。固体剂型遇普鲁卡因疗效减弱甚至失效，遇氧化钙、氯化铵会增加对泌尿系统毒性。

第四章　正常生理数据

	犬	猫
肛温	℃ 37.5～39.2 ℉ 99.5～102.5	℃ 37.8～39.5 ℉ 100～102.5
脉搏	Beats/min（次/分） 70～220（幼犬） 140～170（玩具犬） 120～160（标准犬） 60～120（巨型犬）	Beats/min（次/分） 140～240（幼犬） 120～200（成猫）
呼吸	Resp/min（次/分） 20～22（幼犬） 14～16（成犬）	Resp/min（次/分） 14～24（休息）
血压（收缩压）	正常收缩压 120～150mmHg 轻微高血压 150～160mmHg 中等高血压 160～180mmHg 严重高血压 >180mmHg	正常收缩压 120～150mmHg 轻微高血压 150～160mmHg 中等高血压 160～180mmHg 严重高血压 >180mmHg
眼压	mmHg 15～25	mmHg 15～25
泪液试纸条 （干眼症）	mm/min（毫米/分钟） >15（正常） 5～15（疑似） <5（确认）	mm/min（毫米/分钟） >15（正常） 5～15（疑似） <5（确认）

第五章 血液学数值

	犬	猫
PCV（%）	37～50	24～45
HVT	29.8～57.5	25.8～41.8
Hb（g/dl）	12.4～19.1	8.5～14.4
RBC（×10^6/ul）	5.2～8.06	4.95～10.3
WBC（×10^3）	5.4～15.3	3.8～19
MCV（fl）	62.7～72	36～50
MCH（pg）	22.2～25.4	12.2～16.8
MCHC（g/dl）	34～36.6	32.4～35.2
网状球（%）	0～1.5	0.2～1.6
血小板（×10^3/ul）	160～525	160～660
纤维素原（mg/dl）	200～400	150～300
白血球分类计数（%）		
Bands	0～1	0～1
Segs	51～84	34～84
Lymphs	8～38	7～60
Monos	1～9	0～5
Eos	0～9	0～12
Basos	0～1	0～2
凝血作用（秒）		
PT	6～8.4	8.7～10.5
PTT	11～17.4	12.3～16.7
TT	4.3～7.1	5.6～9.0

第六章　犬猫血液生化数值

	犬	猫
ALB	20 ~ 40g/L	27 ~ 39g/L
ALKP	20 ~ 115U/L	23 ~ 107U/L
ALT	30 ~ 50U/L	20 ~ 107U/L
AMYL	388 ~ 1 007U/L	433 ~ 1 248U/L
AST	1 ~ 37U/L	6 ~ 44U/L
BUN	1.6 ~ 10.88mmol/L	5.355 ~ 10.353mmol/L
CA	2.42 ~ 3.04mmol/L	2.245 ~ 2.894mmol/L
CHOL	3.258 ~ 9.283mmol/L	1.99 ~ 7.913mmol/L
CK	25 ~ 467U/L	49 ~ 688U/L
CL	110 ~ 118mmol/L	115 ~ 128mmol/L
CO_2	16 ~ 26mmol/L	16 ~ 25mmol/L
CREA	44.201 ~ 132.6umol/L	79.561 ~ 229.845umol/L
GGT	5 ~ 25U/L	<5U/L
GLOB	25 ~ 43g/L	28 ~ 44g/L
GLU	3.719 ~ 8.16mmol/L	4.163 ~ 11.046mmol/L
K	3.5 ~ 5.0mmol/L	3.5 ~ 5.1mmol/L
LDH	105 ~ 1 683U/L	161 ~ 1 051U/L
LIPA	268 ~ 1 769U/L	157 ~ 1 715U/L
Mg	0.6987 ~ 0.9864mmol/L	0.7809 ~ 1.0686mmol/L
Na	138 ~ 148mmol/L	148 ~ 157mmol/L
NH_3	<32umol/L	
PHOS	0.71 ~ 2.551mmol/L	0.839 ~ 2.97mmol/L
T3	1.155 ~ 3.08nmol/L	0.924 ~ 3.08nmol/L
T4	25.74 ~ 51.48nmol/L	7.722 ~ 46.332nmol/L
TBIL	1.71 ~ 11.97umol/L	1.71 ~ 8.55umol/L
TP	48 ~ 66g/L	55 ~ 71g/L
TRIG	0.237 ~ 1.309mmol/L	0.237 ~ 1.75mmol/L
URIC	<23.792umol/L	<17.844umol/L

第七章 尿比重测量值分类及临床意义

分类	犬	猫	临床意义
浓缩尿	>1.030	>1.035	肾小管能制造浓缩尿 正常幼年动物的尿液或许会较不浓缩
轻度浓缩	1.013~1.029	1.013~1.034	或许是因为刚喝水或输液所造成的正常反应；对脱水和氮血症的动物是不适当的数值；可在肾衰的动物看到这样的数值
等渗尿	1.008~1.012	1.008~1.012	或许是因为刚喝水或输液所造成的正常反应；对脱水和氮血症的动物是不适当的数值；可在肾衰的动物看到这样的数值
低渗尿	<1.008	<1.008	表示肾小管有能力产生稀释尿，降低了肾衰竭的可能性；对脱水和氮血症的动物是不适当的数值；可在许多状况下得到这样的数值： 各种造成多尿的原因，造成肾脏髓质部的溶质浓度梯度的丧失 肾上腺皮质机能亢进 高血钙 肝病 子宫蓄脓（内毒素） 心理性巨渴 尿崩症（中枢性或肾性） 药物：抗惊厥剂、利尿剂、输液、糖皮质醇、过度的甲状腺素添加

尿比重仪的使用

尿比重仪的存放位置应远离冷热出风口；测试样本应回温至室温；测试样本应采取离心后的上清液进行检查；猫尿比重的数值矫正：（0.846×人用尿比重仪测量值）+0.154

第八章　脑脊液分析数值

	犬	猫
压力（mm water）	＜170	＜100
比重	1.005～1.007	1.005～1.007
淋巴球（/ul）	＜5	＜5
Pandy's	0～trace	0
蛋白质（mg/dl）	＜25	＜25
CK（肌酸激酶）（U/L）	9～28	

第九章　心脏 X 光判读数据

X 光胸腔侧照图

A：气管分叉到脊椎的垂直距离　　B：气管分叉到心尖的垂直距离

正常情况下，A 的距离大约是 1/3 到 1/4 的 A＋B，B 的距离大约是 2/3 到 3/4 的 A＋B

X 光背腹位或腹背位图

心脏轮廓线距离两侧胸壁的距离应该相等，且最大水准心脏直径应该 ≤2/3 胸壁直径宽度。

Vertebral Heart Score（VHS）脊椎心脏评量表

V：vertebral（脊椎）

长轴（L）：气管分叉到心尖的距离 L＝5.8V

短轴（S）：自后腔静脉垂直于长轴的心脏的宽度 S＝4.5V

VHS＝L＋S 正常狗数值：9.7V（8.5～10.5V）正常猫数值：7.5V（6.7～8.1V）

第十章　输液疗法计算

一、输液量

24 小时所需的输液量为 A + B + C + D

脱水程度% × 体重（kg）= L（共升）　…………………………………… A

肉眼不可见的流失量（呼吸）= 20mL/kg/day　……………………………… B

可见的流失量（尿量）= 20 – 40mL/kg/day　……………………………… C

持续性流失 = 呕吐、下痢的量　…………………………………………… D

二、血液酸碱平衡

酸血症（Acidosis）：

①严重代谢性酸中毒时（$TCO_2 < 10mEq/L$），以静脉缓慢注射 2 ~ 3mEq/kg 的 $NaHCO_3$ 30min，以免注射太快而造成不良的副作用。

② $NaHCO_3$ 的添加量：一般商品化的注射液浓度为 0.83Eq/mL，（19-患畜的 TCO_2 值）×0.6×体重 = 整个身体所缺乏的 HCO_3^-，得到的数值 ÷0.83 = 所需 $NaHCO_3$ mL 数

③ $NaHCO_3$ 单位的换算：1g 的 $NaHCO_3$ 含大约 12 mEq 的 Na^+ 及 HCO_3^-

④补充速度：输液的前 4 ~6h 将所缺乏的 HCO_3^- 补充一半的量，剩下的一半量则均分于 24 ~48h 内补充回，但过程中应持续监控 TCO_2，一旦达到正常值后应立即停止补充。

⑤犬以 100mL 20% 葡萄糖注射液中添加 10IU 的短效胰岛素，对酸血症也有效果（50mL/kg/hr）。

⑥猫每千克体重以 10mL 20% 葡萄糖注射液中添加 0.5IU 的短效胰岛素，对酸血症也有效果。

碱血症

给予 0.9% NaCL 能有效地矫正 pH 值，并使能减少排出而留在体内，因为在代谢性碱血症时会有钾离子的消耗，或以 KCl 混合在林格氏液中来恢复脱水状态。

三、电解质的补充

1. 钾离子

低血钾

钾离子的添加量

血清钾离子（mEq/L）	加入 500mL 输液中钾离子 mEq 量（10% KCLmL）	最高输液速度（mL/kg/hr）
3.5~5.5	10mEq（5mL）	25
3.0~3.4	14mEq（7mL）	18
2.5~2.9	20mEq（10mL）	12
2.0~2.4	30mEq（15mL）	8
<2.0	40mEq（20mL）	6

KCL 注射液单位换算

1g 的 KCL 含有 13.4mEq 钾离子，大部分商品化注射液浓度为 2mEq/mL。

补充速度：

钾离子对心脏具有致命毒性，因而皮下注射或口服较静脉注射来得安全，最好将 KCl 添加与点滴液中缓慢给药，速度不可超过 0.5mEq/kg/hr。

高血钾：

①以 1~2mEq/kgNaHCO$_3$ 静脉注射，可以促使钾离子重回细胞内。

②以 0.5~1.0IU/kg 的短效胰岛素及 20% 葡萄糖溶液输液，但必须检测血糖和血钾浓度。

③若是血钾浓度高于 9.5~10mEq/L 以上，患畜可能会因为心律不齐而死亡，则给与 10% 葡萄糖酸钙 0.5mL/kg 静脉注射后 10~15min 即可恢复。

2. 钠离子

低血钠：

①一般低血钠性脱水的患畜多建议以生理盐水和林格氏液作为输液的选择。

②钠的添加量：（正常值 - 测出值）×0.3×体重（kg）= 缺乏钠的量

③氯化钠输液单位换算

0.2% = 34mEq Na$^+$ + 34mEq Cl$^-$ 0.45% = 77mEq Na$^+$ + 77mEq Cl$^-$ 0.9% = 154mEq Na$^+$ + 154mEq Cl$^-$

3% = 513mEq Na$^+$ + 513mEq Cl$^-$ 5% = 855mEq Na$^+$ + 855mEq Cl$^-$

④当血钠严重缺乏时（<110mEq/L），为避免因低血钠产生不可回复性的神经伤害，则建议以 3% 氯化钠来输液，但切勿一次补足所缺乏的量。

高血钠：

①急性高血钠通常会造成细胞外液的高渗透压，而直接对脑细胞造成伤害（细胞脱水），则可能必须使用排钠性利尿剂，如：呋塞米。

②以低钠的溶液来进行输液，如 5% 葡萄糖或 2.5% 葡萄糖 + 0.45% NaCl 输液。

③以 2~3d 的时间来降低血钠，或每小时降低血钠 0.5~1mEq 的速度来降低血钠。

3. 钙离子

低血钙：

最常使用的是 10% 的葡萄糖酸钙来输液，一般多以 0.5~1mL/kg 20~30min 输液。

高血钙：

①高血钙时输液是最好的选择，以 0.9% 氯化钠来作为钙的利尿剂。

②呋塞米也可以促使钙的排出，最大剂量 1mg/kg/hr 来输液，但必须避免脱水及加重高血钙。

③ NaHCO₃ 输液也可以降低血钙，剂量为 2 ~4mEq/kg 缓慢静脉注射。

4. 磷离子

低血磷：

只有在磷的浓度低于 2.0mg/dl 时才在输液中添加，以 0.1 ~0.3mmol/kg/hr 或 2.5mg/kg 的磷在前 3min 的输液中补充。

高血磷：

大部分的高血磷是正常且常见的，如脂血症下的高血磷及新生幼畜血磷呈现生理性的升高，则不必给与治疗，在猫则较少这种情形，必要时以葡萄糖溶液输液促进细胞转换，以降低血磷浓度。